Rainer Freriks
Theoretische Modelle der Betriebsgröße
im Maschinenbau

Neue Informationstechnologien und Flexible Arbeitssysteme
Band 8

Ein Forschungsbericht des Sonderforschungsbereichs 187 der Ruhr-Universität Bochum

Der Sonderforschungsbereich 187 „Neue Informationstechnologien und Flexible Arbeitssysteme" an der Ruhr-Universität Bochum wird seit Januar 1989 aus Mitteln der Deutschen Forschungsgemeinschaft gefördert. Er beschäftigt sich mit der Entwicklung und Bewertung von CIM-Systemen auf der Basis teilautonomer flexibler Fertigungsstrukturen (Fertigungsinseln). Im Rahmen der interdisziplinären, anwendungsorientierten Forschung wird nach Problemlösungen für die Fabrik der Zukunft in den Bereichen Technik, Arbeitsgestaltung, Organisation, Qualifikation und soziopolitische Kompatibilität gesucht. Das Spektrum der beteiligten Disziplinen reicht dabei von Maschinenbau und Arbeitswissenschaften über Psychologie und Betriebswirtschaftslehre bis hin zur Soziologie, Politikwissenschaft und Mathematik.

Rainer Freriks

Theoretische Modelle der Betriebsgröße im Maschinenbau

Koordination und Kontrollmechanismen bei organisatorischem Wachstum

Leske + Budrich, Opladen 1996

ISBN 978-3-8100-1350-7   ISBN 978-3-322-95760-3 (eBook)
DOI 10.1007/978-3-322-95760-3

© 1996 Leske + Budrich, Opladen

zgl. Diss. Universität Bochum

Das Werk einschließlich aller seiner Teile ist urheberrechtlich geschützt. Jede Verwertung außerhalb der engen Grenzen des Urheberrechtsgesetzes ist ohne Zustimmung des Verlages unzulässig und strafbar. Das gilt insbesondere für Vervielfältigungen, Übersetzungen, Mikroverfilmungen und die Einspeicherung und Verarbeitung in elektronischen Systemen.

Inhalt

1. *Einleitung* *1*
   1.1 Das Problem 1
   1.2. Theoretische Bezugspunkte 11
2. *Größe als unabhängige Dimension* *14*
   2.1. Größe und Bürokratie 14
      2.1.1. Das Standardmodell von Größe in der
      Organisationsforschung 15
      2.1.2. Webers Idealtyp der Bürokratie 16
      2.1.3. Die Theorie der formalen Differenzierung 20
   **2.2. Kritik und empirische Ergebnisse zu Webers
   'Bürokratiemodell' und zu Blaus 'Theorie der formalen
   Differenzierung'** 22
      2.2.1. Das Mißverständnis des Weberschen Idealtypus in der
      Organisationsforschung 22
      2.2.2. Differenzen zwischen Webers Idealtyp der Bürokratie und
      der Theorie der formalen Differenzierung 25
      2.2.3. Indizien für ein Ebenenproblem der Theorie formaler
      Differenzierung 26
3. *Größe als abhängige Dimension* *30*
   3.1. Die Vorstellung des abnehmenden
   Grenznutzens von Größe 31
   3.2. Hinweise auf relevante externe Randbedingungen aus der
   Populationsökologie 33
4. *Verbindung zwischen abhängigen und unabhängigen
   Aspekten von Größe* *43*
   4.1. Kontingenztheoretische Ansätze 43
      4.1.1. Der Ansatz der Aston-Gruppe 43
      4.1.2. Die 'Technologie'-Schule 47
      4.1.3. Gemeinsamkeiten kontingenztheoretischer Ansätze ... 51
      4.1.4. Neuere Diskussionen und Kritik 54
   4.2. Argumentative Grundstruktur akteurszentrierter Ansätze
   in der Organisationsforschung 60

5. *Das Problem der Koordination durch Märkte und Hierarchien und Größe* *66*
   5.1. Transaktionskostentheorie: Größe und organisatorische Form 76
   5.2. Kritische Anmerkungen zur Transaktionskostentheorie 81
   5.3. Fazit 83

6. *Koordination und Kontrolle oder Macht und Herrschaft* *89*
   6.1. Das Grundmodell des Ressourcenpools 89
      6.1.1. Entscheidungs- und Verteilungsmodus 91
   6.2. Die Anwendung des Modells auf moderne Organisationen 93
      6.2.1. Die Übergabe von Verfügungsrechten als Tauschphänomen ... 94
      6.2.2. Der Herrschaftsaspekt der Übertragung von Verfügungsrechten 96
      6.2.3. Die Bewältigung von Unsicherheit durch Vertrauen 98
         6.2.3.1. Die Bedeutung von Vertrauen bei der Etablierung von Normen und Ressourcenpools 103
         6.2.3.2. Die Bedeutung von Vertrauen für neugegründete Organisationen 105
   6.3. Organisationsgröße, Vertrauen und Kontrolle 111
      6.3.1. Strukturierung und Größe 114
      6.3.2. Wachstumsfolgen 115
      6.3.3. Professionalisierung 116
      6.3.4. Zielkonflikte bei der Etablierung von Kontrollsystemen 121
      6.3.5. Strategien zur Reduktion von Komplexität 122
   6.4. Wachstum und Unternehmenskrisen 125

7. *Auf dem Weg zu einem Modell von Größe* *131*
   7.1. Die Teildimensionen von Größe 131
   7.2. Die Teildimensionen von Größe im Modell des Ressourcenpools 132
      7.2.1. Außenbeziehungen und Wachstum 133
      7.2.2. Außenbeziehungen, Koordination und Wachstum 136
   7.3. Koordination durch Strukturierung und Wachstum 139
      7.3.1. Die Entwicklung vom Ressourcenpool zum korporativen Akteur 142
      7.3.2. Die Entwicklung vom Ressourcenpool zum korporativen Akteur unter veränderten Randbedingungen 152

8. *Zur spezifischen Größensyndromatik des deutschen Maschinenbaus* *157*

   8.1. Die Größenstruktur des deutschen Maschinenbaus 158

   8.2. Arbeitsorganisation im Maschinenbau in industriesoziologischer Perspektive 159

   8.3. Arbeitsorganisation und Größenstruktur 163

   8.4. Wachstumsbedingungen und arbeitsorganisatorische Strukturierung im deutschen Maschinenbau 165

      8.4.1. Typische Ausgangskonstellationen im Maschinenbau 166

      8.4.2. Wirkungen von Wachstumsprozessen 171

   8.5. Neue Modelle der Arbeitsorganisation als Lösung betrieblicher Strukturprobleme 174

      8.5.1. Die Reorganisation von Wertschöpfungsketten im Maschinenbau 175

      8.5.2. Die Reorganisation einzelner Produktionseinheiten im Maschinenbau 180

9. *Ausblick: Wege aus der Krise* *183*

   9.1. Krisentendenzen im Maschinenbau 183

   9.2. Vor- und Nachteile einer Nischenstrategie 185

   9.3. Die Auflösung von Nischen im Maschinenbau 191

   9.4. Modernisierungsdilemma: Einzelbetriebliche Sicht und Brancheneffekte 197

   9.5. Industriepolitische Optionen 201

Literatur *208*

1. Einleitung

1.1. Das Problem

Ob die Schlußfolgerung von Blau/Schoenherr (1971, S. 57): „size is the most important condition affecting the structure of organizations" korrekt ist, wird seit Jahren in der Organisationsforschung diskutiert. So wurde Organisationsgröße zu einem Standardthema der Organisationsforschung, wobei es hauptsächlich um den Zusammenhang zwischen Differenzierung und Formalisierung einer Organisation und ihrer Größe geht. Allerdings wird in den wenigsten Beiträgen der Organisationsforschung systematisch der theoretische Status der Dimension Größe betrachtet (Kimberley 1976, Slater 1985). Größe wird oft als „catch all" Variable benutzt, ohne daß deutlich wird, ob es sich um eine abhängige oder um eine unabhängige Dimension handelt. Sind beispielsweise Formalisierung und Differenzierung eine Folge von Organisationswachstum oder sind es Voraussetzungen für das Wachstum von Organisationen? Noch seltener wird versucht, Ursache-Wirkungsmechanismen aufzuzeigen, wie Organisationsgröße andere Merkmale von Organisationen (z.B. Arbeitsorganisation) beeinflußt bzw. von anderen Merkmalen beeinflußt wird. Warum führt eine Steigerung der Mitarbeiterzahl zu einer Formalisierung der Organisationsstruktur? Dabei wird ein weiteres Problem deutlich: Wird die Dimension Größe der Organisation durch Operationalisierung allein der Mitarbeiterzahl erfaßt? Zwar ist Mitarbeiterzahl die gängigste Operationalisierung, aber was wird durch Mitarbeiterzahl eigentlich erfaßt? Scott (1986, S. 322) resümiert: „Neben der grundsätzlichen Frage nach dem theoretischen Status von Größe - was mißt Größe? - ist auch der kausale Stellenwert problematisch. Ein Grund, weshalb wir über die kausale Beziehung zwischen Umfang und Struktur so wenig wissen, liegt darin, daß praktisch alle Untersuchungen, die durchgeführt wurden, sich auf Querschnitts-Daten stützen."

Mit dem NIFA-Panel (Neue Informationstechnologien und Flexible Arbeitssysteme)[1] wird eine Längsschnittdatenreihe geschaffen, die prinzipiell geeignet ist, die Dimension Betriebsgröße näher zu untersuchen. Dabei sind für das NIFA-Panel insbesondere Fragen von Bedeutung, die auf die Konsequenzen von Betriebsgröße für die Gestaltung der Arbeitsorganisation in Maschinenbaubetrieben zielen. Führt steigende Betriebsgröße beispielsweise zu einer höheren Arbeitsteilung, und wenn ja, warum? Ist die in zahlreichen industriesoziologischen Studien beschriebene facharbeiterzentrierte Arbeitsorganisation im Maschinenbau ein Effekt der durchschnittlich geringen Betriebsgröße oder ein Effekt der besonderen Produktionsbedingungen im Maschinenbau, und warum wirken sich Betriebsgröße oder Eigenschaften des Produktionsprozesses auf die Arbeitsorganisation aus? Wird von Betriebsgröße eher die fachliche Arbeitsteilung oder eher die funktionale Arbeitsteilung berührt, und was sind die Ursachen für eine eventuell unterschiedliche Wirkung auf einzelne Aspekte von Arbeitsteilung? Sind neue arbeitsorganisatorische Modelle wie Gruppenarbeit an bestimmte Betriebsgrößen gebunden und wenn ja, welche Gründe hat dies?

Ein erster Schritt, um Fragen dieser Art beantworten zu können, bestand im Entwurf eines theoretischen Rahmens, in dem versucht wurde, Überlegungen aus der Industriesoziologie und der Organisationsforschung aufzugreifen, um durch die Kombination von Ansätzen aus beiden Disziplinen ein theoretisches Konzept zu entwickeln, das Größe und Arbeitsorganisation integriert. Dieser theoretische Rahmen für das NIFA-Panel des Sonderforschungsbereichs 187[2] war der Versuch, grundlegende Argumentationsmuster aus der Organisationsforschung und der Industriesoziologie additiv miteinander zu verbinden. Angesichts der Unterschiedlichkeit der Aufgaben des NIFA-Panels erschien eine Konzeption sinnvoll, die anschlußfähig an die unterschiedlichen Fachgebiete und die verschiedenen theoretischen Ansätze ist.

---

1   Das NIFA-Panel wurde vorwiegend als Dienstleistungspanel für den Sonderforschungsbereich 187 insgesamt und seine Teilprojekte sowie für die interessierte Fachöffentlichkeit konzipiert. Darüber hinaus ist es Aufgabe des Projektes, eigenständig einen Beitrag zu Möglichkeiten einer Typenbildung von Maschinenbaubetrieben zu leisten. Die vom NIFA-Panel abzudeckenden Themenbereiche umfassen die Bestimmung und Analyse von Entwicklungstendenzen im Bereich:
    - technische Ausstattung
    - Muster und Formen betrieblicher Arbeitsorganisation
    - Personalpolitik und Qualifikation.
    Für eine ausführlichere Darstellung vgl. Flimm/Saurwein (1992).
2   Vgl. dazu Freriks/Schmid (1992).

Bei den ersten Auswertungen zeigte sich, daß die Größenproblematik wesentlich komplexer ist, als zuerst vermutet. Dort zeigte es sich, daß diese einfache 'Steinbruch'-Vorgehensweise zwar befriedigende Ergebnisse auf der deskriptiven Ebene und bei der Betrachtung bivariater Beziehungen erbrachte, daß aber die in dem theoretischen Rahmen enthaltenen Vorstellungen über komplexere Beziehungsmuster so nicht reproduziert werden konnten. Die Variable Betriebsgröße, die innerhalb des theoretischen Rahmens nur eine untergeordnete Rolle spielte, hatte massive Auswirkungen auf nahezu alle im NIFA-Panel enthaltenen Themenbereiche. Dieses Phänomen setzte sich bei den Auswertungen der Folgewellen fort.

Zusammenhänge zwischen der Betriebsgröße und anderen Betriebsmerkmalen zeigten je nach analysiertem Themenkomplex unterschiedliche Muster. Beispielsweise von einfachen linearen Tendenzen beim technischen Ausstattungsgrad, der mit zunehmender Mitarbeiterzahl wächst,[3] über Ansätze zu nichtlinearen Tendenzen bei dem Zusammenwirken von Standardisierungsgrad der Produkte, Umsatz pro Beschäftigten und Zahl der Beschäftigen,[4] bis hin zu wenig eindeutigen Beziehungen zu arbeitsorganisatorischen Mustern, wo in einigen Größenklassen empirische Indizien für Zusammenhänge vorhanden sind und in anderen nicht.[5] In dem Bereich, der für das NIFA-Panel von größtem Interesse ist, zeigen sich empirisch die heterogensten Befunde. Damit spiegelt sich die Widersprüchlichkeit der Ergebnisse zahlreicher organisationstheoretischer Studien wie sie in Kubicek/Welter (1985) dokumentiert sind, auch in den Daten des NIFA-Panels wider.

Größe erweist sich somit im NIFA-Panel als eine für viele Themengebiete empirisch relevante Variable, deren wechselnde Auswirkungen vor dem Hintergrund des theoretischen Rahmens nicht eindeutig interpretiert werden können, und dies gilt insbesondere für die Beziehungen zur Arbeitsorganisation. Da die konventionellen Überlegungen zur Bedeutung von Größe sowohl aus der Organisationsforschung als auch aus der Industriesoziologie bereits bei der Konzeption des theoretischen Rahmens berücksichtigt worden waren, erscheinen die Strategie einiger Modifikation des Konzeptes und eine einfache Neukombination bekannter Elemente nicht angebracht. Zumal sich in beiden Disziplinen die etablierten Paradigmen in einer theoretischen und empirischen Krisensituation befinden.[6] Damit wird Größe zu einem theoretischen Problem,

---

3   Vgl. dazu Hauptmanns/Saurwein/Dye (1992).
4   Vgl. dazu Ostendorf/Schmid (1992).
5   Vgl. dazu Freriks/Widmaier (1992).
6   In der Organisationsforschung hat sich inzwischen eine Situation des 'anything goes' eingebürgert. So spricht beispielsweise Morgan (1986) von unterschiedlichen theoretischen Konzepten, die als 'metaphores' oder 'views' betrachtet und gleichberechtigt und ohne

dessen Lösung ausschlaggebend für das Verständnis der Beziehungen zwischen Größe und Arbeitsorganisation ist. Vor diesem Hintergrund erschien es sinnvoll, sich stärker mit dem theoretischen Status der Dimension Betriebsgröße zu befassen, um Hinweise zu gewinnen, welche Aspekte der Arbeitsorganisation unter welchen Bedingungen Zusammenhänge mit der Betriebsgrösse aufweisen.

Sowohl in der Organisationsforschung als auch in der Industriesoziologie ist unverkennbar eine Neuorientierung in Gang, die verstärkt die Bedeutung individueller Akteure betont. Die Verbindung zwischen strukturzentrierten und handlungsorientierten Elementen wird zur Zeit gesucht. Beispielsweise versucht die Mikropolitik in der Fassung von Ortmann u.a. (1990) eine Akteursperspektive mit Hilfe der Giddensschen Überlegungen zur Dualität von Handlung und Struktur zu erweitern. Pries (1991) versucht anhand der Kategorien der einfachen und der reflexiven Transformation, Betriebe sowohl als Orte stofflicher Transformation als auch als Stätten politischen Handelns zu konzipieren. In der Organisationsforschung ist die klassische Kontingenztheorie, [7] beispielsweise von Child (1984), um die 'strategic choice'-Annahme erweitert worden.

Eine wirkliche Integration von Akteursperspektive und Strukturperspektive kann, wie Sandelands/Drazin (1989) im Kontext der Organisationsforschung [8] zeigen, nur dann gelingen, wenn Strukturen zu Randbedingungen individuellen Handelns aufgelöst werden und gezeigt werden kann, wie diese Randbedingungen individuelles Handeln beeinflussen. Integrationsversuche oberhalb dieser Ebene führen immer wieder zu systematischen Brüchen in der Argumentation. Entweder werden Akteure konzipiert, die 'blind' den Zwängen von Strukturen folgen, oder es werden Strukturen definiert, die letztlich für individuelles Handeln folgenlos bleiben. In der ersten Fassung wird implizit individuelle Entscheidungsfreiheit negiert, und die Einführung von Akteuren bleibt für die Grundstruktur der Argumentation letztlich folgenlos. Praktisch werden Akteure als 'Restkategorie' eingeführt, die immer dann herangezogen

---

Verbindung zueinander nebeneinandergestellt werden können, vgl. beispielsweise dazu Turner (1992); Aldrich (1992); Türk (1989). In der Industriesoziologie wird zur Zeit eine Debatte geführt, ob und inwieweit eine theoretische Neuorientierung notwendig ist, vgl. dazu beispielsweise Malsch/Mill (1992).

7   In der vorwiegend angelsächsischen Organisationsforschung wird der bezeichnete Begriff 'contingency' nach dem dortigen Alltagsverständnis als Abhängigkeit, und nicht wie in deutschen systemtheoretischen Konzepten als Beliebigkeit aufgefaßt. Die Kontingenztheorie ist ihrem Kern nach eine strukturalistische Theorie. Eine ausführliche Darstellung der expliziten und impliziten Annahmen der 'klassischen' Kontingenztheorie gibt Schreyögg (1978).

8   Für eine allgemeinere Begründung vgl. Esser (1993, S. 83ff.).

wird, wenn Ereignisse auftreten, die nicht oder nicht vollständig in das strukturalistische Erklärungsraster passen.[9] In der zweiten Fassung fehlt die Erklärung, warum welche Randbedingungen Konsequenzen für individuelles Handeln haben. So wird zur Struktur all das erklärt, was in der Situation ad hoc wichtig erscheint.[10] Eine Unterscheidung zwischen relevanten und irrelevanten Randbedingungen wird und kann aufgrund der theoretischen Konzeption nicht getroffen werden.[11]

Die Konsequenz aus dieser Ausgangslage ist, daß dieses Buch in einem viel stärkeren Maße theoretisch ausgerichtet ist als ursprünglich beabsichtigt. So wird hier der Versuch unternommen, die Umrisse einer auf individuellem Handeln basierenden Größentheorie zu entwickeln, um so neue Anhaltspunkte für die Beschreibung der Beziehungen zwischen Größe und Arbeitsorganisation im westdeutschen Maschinenbau zu gewinnen.

Ein solches Vorgehen erfordert zum einen ein allgemeines theoretisches Modell, das es erlaubt, strukturelle Faktoren in Randbedingungen individuellen Handelns zu überführen, und zum anderen die Identifizierung der relevanten Randbedingungen. Als allgemeines Modell wird Colemans 'rational choice'-Modell des Ressourcenpools verwendet.[12] Bei der Identifizierung der Randbedingungen ist zu unterscheiden zwischen:

1. Randbedingungen, die sich aus dem Sachverhalt ergeben, daß Handeln in Organisationen stattfindet;
2. Randbedingungen, die sich aus der Größe einer Organisation ergeben;

---

9   March (1990c, S. 131ff.) verweist darauf, daß genau dieses Phänomen im Regelfall mit der Einführung von Macht auftritt. Ohne eine klare Operationalisierung des Machtbegriffes verflüchtigt sich Macht in Beliebigkeit. Weber (1972, S. 123) begründet ähnlich seine Trennung von Macht und Herrschaft. Während Herrschaft an Kriterien gebunden werden kann, ist dies bei Macht nicht möglich.

10 Ein extremes Beispiel für solche 'Analysen' sind Kotthoff/Reindl (1990).

11 Sozusagen nebenbei ergibt sich dadurch auch eine Immunisierungsstrategie. Wenn die Relevanz von Faktoren nicht theoretisch begründet wird, können abweichende Ergebnisse beliebig interpretiert werden.

12 Das von Coleman (1979) vorgestellte Modell des Ressourcenpools wird auch von Vertretern, die nicht unbedingt Repräsentanten des 'rational choice'-Ansatzes sind, als eine geeignete Grundlage zur Definition von Organisation betrachtet: vgl. Kieser/Kubicek (1992, S. 1f.). Türk (1993, S. 310) bemerkt beispielsweise: "So sehr man bezweifeln und kritisch diskutieren kann, ob die Denkfigur der 'Ressourcenzusammenlegung' und des daraus folgenden kollektiven Entscheidungsproblem Entstehung und Funktionsweise moderner Organisationen hinreichend komplex erfaßt, so finden wir doch bei Coleman eine zumindest tendenzielle Unterstützung des hier skizzierten Ansatzes einer politischen Ökonomie der Organisation."

3. Randbedingungen, die daraus resultieren, daß es sich bei diesen Organisationen um profitorientierte westdeutsche Unternehmen handelt;
4. Randbedingungen, die auf den Besonderheiten des Produktionsprozesses im Maschinenbau beruhen.

In Colemans Modell des Ressourcenpools lassen sich die Eigenschaften der formalen und der informellen Organisationsstrukur beschreiben und erklären sowie die Beziehungen einer Organisation zu ihrer Umwelt bzw. zu ihren Umwelten. Ein Ressourcenpool wird gegründet, wenn die beteiligten Akteure durch die dauerhafte Kooperation ihren persönlichen Nutzen mehren können, indem sie einen Teil ihrer unterschiedlichen Fähigkeiten, Kenntnisse und materiellen Güter in einen gemeinsamen Pool einbringen. Diese Form der Kooperation läßt sich langfristig nur erhalten, wenn nicht alle Mitglieder identische Ressourcen einbringen, und damit ergibt sich das Problem der Arbeitsteilung und der Koordination arbeitsteiliger Einzelschritte. Mit der bewußten Koordination sind implizit Herrschaft und Macht verbunden. Die Koordinierung von Aufgaben, Tätigkeiten, Abläufen erfordert sowohl das Recht, Anweisungen zu erteilen als auch die Pflicht, Anweisungen zu befolgen und damit die Etablierung von Herrschaft. Da die Funktionsfähigkeit der Organisation von der Befolgung von Anweisungen abhängt, ist eine weitere Implikation der Aufbau eines Kontrollapparates mit Sanktionsmechanismen für den Fall der Nichtbefolgung.

Nicht alle eingebrachten Ressourcen haben den gleichen Stellenwert. Einige Fähigkeiten, Kenntnisse oder materiellen Güter sind einfacher zu erhalten als andere. Je knapper eine für die Kooperation benötigte Ressource ist, desto stärker ist die Position des Eigentümers dieses Gutes bei internen Verteilungskämpfen. Die Vor- und Nachteile von bewußter Koordination sind nicht gleichmäßig auf alle Akteure verteilt, und damit sind Organisationen unweigerlich mit Macht verbunden.

Für moderne Organisationen tritt ein weiteres Merkmal hinzu: Die Schaffung von formalen Strukturen und damit die Trennung zwischen formalen und informellen Strukturen. Formale Strukturen spezifizieren die einzubringenden Fähigkeiten, Kenntnissse und materiellen Güter personenunabhängig und ermöglichen so die Trennung von Eigentums- und Verfügungsrechten. Damit wird zweierlei erreicht:

1. Einzelne Güter in einem gemeinsamen Pool können leichter ausgetauscht werden. Der Wechsel von Organisationsmitgliedern beeinträchtigt die Effektivität einer Organisation in weniger starkem Maß.

2. Die Möglichkeiten einzelner Akteure, Ressourcen des gemeinsamen Pools für ihre persönlichen Zwecke auszubeuten, werden verringert[13].

Die mit der Einführung formaler Strukturen verbundene Einschränkung individueller Handlungsoptionen führt zu einer längerfristigen Stabilisierung von Organisationen. Weiterhin ermöglichen es erst formale Strukturen systematisch Handlungsabläufe nach Kriterien wie Effektivität und Effizienz zu gestalten, denn eine genaue Spezifikation der für den Produktionsprozeß notwendigen Fähigkeiten, Kenntnisse und materiellen Güter ist Voraussetzung für eine bewußte Planung von Handlungsabläufen. Diese Skizze des Modell des Ressourcenpools führt m.e. zu der Schlußfolgerung, daß Formalisierung die Voraussetzung für erfolgreiches Wachstum von Organisationen ist. Weiterhin beschreibt die formale Aufbau- und Ablaufgestaltung eine Organisation nur unzureichend, denn die formale Gliederung ersetzt nicht informelle Strukturen, sondern ist ein zusätzliches Element, das die Nutzenkalküle individueller Akteure beeinflußt. Das so umrissene Modell des Ressourcenpools benötigt aber Ergänzungen, damit eine theoretische Analyse der Bedeutung der Betriebsgröße in Maschinenbaubetrieben möglich ist.

Eine allgemeine Ergänzung zum Akteurshandeln in Organisationen stellt das inzwischen auch in „rational choice" - Ansätzen integrierte Konzept der „bounded rationality" dar. Akteure in Organisationen müssen Entscheidungen unter „Realbedingungen" treffen. Sie verfügen nur begrenzt über Zeit und Ressourcen, die sie zur Lösung eines Problems aufwenden können. Deshalb spielen für sie neben der Kosten-Nutzenanalyse von Problemlösungen Kosten-Nutzenüberlegungen zur Entscheidungsfindung eine prominente Rolle. Schnell und kostengünstig gefundene Lösungen sind wahrscheinlicher als aufwendige Such- und Bewertungsprozesse für eine „optimale" Problemlösung.

Neben den formalen und informellen Strukturen werden Nutzenkalküle von Akteuren durch zwei weitere organisationsinterne Dimensionen beeinflußt: Dem Leistungsspektrum der Organisation und der Organisationsgröße. Aus dem Leistungsspektrum der Organisation ergibt sich der Bedarf an spezifischen Fähigkeiten, Kenntnissen und materiellen Gütern. Wie bereits angedeutet, resultiert aus der „Knappheit" der Ressourcen, über die einzelne Akteure verfügen, ihre Machtposition in internen Verteilungskämpfen. „Knappheit" exisiert allerdings in doppelter Hinsicht: Innerhalb einer Organi-

---

13 Die Trennung von Eigentums- und Verfügungsrechten löst einige zentrale Probleme von Organisationen, schafft aber zugleich neue Problemlagen, wie sie insbesondere in der Agenturtheorie untersucht werden.

sation und außerhalb der Organisation. Eine relativ „knappe" Ressource in einer Organisation bedeutet nicht zwangsläufig, daß diese Ressource auch ausserhalb der Organisation „knapp" ist und umgekehrt. „Knappheit" außerhalb der Organisation beeinflußt die Bereitschaft zur Mitgliedschaft in Organisationen, während „Knappheit" in Organisationen das innerbetriebliche Machtgefüge berührt.

Bei der Größe einer Organisation sind drei unterschiedliche Dimensionen zu berücksichtigen: Zahl der Interaktionspartner, Zahl der Interaktionen und schließlich der verfügbare Ressourcenumfang. Mit einer steigenden Zahl der Interaktionspartner in Organisation findet eine zunehmende Entkopplung zwischen den Beiträgen der einzelnen Organisationsmitglieder und der Gegenleistung aus dem Organisationsertrag statt; anders ausgedrückt: mit zunehmender Zahl der Interaktionspartner stellt sich in Organisationen das „free rider" - Problem. Dieser Tendenz kann aber durch Kontrolle begegnet werden. Da Kontrolle aber selbst Kosten verursacht, stellt Kontrolle eine Abwägung zwischen möglichen „Verlusten" durch „free rider" und den möglichen Kontrollkosten dar.

Eine steigende Zahl von Interaktionen berührt die Gestaltungsmöglichkeiten von Organisationen und das Ausmaß der Formalisierung. Je mehr Interaktionen stattfinden, desto größere Optionen bestehen für die Gestaltung von Handlungsabläufen, denn die Gestaltung der Aufbau- und Ablauforganisation läßt sich als eine bewußte Beschränkung potentieller Möglichkeiten bestimmen. In diesem Zusammenhang gewinnen „stoffliche" Eigenschaften des Produktionsprozesses an Bedeutung, denn durch sie werden die möglichen Gestaltungsspielräume mehr oder weniger stark eingeschränkt, indem beispielsweise bestimmte Bearbeitungsschritte notwendigerweise anderen Bearbeitungsschritten vorausgehen. Die Untersuchung der Stofflichkeit von Produktionsprozessen ist Thema der klassischen Industriesoziologie und - wenn auch mit anderen Terminologien - unterschiedlichen Strömungen in der klassischen Organisationsforschung. Die Stofflichkeit im Maschinenbau wird als weitgehend diskrete Produktionsweise bestimmt, die hohe Freiheitsgrade bei der Gestaltung der Arbeitsabläufe aufweist. Als Besonderheit des Maschinenbaus gilt die Kombination von komplexen Produkten, geringer Produktstandardisierung und kleinen Serien, die insgesamt eine so hohe Unsicherheit für die Produktionsprozesse erzeugt, daß eine detaillierte Strukturierung von Arbeitsabläufen erschwert wird.

Eine steigende Zahl von Interaktionen berührt zugleich die Möglichkeiten zur Formalisierung und zur organisatorischen Ausdifferenzierung. Mit zunehmender Zahl der Interaktionen nimmt - ceteris paribus - die Anzahl gleichartiger Interaktionen schneller zu als die Anzahl ungleicher Interaktionen. Organisatorische Ausdifferenzierung verlangt einerseits eine gewisse Mindestzahl gleicher Interaktionen, um eine organisatorische Einheit bilden zu können und andererseits eine gewisse Mindestzahl unterschiedlicher Interaktionen, um diese Einheit gegenüber anderen Einheiten abgrenzen zu können. Dieser Zusammenhang zwischen der Zahl der Interaktionen und den Konsequenzen für die Organisationsstruktur wird in der auf Webers Bürokratietheorie aufbauenden Theorie der formalen Differenzierung behandelt. Danach führt eine steigende Betriebsgröße absolut gesehen zwar zu einer Ausweitung der formalen Differenzierung, aber relativ zu einer Verringerung des Anteils der administrativen Komponente. Anders als in der Theorie der formalen Differenzierung unterstellt, wird hier davon ausgegangen, daß das Leistungsspektrum einer Organisation das Verhältnis von gleichen und ungleichen Aufgaben beeinflußt und damit den Grad der Differenzierung. Die für Maschinenbaubetriebe typischerweise genannten Produktmerkmale führen zu einem verhältnismäßig hohen Anteil ungleicher Aufgaben. Ein hoher Anteil an ungleichen Aufgaben führt aber zu einer Steigerung der internen Kontroll- und Koordinationskosten, und damit - wie im Rahmen der Transaktionskostentheorie diskutiert - zu einem geringeren „effizienten" Unternehmensumfang. Weiterhin betrachtet die Theorie der formalen Differenzierung nur Organisationen, die bereits eine Formalstruktur aufweisen und untersucht die Veränderung des Formalisierungsgrades in Abhängigkeit von der Steigerung des Umfangs einer Organisation. Über Differenzierungsprozesse bei nicht formalisierten Organisationen werden keine Aussagen getroffen. Gerade für einen Großteil der Maschinenbaubetriebe, insbesondere der Kleinbetriebe, ist fraglich, ob sie als Organisationen mit einer Formalstruktur klassifiziert werden können. Die Veränderung des Umfangs hat bei formal ausdifferenzierten Organisationen andere Konsequenzen als bei nicht differenzierten.

Der Ressourcenumfang und das Leistungsspektrum einer Organisation berühren zentral die Fragestellung nach den Grenzen und dem Verhältnis einer Organisation zur Umwelt. Der Ressourcenumfang einer Organisation ist Resultat von Wachstums- und Schrumpfungsprozessen nach der Organisationsgründung. Wachstum und Schrumpfung unterliegen einer doppelten Abhängigkeit. Sie sind zugleich sowohl Ausdruck organisationsinterner Überlegungen als auch Resultat von Markt- und Wettbewerbsbedingungen. Die Populationsökologie bzw. evolutionistische Ansätze weisen darauf hin, daß unterschiedliche Markt- und Wettbewerbsbedingungen unterschiedliche Wachstumsmöglichkeiten für Betriebe schaffen und unterschiedliche Größenvor- und -nachteile erzeugen. Beispielsweise begrenzt eine Nischenpolitik die Wachstumschancen, andererseits reduziert das Agieren in Nischen den Wettbewerbsdruck. Wachstum über die Nischengrenzen hinaus ist eine risikoreiche Option mit ungewissem Ausgang. Massenmärkte andererseits verlangen auf die Dauer eine gewisse Mindestgröße, um die langfristigen Existenzchancen zu verbessern. Abgrenzungen zwischen Massenmärkten und Nischen sind dabei nicht statisch, sondern abhängig vom Konsumverhalten und von technologischen Innovationen. Eine Veränderung des Marktcharakters verändert die spezifischen Vor- und Nachteile einer bestimmten Betriebsgröße. Dabei weisen wachsende Unternehmen einen anderen organisatorischen Differenzierungsgrad auf als schrumpfende Unternehmen.

Die Grenzziehung von Unternehmen und Umwelt ist Gegenstand der Transaktionskostentheorie. Die Grenzen eines Unternehmens und damit seine Größe werden bestimmt durch das Verhältnis von internen Kontroll- und Koordinationskosten zur Sicherstellung von Produktionsabläufen zu Informations-, Koordinations-, und Verhandlungskosten bei der externen Beschaffung von benötigten Ressourcen. Sind die internen Kosten höher als die externen, ist es effizienter, den Umfang eines Unternehmens zu begrenzen, und bei höheren externen Kosten ist eine Ausweitung des Umfangs effizienter. Anders als von Williamson zur Vereinfachung der Argumentation unterstellt, wird hier mit Coase (1937)[14] davon ausgegangen, daß die internen Kontroll- und Koordinationskosten nicht statisch sind, sondern massiv von der internen Kontroll- und Koordinationsstruktur einer Organisation beeinflußt werden. Der efffiziente Umfang einer Organisation wird dementsprechend durch die Form der internen Kontrolle und Koordination mitbestimmt.

Die Sichtweise von Unternehmen als Institutionen zur Begrenzung von Risiken bzw. zur Bewältigung von Unsicherheit ist besonders deutlich in einigen Strömungen der Organisationsforschung nachvollziehbar und zum Teil auch in der Industriesoziologie erkennbar. Unsicherheit wirkt sich danach auf Ausmaß und Form der formalen Strukturierung aus und damit indirekt auf die Größe einer Organisation. Darüber hinaus begrenzt Unsicherheit die Fähigkeit einer Organisation zur formalen Ausdifferenzierung. Die Strategien mit der Unsicherheit begrenzt werden soll, haben Konsequenzen für die Form. Eine Strategie zur Bewältigung von Unsicherheit besteht beispielsweise darin, vorwiegend die Bereiche der Organisation, die für Kontakte zur Umwelt zuständig sind, der Unsicherheit auszusetzen, während der interne Produktionsprozeß weitgehend stabil gehalten wird. Eine solche Strategie führt zu einer

---

14 Coase (1937, S. 397) argumentiert, daß sich sowohl die internen als auch die externen Transaktionskosten sich durch Innovationen verändern können: „It should be noted that most inventions will change both the costs of organising and the costs of using the price mechanism. In such cases, whether the invention tends to make forms larger or smaller will depend on the relativ effect on these two sets of costs." Und (ebd.): „All changes which improve managerial technique will tend to increase the size of the firm".

relativ geringen formalen Ausdifferenzierung in den Außenbereichen, während der interne Kern einer Organisation eine verhältnismäßig hohe Differenzierung aufweist. Das Ausmaß der Differenzierung wird aber durch das Verhältnis von gleichen und ungleichen Aufgaben bestimmt. Der Anteil ungleicher Aufgaben wiederum beeinflußt die Höhe der internen Kontroll- und Koordinationskosten; diese wirken sich wiederum auf den Umfang einer Organisation aus.

Diese kurze Skizzen deuten an, daß für eine Analyse der Bedeutung der Dimension Betriebsgröße im Maschinenbau die Identifizierung der relevanten Randbedingungen eine zentrale Aufgabe ist, die die Gefahr in sich birgt, zu viele Aspekte zugleich berücksichtigen zu wollen. Deshalb erschien es sinnvoll und notwendig - abweichend von der üblichen Vorgehensweise -, bei der Sichtung der Literatur weitgehend auf eine umfassende Analyse und Kritik der dargestellten Ansätze zu verzichten, sondern stärker die grundlegenden Argumentationsmuster herauszuarbeiten, die sich in das Modell des Ressourcenpools integrieren lassen. Sowohl die Auswahl der Literatur als auch deren Darstellung orientieren sich an dem Ziel der Identifikation relevanter Randbedingungen für ein Größenmodell.

Mit der so umrissenen Konzeption soll ein Beitrag geleistet werden, den "methaphysischen Status von Größe" in organisationstheoretischen Konzepten (Slater 1985, S. 168) zu überwinden und zugleich eine Perspektive zu eröffnen, mit der traditionell industriesoziologische Fragestellungen mit organisationstheoretischen Überlegungen verbunden werden können.

1.2. Theoretische Bezugspunkte

Für eine solche Identifizierung der für den westdeutschen Maschinenbau relevanten Randbedingungen wurde auf 'konventionelle' Ansätze der Industriesoziologie zurückgegriffen. Die Betonung der Stofflichkeit von Produktionsprozessen ist in diesen eher strukturorientierten Ansätzen besonders stark ausgeprägt. Dies führt dazu, daß die Dimensionen, auf denen die Stofflichkeit basiert, deutlicher herausgearbeitet werden und darüber hinaus Hinweise gewonnen werden können, welche Auswirkungen diese für die Gestaltung der Arbeitsorganisation haben. Bei der Darstellung der Ansätze soll deutlich werden, daß hierbei auf Faktoren verwiesen wird, die in der Organisationsforschung häufig mit Größe assoziiert werden: Koordinationsbedarf und Koordinationskosten sowie Seriengröße.[15]

Für zahlreiche Beiträge der Organisationsforschung ist Webers Bürokratiemodell nach wie vor Ausgangspunkt, obwohl Weber selbst keine systematischen Aussagen zur Beziehung zwischen Größe und Bürokratie trifft. Insbesondere in der Theorie der formalen Differenzierung wird versucht, Webers Überlegungen aufzugreifen und weiterzuentwickeln. Als zentraler von Wachstum beeinflußter Faktor wird das Verhältnis gleicher und ungleicher Aufgaben angesehen.[16] Am Beispiel der Theorie der formalen Differenzierung wird ein Mehr-Ebenenproblem deutlich. Diskontinuierliche Entwicklungen in einzelnen Organisationen können u.U. bei der Betrachtung einer größeren Zahl von Organisationen den Anschein eines kontinuierlichen Phänomens erzeugen.

Die 'Populationsökologie' verweist darauf, daß Organisationsgröße auch ein Resultat vorangegangenen Wachstums ist und daß dieses Resultat durch Marktbedingungen und Wettbewerbssituation beeinflußt wird. Weiterhin wird angedeutet, daß die gleiche Ausgangssituation in bezug auf Marktbedingungen und Wettbewerbssituation auf verschiedene Größenklassen unterschiedlich wirkt.

Die Kontingenztheorie verweist darauf, daß die Außenbeziehungen von Organisationen unterschiedliche Grade von Unsicherheit aufweisen und daß das Ausmaß der Unsicherheit die Effizienz organisatorischer Strukturen beeinflußt. Unsicherheit steigert unter arbeitsteiligen Bedingungen den Koordinationsbedarf und damit die Koordinationskosten. Die unterschiedlichen Schulen verorten diese Unsicherheit in der Dimension Seriengröße, auch wenn sie dies mit unterschiedlichen Begriffen belegen, wie Technologie oder Turbulenz/Stabilität. Die Größenschule betrachtet Größe als Faktor, der Koordinationskosten verursacht, aber durch Arbeitsteilung auch erhöhte Koordinationsfähigkeiten besitzt.

Die sog. verhaltenstheoretische Schule (Simon, March) zeigt, daß für Entscheidungshandeln in Organisationen eine wesentliche Randbedingung die Höhe der Entscheidungskosten ist, da die Akteure nur begrenzt Zeit und Kapazität zur Lösung von Problemen aufwenden können. Dies gilt insbesondere

---

15 Seriengröße wird in der Kontingenztheorie häufig als Indikator für Routine betrachtet, die ein Merkmal für bürokratische Organisationsformen und darüber hinaus mit Größe verbunden ist, vgl. dazu Gerwin (1981).

16 Die Verteilung von ungleichen und gleichen Aufgaben beeinflußt die Effizienz der Arbeitsteilung. Effizienz durch Arbeitsteilung wird als wesentliches Merkmal von bürokratischen Organisationen aufgefaßt.

für Optimierungsprobleme, für die keine eindeutigen Lösungen gefunden werden können.

Die Transaktionskostentheorie zeigt, daß Wachstum von Organisationen nicht einfach nur ein Resultat gestiegener Ressourcenallokation ist, sondern eine Strategie zur Bewältigung von Unsicherheit bzw. zur Verringerung von Kosten, die sich aus Unsicherheit ergeben.[17] Ursache der Unsicherheit sind begrenzte Sanktionsmöglichkeiten in Marktbeziehungen. Das Ausmaß der Unsicherheit hängt von der Substituierbarkeit des Gutes ab. In welcher Form Transaktionen abgewickelt werden, ist ein Entscheidungsprozeß, bei dem die Höhe der Substitutionskosten gegen die Höhe der Kosten zur Erhöhung des Sanktionspotentials abgewägt werden muß.

Coleman (1979/1990) hat nicht nur ein Modell entwickelt, mit dem Organisationen so konzipiert werden können, daß strukturelle Randbedingungen in Faktoren umformuliert werden, die individuelle Nutzenkalküle beeinflussen, sondern auch gezeigt, wie Eigentumsverhältnisse die Beziehungen der Organisationsmitglieder untereinander beeinflussen. Zudem zeigt er, daß für den Aufbau eines Sanktionspotentials die Alternativen 'Vertrauen' und 'Kontrolle' bestehen und nennt Bedingungen, wann die Wahl der Alternative 'Vertrauen' vorteilhaft ist.

---

17 Damit verweist sie darauf, daß Wachstum unterschiedliche Ursachen hat und unterschiedliche Formen annehmen kann.

2. Größe als unabhängige Dimension

Betriebsgröße ist eine Dimension, die für eine Vielzahl unterschiedlicher Sachverhalte stehen kann. Während sie in der Industriesoziologie häufig als eine Art 'demographische' Variable betrachtet wird, wobei letztlich unklar bleibt, welche Wirkungsmechanismen zwischen der Betriebsgröße und der Arbeitsorganisation bestehen, gibt es in der Organisationsforschung mehrere Strömungen, die sich intensiver mit Betriebsgröße auseinandersetzen. Eine lange Tradition haben in der Organisationsforschung Ansätze, die auf das Webersche Bürokratiemodell zurückgreifen. Eine zweite etablierte Strömung bindet Größe in den Kontext kontingenztheoretischer Überlegungen ein. Eine neuere Entwicklung ist die Auseinandersetzung mit Größe innerhalb evolutionistischer Modelle; und schließlich wird die Größenproblematik implizit auch in verhaltenstheoretischen Ansätzen und in der Transaktionskostentheorie behandelt.

2.1. Größe und Bürokratie

Wie Größe definiert und operationalisiert wird, hängt natürlich entscheidend vom theoretischen Kontext ab. Größe weist nach Scott (1986, S. 316) einen seltsamen Doppelcharakter auf: zum einen ist Größe ein Binnenmerkmal einer Organisation, und zum anderen wird Größe nachhaltig durch äußere Einflüsse geprägt. Dementsprechend läßt sich Größe zum einen als unabhängige Dimension konzipieren und zum anderen als abhängige. Dabei wird dem theoretischen Status von Größe häufig wenig Aufmerksamkeit geschenkt. Grundsätzlich hat sich an der Feststellung von Kimberly [18] (1976, S. 576) wenig geändert, daß in der Mehrzahl der (organisationstheoretischen) Studien

---

18 Kimberly (1976) analysierte etwa 80 empirische Beiträge, die sich mit Zusammenhängen zwischen Größe und organisatorischer Struktur beschäftigen.

eine inhaltliche Auseinandersetzung mit der Dimension Größe nicht stattfindet: "Sixty percent do not even discuss the question of causality. Size and its relation to structure is discussed primarily in associational terms, although in some cases size is given the unclear status of determinant or determiner, or it is said to have certain consequences for organization structure." Ortmann u.a. (1990, S. 68) bemerken mit Recht: " 'Größe' allein tut gar nichts."

2.1.1. Das Standardmodell von Größe in der Organisationsforschung

Die Frage, welche Beziehungen zwischen der Größe einer Organisation und der Art und Weise, wie Aufgaben bearbeitet werden, bestehen, scheint zunächst einfach zu beantworten zu sein. Kieser/Kubicek (1992, S. 292ff.) beispielsweise stellen in einer Übersicht eine in der Organisationsforschung gängige Argumentation vor. Die Größe einer Organisation steht dabei in einem Zusammenhang mit der Teilbarkeit von Aufgaben und der Bündelung von Aufgaben zu Stellen. Mit der Größe einer Organisation wächst die Chance, immer kleinere Aufgabenbereiche zu Stellen zusammenzufassen, und damit können die anfallenden Aufgaben immer arbeitsteiliger erledigt werden. Ein kleiner Aufgabenumfang ist häufig mit wirtschaftlichen Vorteilen verbunden. Wenn Mitarbeiter nur wenige Aufgaben haben, können sie sich auf die Abarbeitung dieser Aufgaben beschränken, ein hohes Maß an Routine entwickeln und so die Aufgaben schneller und besser erledigen. Mit der Größe können die Aufgabenbereiche einzelner Stellen immer geringer werden und so die Arbeitsteilung zunehmen.

Bei der Bündelung von Aufgaben zu Stellen können zwei Arten von Stellen geschaffen werden: Stellen, die sich in ihren Aufgaben nicht von denen bereits vorhandener Stellen unterscheiden, und Stellen, an denen Aufgaben wahrgenommen werden, die sich von anderen Stellen unterscheiden.

Die Voraussetzung, daß Stellen geschaffen werden, die sich von bereits vorhandenen Stellen unterscheiden, ist die Zunahme des Volumens der Aufgaben. Mit steigender Größe nimmt auch das Volumen aller Aufgaben zu, so daß die Wahrscheinlichkeit steigt, daß Aufgaben, die bisher nebenher von anderen Stellen oder organisationsfremden Personen oder Unternehmen wahrgenommen wurden, ein Volumen erreichen, das die Schaffung einer Stelle mit neuartigen Aufgaben ermöglicht. Die Voraussetzung für die Spezialisierung ist also, daß eine Aufgabe häufig genug anfallen muß, um einen Stelleninhaber mit dieser Aufgabe auszulasten. Mit der Größe einer Organisation steigt so die Chance, daß immer spezialisiertere Stellen geschaffen werden können und steigt die Wahrscheinlichkeit, daß genügend Aufgaben anfallen, um spezialisierte Stellen zu schaffen.

Stellen, die sich voneinander unterscheiden, erfordern mehr Kommunikations- und Koordinierungsbemühungen als gleiche Stellen. Je mehr unterschiedliche Stellen geschaffen werden, desto größer werden Koordinierungs- und Kommunikationsprobleme.

Da Koordinierung und Kommunikation Vorgesetztenaufgaben sind, steigt mit der Zahl unterschiedlicher Stellen die Zahl der Vorgesetzten. Die Zahl unterschiedlicher Stellen steigt aber mit der Größe. Koordinierungs- und Kommunikationsprobleme fördern aber nicht nur die Hierarchisierung, sondern auch die Formalisierung. Ein Instrument, um Koordination und Kommunikation zu vereinfachen, ist die Definition von Verhaltens- und Verfahrensregeln - kurz, formaler Vorschriften. Mit steigenden Kommunikations- und Koordinationsproblemen steigt auch die Chance, daß diese mit Hilfe formaler Regelungen begrenzt werden sollen. Mit der Größe einer Organisation wächst somit die Wahrscheinlichkeit der Anwendung formaler Regelungen. Über diesen Mechanismus ist die Größe einer Organisation nicht nur mit Arbeitsteilung und Spezialierung verbunden, sondern auch mit Hierarchisierung und Formalisierung. Dies ist nur eine kurze Skizze gängiger Argumentationen über die Auswirkungen der Größe einer Organisation auf ihre interne Strukturierung.[19]

2.1.2. Webers Idealtyp der Bürokratie

Implizit wird in der skizzierten Standardargumentation auf die Webersche 'Bürokratietheorie' zurückgegriffen. Bürokratie ist dabei die Bezeichnung für die rationale Form von Herrschaft, deren wesentliche Kennzeichen Sachlichkeit, Unpersönlichkeit und Berechenbarkeit sind. Bürokratie bezieht sich dabei nicht nur auf die öffentliche Verwaltung, sondern auch auf gewerbliche Unternehmen. Wenn die Merkmale rationaler Herrschaft erfüllt sind, "konstituieren sie in der öffentlich-rechtlichen Herrschaft den Bestand einer bürokratischen "B e h ö r d e", in der privatwirtschaftlichen den eines büro-

---

19   Kimberly (1976, S. 593) bemerkt zu diesem Standardmodell in Anbetracht der empirischen Ergebnisse: "One reason the concept of size as it has emerged in the organizational literature has such an ambiguous status is that it is simply too global to permit specifications of its role. A more differentiated view of size needs to be used, one which enables the researcher to posit differential relationships between the various aspects of size and the various dimensions of structure."

kratischen "B e t r i e b e s" (Weber 1972, S. 551) (Hervorhebungen im Original).

Rationale Herrschaft ist dabei ein Idealtypus und keine Beschreibung der Wirklichkeit. Bürokratie als Idealtypus ist der Versuch zu beschreiben, wie eine Organisation aussehen würde, wenn sie vollständig und ausschließlich nach rationalen Gesichtspunkten gestaltet wäre.

Die Rationalität der Herrschaft beginnt nach Weber mit dem Glauben an die Legalität (Weber 1972, S. 124), d.h. Aufgaben werden ausgeführt, weil die Regeln, nach denen diese Aufgaben definiert und zugewiesen werden, von den Ausführenden für rechtmäßig gehalten werden. Der Inhalt der Aufgaben und die Personen, die die Aufgaben zuweisen, spielen keine Rolle, solange der legale Status der Regelerzeugung eingehalten wird.

Die idealtypische Bürokratie hat dabei folgende Merkmale (Weber 1972, S. 125ff., 551ff.):

- Es ist festgelegt, welche Aufgaben regelmäßig und dauerhaft durchzuführen sind; d.h. eine Fixierung der innerhalb der Behörde oder des Betriebes wahrzunehmenden Pflichten. Mit dieser Definition ist zugleich verbunden, welche Aufgaben eben *nicht* zu den Pflichten gehören.
- Es gibt eine klare hierarchische Gliederung, d.h. ein festes System von Über- und Unterordnung, wobei auch hier die Zuständigkeiten eindeutig geregelt sind. Regeln binden nicht nur untergeordnete, sondern auch übergeordnete Instanzen. So kann eine höhere Ebene die Zuständigkeit einer unteren Ebene einfach an sich ziehen. Überordnung gilt für einen fest umrissenen Bereich von Aufgaben und beinhaltet eine Festlegung und damit eine Beschränkung zulässiger Sanktionsmittel. Bei Konflikten zwischen einzelnen Aufgabenbereichen entscheidet die nächsthöhere Instanz. Die hierarchische Ordnung beinhaltet auch einen Appelationsweg. Die untere Ebene kann bei Beschwerden oder zu Berufungszwecken die Oberinstanz anrufen.
- Es bestehen allgemeine Verfahrensregeln darüber, wie Aufgaben erledigt werden. Diese Regeln können technische Regeln oder Normen sein und unterschiedliche Grade an Detailliertheit aufweisen. Diese Regeln beziehen sich nicht auf konkrete Einzelfälle, sondern behandeln abstrakt die Prinzipien der Aufgabenerledigung und bei Bedarf der Entscheidungsfindung.
- Es besteht das Prinzip der Schriftlichkeit. Alle Entscheidungen und Vorgänge werden schriftlich in Akten festgehalten. Dies ist die Voraussetzung

für die Kontrolle von Instanzen und die problemlose Ersetzbarkeit von Personen.
- Die Produktions- und Administrationsmittel sind einer Stelle oder einem Amt zugeordnet. Die zu einer Stelle oder einem Amt gehörenden Mittel darf sich keine Person angeeignen.
- Das Amt in einer Bürokratie ist ein Beruf (d.h. eine dauerhafte Vollzeitbeschäftigung) und setzt i.d.R. Fachqualifikationen voraus. Die Auswahl von Bewerbern erfolgt unter dem Qualifikationsaspekt. Mit der Berufstätigkeit verbunden ist eine 'Amtstreuepflicht', deren Gegenleistung ein festes Gehalt darstellt. Das feste Gehalt soll sicherstellen, daß der Amtsinhaber bei der Wahrnehmung seiner Aufgaben nur sachlichen Prinzipien verpflichtet ist und keine persönlichen Absichten mit der Amtsführung verbindet. Aus der Tatsache der Berufstätigkeit folgt auch die Eröffnung von Karrierechancen.

Die Bürokratie als Form der rationalen Herrschaft ist nach Weber gegenüber früheren Formen der Herrschaft stabiler und effizienter. "Der entscheidende Grund für das Vordringen bürokratischer Organisation war von jeher ihre rein t e c h n i s c h e Ueberlegenheit über jede andere Form. Ein voll entwickelter bürokratischer Mechanismus verhält sich zu diesen genau wie eine Maschine zu den nicht mechanischen Arten der Gütererzeugung. Präzision, Schnelligkeit, Eindeutigkeit, Aktenkundigkeit, Kontinuierlichkeit, Diskretion, Einheitlichkeit, straffe Unterordnung, Ersparnisse an Reibungen, sachliche und persönliche Kosten sind bei streng bürokratischer (...) Verwaltung durch geschulte Einzelbeamte (...) auf das Optimum gesteigert" (Weber 1972, S. 561f.).
Diese Effizienzvermutung stellt die Verbindung zwischen Größe und Arbeitsorganisation dar.[20] Webers Idealtyp der Bürokratie beschreibt wesentliche Elemente der Arbeitsorganisation, und deren Effekte sind nicht größenneutral. Dies betrifft beispielsweise die Arbeitsteilung oder Hierarchisierung oder Formalisierung, die mit wachsender Größe einer Organisaion vorangetrieben werden kann.

Clegg (1990, S. 38ff.) leitet aus dem Weberschen Idealtyp Bürokratie 15 Dimensionen ab, die eine Organisation beschreiben und die wesentliche Instrumente zur Effizienzsteigerung darstellen. Dies sind:

---

20 Weber selbst entwickelt keine theoretische Konzeption, welche Beziehungen zwischen der Effektivität rationaler Herrschaft und der Größe bürokratischer Organisation bestehen könnten. Größe als Dimension wird von ihm hauptsächlich im Zusammenhang mit Nationen betrachtet, wobei Größe in diesem Zusammenhang ein Indikator für Macht ist, vgl. Weber (1972, S. 520ff.).

1. Spezialisierung. Aufgabenbereiche werden in diskontinuierliche, spezifische und unterschiedliche Aufgaben gegliedert. Diese Einzelaufgaben werden von Personen wahrgenommen, die sich auf die Wahrnehmung dieser Aufgaben spezialisiert haben. Die Aufgaben werden so gegliedert, daß ein kontinuierlicher und reibungsloser Arbeitsfluß erzielt wird.
2. Autorisation. Die funktionale Differenzierung bedeutet, daß die Personen, die diese Aufgaben wahrnehmen, Weisungs- und Sanktionsbefugnisse haben, die ihren Pflichten entsprechen.
3. Hierarchisierung. Weil die Aufgaben funktional differenziert sind und jeder Funktion genau definierte Rechte und Pflichten zugeordnet werden, muß die Über- und Unterordnung exakt festgelegt werden.
4. Verrechtlichung (contractualization). Die Delegation von Befugnissen ist verbunden mit der Vergabe von präzisen Arbeitsverträgen, die Aufgaben, Rechte, Pflichten und Verantwortlichkeiten beinhalten.
5. Zertifikation von Qualifikation. Da die Beschäftigung aufgrund eines Vertrages erfolgt, der die Anforderungen an die Qualifikation des Stelleninhabers enthält, besteht eine Tendenz dazu, den Nachweis dieser Anforderung durch formale Zertifikate zu fordern.
6. Einrichtung von Karrierestufen (careerization). Ungleiche Verteilung von formalen Qualifikationen ist Voraussetzung, um die unterschiedlichen Hierarchieebenen zu besetzen. Da die Wahrnehmung von Positionen auf unterschiedlichen Hierarchieebenen an formale Zertifikate gebunden ist, müssen Mitarbeiter, die die Zertifikate erwerben, Aufstiegschancen haben.
7. Statusdifferenzierung. Die unterschiedlichen Aufgaben sind nicht nur mit unterschiedlichen Kompetenzen und Qualifikationen verbunden, sondern auch mit unterschiedlicher Bezahlung und unterschiedlichen Privilegien. Diese ungleiche Verteilung von Bezahlung und Privilegien führt zur Statusdifferenzierung.
8. Etablierung spezifischer Herrschaftsstrukturen. Hierarchie drückt sich aus in spezifischen Kontrollrechten gegenüber Untergebenen und dem Versuch der Untergebenen, unzulässige Eingriffe abzuwehren.
9. Formalisierung. Funktionale Differenzierung, die Schaffung diskontinuierlicher Aufgaben und hierarchische Steuerung erfordern auf formalen Regeln beruhende Ausführungsanweisungen, da nur so die Legitimität von Anweisungen bewertet und hergestellt werden kann.
10. Standardisierung. Die Formalisierung von Aufgaben bei dem gleichzeitigen Gebot der Schriftlichkeit führt aus Gründen der Vereinfachung zur Standardisierung.
11. Zentralisierung. Hierarchisierung bedeutet nicht nur die Schaffung von Über- und Unterordnungsverhältnissen, sondern auch die Zunahme von Kompetenzen jeder höheren Hierarchiestufe.

12. Legitimierung. Die rationale Form der Herrschaftsausübung verlangt eine klare Trennung zwischen den Handlungen der Organisation von partikularistischen Handlungen einzelner Mitglieder der Organisation. Diese Abgrenzung wird ermöglicht über Legitimation, d.h. den formalen Nachweis, daß der Ausführende zu seiner Handlung berechtigt ist.
13. Veramtlichung (officialization). Herrschaft ist eine Funktion des Amtes und nicht des Amtsinhabers. Amtsinhaber üben Herrschaft aus, ohne sie für persönliche Zwecke einsetzen zu können.
14. Entpersönlichung (impersonalization). Die scharfe Trennung von Person und Amt läßt die Bedeutung einzelner Personen zurückgehen, da jeder prinzipiell ersetzbar ist, ohne daß es zu Störungen kommt.
15. Disziplinierung. Damit jeder ersetzbar ist, müssen die Regeln eingehalten werden. Um Regelverstöße zu vermeiden, ist die Disziplinierung aller notwendig.

In der Zusammenstellung von Clegg (1990) wird deutlich, daß Webers Bürokratietheorie eine Liste von Randbedingungen enthält, die individuelle Nutzenkalküle beeinflussen. Die Mitgliedschaft in einer Bürokratie schränkt die Handlungsoptionen des einzelnen ein und viele der von Clegg identifizierten Dimensionen sind Instrumente, mit denen der Handlungsspielraum des einzelnen eingeengt wird, z.B. Verrechtlichung, Formalisierung, Hierarchisierung. Die strikte Trennung von Amt und Person erlaubt es nicht, die Möglichkeiten des Amtes für persönliche Zwecke zu nutzen. Diese Einschränkungen erfordern Gegenleistungen, damit individuelle Akteure sich bereitfinden, diese Situation hinzunehmen. Die Gegenleistungen bestehen in der Zahlung eines festen Gehalts, in der Schaffung von Karrierestufen und in der Statusdifferenzierung. Auf diese Weise können die Produktivitätsvorteile von Arbeitsteilung durch Spezialisierung und Standardisierung optimal genutzt werden.[21]

2.1.3. Die Theorie der formalen Differenzierung

Einen Versuch, systematisch auf Weber zurückzugreifen und - wenn auch nicht alle, so doch zumindest die wichtigsten - die von Clegg identifizierten Dimensionen des Idealtypus 'Bürokratie' in einen theoretischen Zusammenhang mit Größe zu bringen, haben Blau (1970) und Blau/Schoenherr (1971)

---

21 Die Parallelen zu Colemans (1990) Konzeption des Korporativen Akteurs, die in Kapitel 6. behandelt wird, sind nicht zufällig. Coleman (1990, S. 422ff.) diskutiert Gemeinsamkeiten und Unterschiede der Ansätze.

unternommen. Die Verbindung von Größe und den Weberschen Dimensionen erfolgt über den Prozeß der formalen Differenzierung von Organisationen. Wie dargestellt, ist ein wesentliches Element der Weberschen Argumentation die dauerhafte, funktionale Differenzierung von Aufgaben zu Stellen oder Ämtern. Daran knüpfen Blau/Schoenherr (1971, S. 300ff.) an. Differenzierung bezieht sich in ihrem Verständnis auf formal eingerichtete Einheiten, die angebbare Aufgaben haben und von bezahlten Mitarbeitern besetzt werden. Die Zahl der bezahlten Mitarbeiter begrenzt das Ausmaß möglicher Differenzierung, denn es können nicht mehr Einheiten bestehen als Mitarbeiter. Größe hat aber keine linearen Auswirkungen auf Differenzierung, denn neben direkten Größeneffekten gibt es indirekte, die die entgegengesetzte Richtung wie die direkten aufweisen. Dies führt dazu, daß zunehmende Größe strukturelle Differenzierung in Organisationen in zahlreichen Dimensionen erzeugt, wobei die Zuwächse der Differenzierung mit zunehmender Größe abnehmen.

Größe ist in dieser Argumentation ein Synonym für den Umfang anfallender Aufgaben. Mit steigendem Umfang der Aufgaben steigt sowohl der Umfang gleichartiger wie verschiedenartiger Aufgaben. Ein mehr an verschiedenartigen Aufgaben fördert Differenzierung, während die Zunahme gleichartiger Aufgaben diesen Effekt nicht hat. Ob 100 Mitarbeiter die gleiche Tätigkeit verrichten oder 101 ist organisatorisch in der Regel folgenlos. Die Begründung für die weitgehende organisatorische Folgenlosigkeit der Zunahme gleichartiger Tätigkeiten sind die unterschiedlichen Koordinations- und Kommunikationserfordernisse von verschiedenartigen und gleichartigen Stellen. Mit der Zunahme verschiedenartiger Stellen wachsen die Koordinations- und Kommunikationsbedürfnisse. Diese Zunahme wird reflektiert durch eine Zunahme administrativer Einheiten, die für diese Aufgaben zuständig sind. Bei einer Zunahme gleichartiger Stellen wachsen die daraus resultierenden zusätzlichen Koordinations- und Kommunikationsaufgaben nur unwesentlich an, und deshalb werden i.d.R. keine zusätzlichen Stellen mit Koordinations- und Kommunikationsaufgaben erfüllt. Das Verhältnis der Zunahme von verschiedenartigen zu gleichartigen Stellen ist nicht größenneutral. Je größer eine Organisation, desto größer wird die Chance, daß eine bestimmte Aufgabe bereits vorhanden ist. Daraus folgt, daß mit zunehmender Größe die Wahrscheinlichkeit abnimmt, daß eine weitere Differenzierung erfolgt und führt dazu, daß der Anteil von Koordinations- und Kommunikationsaufgaben pro Kopf der Beschäftigten sinkt.

Auch auf Formalisierung und Zentralisierung hat Größe unerwartete Effekte. Mit der Größe steigt die Zahl formeller Bestimmungen, aber mit der Größe steigt auch die Zahl dezentraler Entscheidungsbefugnisse. Zunehmende Größe erzeugt einen Druck in Richtung Dezentralisierung, weil ansonsten eine Überlastung der obersten Leitungsebene erfolgt. Dezentralisierung ist aber mit Risiken verbunden, die mit der Größe der Organisation zunehmen, weil die Auswirkungen von Entscheidungen weitreichender sind und eine größere Zahl von Personen betreffen. Dezentralisierung kann nur bei einer Verminderung des Entscheidungsriskos erfolgen. Größe fördert aber zugleich die Schaffung von Strukturen, die das Entscheidungsrisiko vermindern, wie die Formalisierung oder Standardisierung oder Automation. "The pressure of large size actually gives rise to explizit delegation of authority primarily if it is complemented by mechanisms that reduce the risk of delegation, like automation or regulations that improve the reliability of employees" (Blau/Schoenherr 1971, S. 322).

Für Mansfield (1973) ist bei einer korrekten Interpretation Webers Formalisierung sogar die Voraussetzung für die risikolose Delegation von Entscheidungsbefugnissen. Nur wenn eindeutig Zuständigkeiten festgelegt werden und Verfahrensregeln definiert sind, können Entscheidungsbefugnisse auch an untere Ebenen übertragen werden, weil sichergestellt ist, daß die Entscheidung in beabsichtigter Weise gefällt wird, ohne daß übergeordnete Stellen mit dem Sachverhalt befaßt werden müssen.

2.2. Kritik und empirische Ergebnisse zu Webers 'Bürokratiemodell' und zu Blaus 'Theorie der formalen Differenzierung'

2.2.1. Das Mißverständnis des Weberschen Idealtypus in der Organisationsforschung

Die Kritik am Weberschen Modell kann auf eine lange Tradition zurückblicken. Kieser (1993, S. 60) faßt die Kritik zu drei Hauptpunkten zusammen:

„(1)Bürokratische Organisationen weisen in der Wirklichkeit vielfältige Variationen auf und können daher durch einen Einheitstyp nicht zutreffend charakterisiert werden.

(2) Die bürokratische Organisationsform ist nur unter bestimmten Bedingungen technisch effizient; Webers Effizienzhypothese muß daher situativ relativiert werden.

(3) Jede bürokratische Organisationsform weist auch dysfunktionale Wirkungen auf, die die technische Effizienz beeinträchtigen".²²

Als 4. Punkt könnte hinzugefügt werden, daß die Annahme, Organisationen seien ausschließlich zweckrational geschaffene Instrumente, um spezifische Aufgaben zu bewältigen, eine bloße Fiktion ist.²³

Bei dem ersten Kritikpunkt handelt es sich nach Mayntz (1971) vorwiegend um ein Mißverständnis, das den Idealtypus 'Bürokratie' für eine zutreffende Beschreibung der Wirklichkeit hielt. Dieses Mißverständnis war insbesondere unter amerikanischen Organisationsforschern verbreitet, die ohne Berücksichtigung des methodologischen Konzeptes des Idealtypus nur die inhaltlichen Aussagen zur Kenntnis nahmen. "Das Argument, zum Verständnis der materiellen Aussagen Webers sei ein Rückgriff auf seine Methodologie nicht unbedingt nötig, ist gerade auf den Bürokratiebegriff nicht anwendbar" (Mayntz 1971, S. 28). In der Frühphase insbesondere der amerikanischen Organisationsforschung war der Einfluß der Weberschen Analyse so stark, daß zeitweilig die Illusion herrschte, die Begriffe Organisation und Bürokratie seien deckungsgleich. Bei dem Versuch der Annäherung an die Realität "mußte sich diese Illusion als solche enthüllen. Das Ergebnis war eine vielfältige Kritik an Weber, dem u. a. vorgeworfen wurde, sein Bürokratiebegriff entstelle die Wirklichkeit, er sei nur eine begrenzt verwendbare historische Kategorie, er sei eine in sich unstimmige Theorie oder er vernachlässige empirisch wichtige Variationen" (Mayntz 1971, S. 27).

Kieser (1993, S. 59f.) bewertet dieses Mißverständnis aber als fruchtbar, denn bei dem Versuch, das Webersche Bürokratiemodell in der Realität wiederzufinden, wurden die gefunden Abweichungen zu einer Quelle intensiver theoretischer Diskussion und Anlaß für zahlreiche empirische Untersuchungen. Inzwischen ist in der Organisationsforschung unumstritten , daß es "nicht nur mehr oder minder stark bürokratisierte Organisationen, sondern sehr unterschiedliche Arten von Organisationen" gibt (Kieser 1993, S. 60).

Wenn es aber vielfältige Arten von Organisationen gibt, wirft das weitere Fragen auf. Zunächst die Frage, warum es unterschiedliche Organisationsarten gibt und welche Faktoren für diese unterschiedlichen Formen verantwortlich sind. Da Webers Argument für die Verbreitung des Idealtyps Bürokratie seine Effizienz ist, wieso können dann so viele Arten von Organisationen aufgefunden werden? Weisen diese unterschiedlichen Arten mit zunehmender

---

22   Wie vielfältig organisatorische Strukturen sein können, zeigt sich auch in den Ergebnissen des NIFA-Panels. Widmaier/Schmid (1992, S. 239) sprechen von einem 'bunten' Bild, das der Maschinenbau bietet, und verweisen auf die große Heterogenität der Branche.
23   An dieser Stelle sei nur kurz das Sichwort 'bounded rationality' erwähnt.

Entfernung vom Idealtypus ein geringeres Maß an Effizienz auf? Sollte dies nicht der Fall sein, so stellt sich die Frage, ob Webers Konstruktion wirklich eine vollständige Beschreibung darstellt oder ob wichtige Faktoren übersehen wurden.

Diese Fragen sind weit davon entfernt, geklärt zu sein. Empirisch sind die Ergebnisse nicht eindeutig. Beispielsweise konnten Udy (1971) und Hall (1971) in ihren Studien für einige Dimensionen des Bürokratiemodells Zusammenhänge auffinden und für andere nicht. Udy (1971) hat bei einer Untersuchung von 150 nichtindustriellen Organisationen eine Unterscheidung zwischen 'bürokratischen' und 'rationalen' Dimensionen des Weberschen Bürokratiemodells getroffen. Unterscheidungskriterium für ihn war, ob eine Dimension auch in anderen von Weber typisierten Herrschaftsformen benannt wurde. Als bürokratisch faßt er Merkmale wie eine hierarchische Autoritätsstruktur oder die Existenz eines spezialisierten Verwaltungsstabs auf. Spezifische Elemente der Form rationaler Herrschaft sind Dimensionen wie die Existenz exakt definierter und abgegrenzter Ziele oder eine leistungsbezogene Entlohnung. Udy (1971) fand nun, daß die bürokratischen Merkmale wie auch die rationalen, positiv miteinander korrelierten. "Die Korrelationen zwischen den Komplexen jedoch sind im allgemeinen negativ" (Udy 1971, S. 65). Hall (1971, S. 77), dessen empirische Ergebnisse denen Udys ähneln, zieht daraus den Schluß, "daß das, was gemeinhin als eine Ganzheit (Bürokratie) betrachtet wird, in Wirklichkeit kein derartig integriertes Ganzes ist. Die konfigurationale Natur des Grades, in dem die Merkmale vorhanden sind, deutet darauf hin, daß die Organisationen in der Tat die ihnen im allgemeinen zugeschriebenen Merkmale besitzen - aber diese Merkmale sind in konkreten Organisationen nicht notwendigerweise alle im gleichen Ausmaß vorhanden". Organisationen können also mehr oder weniger bürokratisch sein.

Auch für den Zusammenhang zwischen Größe und bürokratischer Form waren die empirischen Ergebnisse schon sehr früh widersprüchlich. So resümiert Scott (1986, S. 318): "Einige Studien stellten fest, daß die Verwaltung in größeren Organisationen unverhältnismäßig viel Raum einnahm (...); andere kamen zu der Erkenntnis, daß der Anteil des in der Verwaltung tätigen Personals in großen Organisationen kleiner war (...); und andere wieder sagten, daß es überhaupt keinen Zusammenhang gäbe".[24]

Zum zweiten Kritikpunkt, daß eine universelle Überlegenheit der bürokratischen Form nicht gegeben sei, argumentiert Kieser (1993, S. 60f.), daß bei

---

24 Daß sich an der empirischen Uneindeutigkeit bis in die 80er Jahre wenig geändert hat, zeigt die Zusammenstellung von Kubicek/Welter (1985).

der Betrachtung des Ausmaßes an Bürokratisierung ein wesentliches Element übersehen wurde. Nämlich, "daß Webers Hypothese von der technischen Effizienz der bürokratischen Organisationsform nur unter ganz bestimmten Bedingungen gelte und daher situativ relativiert - auf die Bedingungen, in denen sich Organisationen befinden - zurückgeführt werden müsse." Die Effizienz einer Bürokratie beschränkt sich generell auf den Bereich gleichförmiger Aufgaben. Wenn massenhaft Aufgaben anfallen, die voneinander abgegrenzt und klar strukturiert werden können, dann ist in der Tat die bürokratische Form effizient. Wenn allerdings wechselnde Aufgaben oder nicht genau spezifizierte Aufgaben zu bewältigen sind, dann sind andere Organisationsformen effizienter. Das Ausmaß, in dem gleichförmige und wechselnde Aufgaben zu bewältigen sind, wird durch andere Faktoren bestimmt. Dies verweist auf kontingenztheoretische Überlegungen, die in Kapitel 4 dargestellt werden.

Bei den Betrachtungen zu dysfunktionalen Wirkungen bürokratischer Organisationen findet ein Ebenenwechsel statt. Bürokratien sind nicht nur dadurch gekennzeichnet, daß es formale Regelungen und ein Hierarchiesystem gibt, sondern daß in ihnen konkrete Menschen agieren. Deren Vorstellungen, Absichten und Handlungsweisen decken sich nicht mit den Vorstellungen darüber, wie sie handeln sollten. Neben der formalen Struktur besteht in Organisationen immer auch eine informelle Struktur. Die persönlichen Intentionen und Vorstellungen führen immer wieder zu Handlungsweisen, die, von außen betrachtet und am Ideal rationaler Herrschaft gemessen, irrational erscheinen müssen. So daß insgesamt die Vorstellung, Organisationen seien rationale Instrumente zur Erreichung bestimmter Ziele, eine Fiktion ist, die nicht mit der Realität in Organisationen vereinbar erscheint.[25]

2.2.2. Differenzen zwischen Webers Idealtyp der Bürokratie und der Theorie der formalen Differenzierung

Auch Blau (1970) und Blau/Schoenherr (1971) weichen in einigen wichtigen Punkten von Webers Bürokratiemodell ab. Es beginnt mit einem methodologischen Unterschied. Blau (1970) und Blau/Schoenherr (1971) versuchen nicht, einen Idealtypus zu entwickeln, sondern eine Theorie, wie bestimmte Eigenschaften von Organisationen entstehen und wie sie sich unter dem Ein-

---

25 Bereits Luhmann (1964) stellt fest, daß Organisationen in der Regel eine Vielfalt von Zielen aufweisen, daß sich den Zielen nur selten eindeutig Mittel zuordnen lassen, so daß Ziele auf mehreren Wegen erreicht werden können (funktionale Äquivalenz), daß Ziele widersprüchlich sein können und daß zwischen Zielerreichung und Existenzsicherung nicht notwendigerweise ein Zusammenhang besteht.

fluß von Größe verändern. Inhaltlicher Ausgangspunkt ist nicht die Form der Herrschaftsausübung, sondern es sind die Implikationen, die sich aus der Arbeitsteilung ergeben. Dabei weist der Ausgangspunkt eine Konvergenz zu den Überlegungen Taylors auf. Arbeitsteilung ist effizienter, weil sie eine Vereinfachung der individuellen Aufgaben und den Erwerb und die Anwendung von Spezialwissen ermöglicht (Blau/Schoenherr 1971, S. 7ff.). Diesen positiven Effekten von Arbeitsteilung stehen negative gegenüber. Dies ist natürlich eine weitere gravierende Abweichung von Webers Konzept. Arbeitsteilung erfordert zusätzlichen Kommunikations- und Koordinierungsaufwand. Das Hauptargument, das in verschiedenen Variationen von Blau (1970) und Blau/Schoenherr (1971) entwickelt wird, ist, daß sich die Bedeutung positiver und negativer Effekte verändert. Als Hauptmechanismus für die Veränderung haben sie die Größe identifiziert. Durch die Kombination positiver und negativer Effekte ergeben sich keine linearen Zusammenhangsmuster.

2.2.3. Indizien für ein Ebenenproblem der Theorie formaler Differenzierung

In einer Reihe von Studien konnten die zentralen Ergebnisse von Blau/Schoenherr (1971) repliziert werden. Für den von Blau/Schoenherr (1971) postulierten nichtlinearen Zusammenhang zwischen der Größe einer Organisation und dem Ausmaß der Spezialisierung stellen Kieser/Kubicek (1992, S. 302) fest, daß nicht nur "die Beziehung zwischen Größe und Spezialisierung für öffentliche Betriebe, Dienstleistungs- und Fertigungsunternehmen ungefähr denselben funktionalen Verlauf nimmt, sondern auch, daß dieser Zusammenhang über verschiedene Länder hinweg - USA, Großbritannien und BRD - durchaus vergleichbar ist." Ähnliches gilt für Zusammenhänge zwischen Größe und Spezialisierung auf Abteilungsebene, Größe und Professionalisierungsgrad, Größe und Formalisierungsgrad, Größe und Leitungsintensität sowie Größe und dem Grad der Entscheidungsdelegation (Kieser/Kubicek 1992, S. 303ff.).

Cullen/Anderson/Baker (1986) kommen zu einer etwas anderen Bewertung. Zwar konnten auch sie bei einer Querschnittsbetrachtung von 134 Organisationen im Aggregat die von Blau/Schoenherr gefundenen Beziehungen replizieren, fanden diese Zusammenhänge aber nicht bzw. nicht im erwarteten Ausmaß bei einer Längsschnittbetrachtung und gelangten so zu dem gleichen Ergebnis wie eine Reihe anderer Studien, die versuchten, den Prozeß der Differenzierung innerhalb von Organisationen nachzuvollziehen. Dieses Ergebnis kann nach meiner Einschätzung aber nur begrenzt als Beleg für Schwächen des Modells der formalen Differenzierung dienen.

Die mögliche Erklärung für dieses paradox anmutende Ergebnis ist, daß - bei genauerer Betrachtung - die von Blau/Schoenherr (1971) entwickelte Theorie der Differenzierung sich auch als eine Theorie der Differenzierung bei Wachstumsprozessen darstellt und so keine Aussagen über die Konsequenzen von Stagnations- oder Schrumpfungsphasen enthält. Auch wenn Blau/Schoenherr nur den Prozeß der Differenzierung - also des Wachstums - analysieren, so läßt sich ihre Argumentation leicht auf Schrumpfungsprozesse übertragen. Aus der Umkehrung ihrer Überlegungen zu Wachstumsprozessen folgt, daß bei Schrumpfungsprozessen der Grad der Differenzierung relativ gesehen zunimmt. Schrumpfungsprozesse betreffen differenzierte und gleichförmige Aufgaben nicht in gleichem Maße. Bei der Reduktion des Umfanges der Aufgaben ist es wahrscheinlich, daß bei den gleichförmigen Aufgaben eher ein Ausmaß erreicht wird, das eine Stelleneinsparung ermöglicht. Wenn die Zunahme der gleichförmigen Aufgaben keine Konsequenzen für die strukturelle Differenzierung hat, ist es wahrscheinlich, daß auch die Abnahme keine Konsequenzen hat. Eine Abnahme der Differenzierung wird erst erfolgen, wenn der Rückgang differenzierter Aufgaben ein Ausmaß erreicht hat, das es erlaubt, mehrere differenzierte Aufgaben, die ein Mindestmaß an inhaltlicher Verbindung haben, zu einer neuen, weniger differenzierten Aufgabe zusammenzufassen oder eine differenzierte Aufgabe nur noch in so geringem Maß anfällt, daß eine organisationsinterne Bearbeitung nicht mehr sinnvoll ist.

Mit Hilfe dieser auf Blau/Schoenherr (1971) basierenden Überlegungen läßt sich leicht erklären, warum bei konjunkturellen Einbrüchen im Regelfall Personaleinsparungen im Produktionsbereich größer sind als im Verwaltungsbereich. Im Produktionsbereich ist die Wahrscheinlichkeit größer, daß dort mehr gleichartige Aufgaben wahrgenommen werden als im Verwaltungsbereich. Allerdings zeigt sich in dieser Fassung der Theorie der formalen Differenzierung, daß sich für unterschiedliche Betrachtungsebenen andere Aussagen ableiten lassen.

Größe und Differenzierung weisen danach bei der Betrachtung einzelner Organisationen keine kontinuierlichen Beziehungen auf. Die Beziehung zwischen Größe und Differenzierung ist auf der Ebene der einzelnen Organisationen durch Schwellenwerte gekennzeichnet. Eine Zunahme an Differenzierung wird dann erfolgen, wenn - ceteris paribus - die Zunahme der gleichartigen Aufgaben ein solches Ausmaß erreicht hat, daß neue spezialisierte Aufgaben entstehen oder bisher spezialisierte Aufgaben zu gleichartigen werden. Eine Abnahme an Differenzierung wird dann erfolgen, wenn - ceteris paribus - die Abnahme der gleichartigen Aufgaben ein solches Ausmaß erreicht, daß bisher spezialisierte Tätigkeiten zusammengefaßt werden können oder spezialisierte Aufgaben ganz entfallen. Dadurch, daß bei unterschiedlichen

Organisationen unterschiedliche Schwellenwerte (d.h. eine unterschiedliche Zusammensetzung von gleichartigen und spezialisierten Tätigkeiten) für Differenzierung und Entdifferenzierung bestehen, entsteht bei der Betrachtung einer Population von Organisationen der Eindruck eines kontinuierlichen Zusammenhangs.

Exkurs zum Verhältnis von Individual- und Kollektivebene [26]

Am Beispiel der Theorie der strukturellen Differenzierung wurde gezeigt, wie wichtig es ist, bei der Analyse der Beziehungen auf die Argumentationsebene zu achten. Eine Argumentation auf Kollektivebene ist nicht nahtlos auf die Individualebene zu übertragen. Es können unter Beibehaltung der argumentativen Grundstruktur vollkommen unterschiedliche Ausssagen für die Individualebene und die Kollektivebene abgeleitet werden. Daß bei einer Längsschnittbetrachtung auf Individualebene keine kontinuierlichen Differenzierungprozesse festgestellt werden, heißt eben nicht, daß bei einer Kollektivbetrachtung keine kontinuierlichen Beziehungen aufgefunden werden können. Dies ist ein weiteres Beispiel dafür, wie irreführend es sein kann, aus Einzelbeobachtungen Schlüsse für die Kollektivebene zu formulieren. Die Beobachtung, daß in einzelnen konkreten Fällen keine kontinuierlichen Differenzierungsprozesse beobachtet werden können, ist keine Widerlegung der These, daß auf Kollektivebene ein Zusammenhang besteht. Im Gegenteil: der kontinuierliche Effekt auf Kollektivebene ist das Resultat vieler verschiedener diskontinuierlicher Effekte auf Individualebene. Für die Anwendung auf Individualeffekte können nicht die Schlußfolgerungen für Kollektive herangezogen werden. Es ist vielmehr notwendig, die Argumentation, wie diese Kollektiveffekte entstehen, zu rekonstruieren und auf die Individualebene zu übertragen. Blau/Schoenherr haben durch ihr systematisches Vorgehen und den Versuch zu erklären, warum bestimmte Effekte auf Individualbasis bestimmte Auswirkungen für die Kollektivebenen haben, die Rekonstruktion der Effekte auf der Individualebene erst möglich gemacht. Bei Theorien, die Kollektiveffekte mit Kollektiveffekten zu erklären versuchen, wäre dies wesentlich schwieriger, wenn nicht unmöglich geworden.

Auf der anderen Seite zeigt das Beispiel auch, daß der Schluß von der Individualebene auf die Kollektivebene nicht darin bestehen kann, einfach Ein-

---

26 Zur sprachlichen Vereinfachung wird die Betrachtung einer einzelnen Organisation als Individualebene bezeichnet, obwohl Organisationen natürlich keine Individuen sind. Dementsprechend wird die Betrachtung einer Population von Organisationen als Kollektivebene bezeichnet. Zur allgemeineren Darstellung des Ebenenproblems und der Gefahr von Fehlschlüssen vgl. Esser (1993, S. 592ff.).

zelbeobachtungen als zutreffende Beschreibung von Kollektiveffekten auszugeben. Während in der Organisationsforschung häufig die Neigung besteht, Kollektiveffekte durch Kollektiveffekte zu erklären, ist in der Industriesoziologie die Neigung ausgeprägt, durch die Verallgemeinerung von Einzelbeobachtungen Zustände oder gar Entwicklungen auf Kollektivebene zu beschreiben. Wenn also in Fallstudien gewisse Zusammenhänge nicht beobachtet werden, heißt dies nicht, daß sie auf Kollektivebene nicht doch nachzuweisen sind und umgekehrt müssen in Fallstudien beobachtete Zusammenhänge nicht notwendigerweise auch auf Kollektivebene als einfache Korrelation nachweisbar sein.

Die Theorie der formalen Differenzierung von Blau/Schoenherr entwickelt eine Überlegung, wie die Vor- und Nachteile von Arbeitsteilung systematisch mit Größenveränderung in Beziehung gesetzt werden können. Bei genauerer Betrachtung kann festgestellt werden, daß es sich nicht im eigentlichen Sinn um eine Größentheorie handelt, sondern um eine Theorie der Konsequenzen des Wachstums. Das Verhältnis von gleichartigen und ungleichartigen Aufgaben ist der zentrale Parameter, der durch Wachstum und Schrumpfung beeinflußt wird. Wachstums- und Schrumpfungsprozesse, so die implizite Annahme, verlaufen in einzelnen Organisationen diskontinuierlich. Bei der Betrachtung einer größeren Anzahl von Organisationen kann der Anschein eines kontinuierlichen Phänomens entstehen.

3. Größe als abhängige Dimension

Die gerade vorgestellten Überlegungen, wie die Theorie der formalen Differenzierung auch für die Individualebene angewendet werden kann, weisen auf Faktoren hin, die in der bisherigen Betrachtung ausgeblendet waren. Implizit wurde Größe vor allen Dingen als unabhängige Dimension betrachtet. Die Diskussion der Konsequenzen von Blau/Schoenherr (1971) zeigt aber, daß Größe auch eine abhängige Dimension ist und daß dies Konsequenzen für die Schlußfolgerungen hat, welche Beziehungen zwischen der Größe und der Arbeitsorganisation bestehen.

Die Beschäftigung mit Größe als abhängiger Variable vermittelt einige Einsichten, die übliche Plausibilitätsargumente in der Diskussion um zukünftige Formen der Arbeitsorganisation in einem anderen Licht erscheinen lassen. Dabei ist es sinnvoll, zunächst nur die Aspekte von theroretischen Ansätzen zu behandeln, die sich intensiver mit der Dimension Größe beschäftigen, und auf eine umfassende Darstellung und Kritik der Ansätze zu verzichten.

Auffällig ist, daß die bisher vorgestellten Theorieüberlegungen die relativen Vorteile von Größe betont haben. Dies steht in einem scharfen Kontrast zu der zur Zeit populären Kritik an Großunternehmen, denen Eigenschaften, wie geringe Innovationsfreude, ein hohes Maß an formalen Regelungen, Inflexibilität und wenig Wachstumsdynamik, bescheinigt werden.[27]

---

27 Acs/Audretsch (1992) beispielsweise betonen die Vorteilhaftigkeit von Kleinbetrieben. Ihre Argumentation ist allerdings weniger theoretischer Natur, als vielmehr stärker empirisch geprägt. Zur Begründung der Vorteile von Kleinunternehmen wird darauf hingewiesen, daß dort mehr Arbeitsplätze geschaffen werden und daß sie häufiger Entwickler technischer Innovationen sind als Großunternehmen. Für eine differenzierte Betrachtung der empirischen Sachverhalte vgl. z.B. Leicht/Stockmann (1993).

3.1. Die Vorstellung des abnehmenden Grenznutzens von Größe

Einen theoretischen Hintergrund für die spezifischen Nachteile von Großunternehmen bietet Williamson (1975, S. 117ff.) [28]. In seiner Argumentation werden zwei Aspekte aufgegriffen, die auch bei früheren Skeptikern von Großunternehmen eine bedeutende Rolle spielen:
1. Begrenzte Rationalität und 2. Kommunikationsprobleme.

Begrenzte Rationalität bezieht sich **hier** auf das sog. 'free rider'-Problem.[29] Je größer die Organisation wird, desto verhältnismäßig kleiner wird der Beitrag, den jeder einzelne zum Gesamterfolg des Unternehmens beiträgt. Je geringer die Verbindung zwischen dem eigenen Engagement und dem Unternehmenserfolg, desto rationaler wird es für den einzelnen, seinen persönlichen Beitrag zum Unternehmenserfolg zu reduzieren.[30] Dieser Tendenz zu begegnen, erfordert einen zusätzlichen Kontroll- und Beherrschungsaufwand. Mit zunehmender Größe wird irgendwann der Punkt erreicht, an dem der zusätzliche Kontroll- und Beherrschungsaufwand den Nutzen der 'economies of scales' übersteigt.

Kommunikationsprobleme resultieren aus der empirisch beobachteten Schwierigkeit, daß selbst einfache und standardisierte Informationsweitergabe nicht fehlerfrei funktioniert. Mit zunehmender Unternehmsgröße wird es notwendig, zusätzliche Hierarchieebenen einzufügen, da die Leitungsspanne (span of control) nicht unendlich ist, d.h. jeder Vorgesetzte kann nur eine

---

28 Im Unterschied zu globalen Verweisen auf die Nachteile von Großunternehmen, wie sie häufig im Zuge der Flexibilisierungsdiskussion genannt werden, bietet Williamson (1975) eine theoretische Erklärung. Leicht/Stockmann (1993, S. 247) fassen die Kritik an der auf Piore/Sabel (1984) beruhenden Tendenz zur Gleichsetzung von Inflexibilität und Großunternehmen prägnant zusammen: "Es ist allerdings kaum einzusehen, warum nur die Kleinbetriebe von den neuen Informations- und Kommunikationstechnologien sowie den auf der Mikroelektronik basierenden Fertigungstechnologien profitieren sollten. Warum sollen nicht auch Großbetriebe die neuen Möglichkeiten zur flexiblen Spezialisierung nutzen? Zumal die Begründer der Flexibilisierungsthese ihre exemplarischen Belege eher aus dem großbetrieblichen als aus dem klein- und mittelbetrieblichen Bereich schöpfen". Auch im NIFA-Panel zeigt sich, daß flexible Technologien in größeren Betrieben weiterverbreitet sind als in kleineren, vgl. dazu Hauptmanns u.a. 1992.

29 Olson (1968).

30 In der Argumentation von Williamson (1975) wird der Unternehmenserfolg mit zunehmender Größe des Unternehmens zum 'public good' der Mitarbeiter. Damit ergibt sich das Paradox, daß die institutionelle Form, die nach Olson (1968) geeignet ist, 'public goods'-Probleme zu lösen, mit zunehmender Größe auf einer anderen Ebene das gleiche Problem hat.

bestimmte max. Anzahl von Untergebenen wirkungsvoll beaufsichtigen. Mit steigender Mitarbeiterzahl ergibt sich die Notwendigkeit zusätzlicher Hierarchieebenen. Mit jeder Hierarchieebene steigt aber die Gefahr, daß Informationen nicht, nur unvollständig oder verfälscht weitergegeben werden. Die Zunahme an fehlerhafter Kommunikation steigt dabei nicht linear, sondern exponentiell. In der Konsequenz führt dies dazu, daß mit der Größe der Organisation der gegenseitige 'Realitätsverlust' zwischen oberster Leitungs- und unterster Ausführungsebene wächst.

Die Effizienzgrenzen von Großunternehmen beruhen nach diesen Überlegungen auf einem erhöhten Kontrollaufwand bei gleichzeitigem Anstieg der Kommunikationsprobleme. Größe ist also aus dieser Sicht unmittelbar mit der internen Koordination von Handlungen und damit mit einem zentralen Aspekt der Arbeitsorganisation verbunden. Auffällig ist eine Parallele in der Argumentation von Williamson zur Ineffizienz von Großorganisationen und der 'klassischen' Industriesoziologie zum Rationalisierungsdilemma des Maschinenbaus. In beiden Fällen werden die Probleme und die Kosten der Koordinition von Handlungen betont. Zu hohe Koordinationskosten sind nach Williamson (1975) [31] Ursache für die Grenzen des Wachstums und in der klassischen Industriesoziologie die Grenzen des Taylorismus. Nach den Überlegungen von Williamson (1975) müßte es eine maximale und eine optimale Größe von Organisationen geben. Williamson (1975) geht ähnlich wie Blau/Schoenherr (1971) zunächst einmal davon aus, daß mit Arbeitsteilung positive wie negative Effekte verbunden sind und daß sich das Verhältnis von positiven zu negativen Effekten mit der Organisationsgröße verändert. Der positive Aspekt der Effizienzsteigerung läßt sich nicht linear fortschreiben, weil die negativen Effekte mit zunehmender Größe überproportional steigen. Die Argumentation von Williamson läßt sich skizzieren als eine Theorie des abnehmenden Grenznutzens von Größe. Damit ist implizit die Vorstellung einer maximalen und einer optimalen Organisationsgröße verbunden, auch wenn Williamson (1975) keine direkten Aussagen dazu trifft.

Die Vorstellung eines abnehmenden Grenznutzens von Organisationsgrösse ist allerdings keine Begründung für die Vorteile von Kleinunternehmen, sondern betont die Vorteile von mittleren Größen. Kleinunternehmen weisen demnach nicht die Nachteile von Großunternehmen auf, sind aber nur sehr begrenzt in der Lage, auch die Vorteile von Arbeitsteilung zu realisieren. Eine mittlere Organisationsgröße erlaubt es, die Vorteile zu nutzen, ohne die Nachteile im überdurchschnittlichen Ausmaß zu erfahren. In Anbetracht die-

---

31   Da Williamson in späteren Arbeiten diesen Gedankengang aufgibt, ist es notwendig zu betonen, daß es sich um Überlegungen handelt, die nicht zwingend aus der Transaktionskostentheorie folgen.

ses Sachverhalts formuliert Peters (1992, S. 12) zur Diskussion um Groß- und Kleinunternehmen: "Small does not necessarily mean tiny. There is a certain minimum size, which must be obtained to be effective."

So überzeugend die Argumentation von Williamson (1975) über die überproportional steigenden Koordinierungskosten scheint, ist sie nur schwer mit einigen theoretischen Argumenten und empirischen Sachverhalten in Einklang zu bringen, die auch Williamson (1990, S. 154ff.) dazu veranlaßen, seine Argumentation zu modifizieren und weitere Aspekte zu berücksichtigen.[32]

3.2. Hinweise auf relevante externe Randbedingungen aus der Populationsökologie

Empirische Indizien gegen die Annahme, daß Großorganisationen per se ineffizient sind oder daß es einen konstanten Grenznutzen für Organisationsgröße gibt, liefern Studien aus dem Umfeld der populationsökologischen Ansätze der Organisationsforschung.[33] Schon in frühen Beiträgen zur Populationsökologie zeigte sich, daß ein bedeutender Faktor für das Überleben einer Organisation die Größe der Organisation ist (Freeman/Caroll/Hannan 1983). Große Organisationen haben eine höhere Überlebenschance als kleine.

Die einfache Erklärung für diesen Effekt ist, daß Größe neben allem anderen ein Indikator für akkumulierte Ressourcen ist. Je höher die akkumulierten Ressourcen sind, desto eher können temporäre Krisen - die als Ressourcenabfluß aufgefaßt werden können - überstanden werden. "The smaller ones are

---

32 So bemerkt Powell (1987, S. 80) unter Bezugnahme auf Williamson (1975): "The discussion of the limits of hierarchy suggests that the very factors that make a larger organization efficient at some tasks make it cumbersome and resistant to change when it comes to others. Yet, if this is the case, why don't smaller organizations, which are presumably "lighter on their feet", outperform larger organizations?"

33 Die argumentative Grundstruktur der frühen populationsökologischen Arbeiten ist wenig ausdifferenziert und gekennzeichnet durch restriktive Annahmen. Das Konzept kann wie folgt skizziert werden: Organisationen weisen komplexe Außenbeziehungen auf. Nur Organisationen, deren interne Strukturen geeignet sind, die komplexen Außenbeziehungen zu bewältigen, können bestehenbleiben. Aufgrund der begrenzten Rationalität von Akteuren in Organisationen ist eine bewußte und zielgerichtete Anpassung der Strukturen an Veränderungen in der Umwelt der Organisation nicht möglich (structural inertia). Aufgrund der mangelnden Anpassungsfähigkeit der Organisation führen Veränderungen in den Umweltbedingungen zur Auflösung der Organisation. Die Veränderung organisatorischer Strukturen resultiert aus einem Prozeß der Auflösung und Neugründung von Organisationen, vgl. dazu Hannan/Freeman (1977). Eine detailliertere Übersicht und Kritik bieten Türk (1989) und Kieser (1993f). Interessanter und aufschlußreicher als das theoretische Konzept sind die empirischen Analysen, die im Umfeld des populationsökologischen Ansatzes durchgeführt wurden.

smaller (ultimately) *because* they are less successful: Whatever prosperity and growth they may enjoy in the early years, when aggregate output is small, gives way to decline and possible exit as the competitive pressure rises" (Winter 1990, S. 290) (Hervorhebung im Orginal).[34]

Ein wesentlicher Faktor, der die Wachstumschancen eines Unternehmens beeinflußt, ist das Alter einer Branche. Ausgehend von der Frage, wie sich im Zeitverlauf die Zahl der Mitglieder einer Branche verändert, konnte in empirischen Studien ein typisches Muster identifiziert werden[35]. Neue Branchen beginnen mit relativ wenigen Mitgliedern, deren Zahl zunächst langsam steigt. Danach folgt üblicherweise ein rascher Anstieg von Branchenmitgliedern, wobei die Zahl der Mitglieder bald einen Höhepunkt erreicht. Anschließend kommt es zu einer starken Abnahme, die entweder relativ rasch zu einer Stabilisierung der Zahl führt oder in einem fortschreitenden Konzentrationsprozeß mündet. Dieses Muster führt - ceteris paribus - nach der Konstituierungsphase einer Branche mit zunehmendem Alter zu einer Zunahme der Bedeutung von Großunternehmen. Eine abnehmende Zahl von Wettbewerbern in einer 'Reifephase' einer Branche führt - bei ansonsten unveränderten Bedingungen - notwendigerweise zu Konzentrationsprozessen.

Hannan/Freeman (1989, S. 80ff.) führen dieses Phänomen auf zwei Mechanismen zurück: Legitimität (legitimacy) und Intensität der Konkurrenz (level of competition). Neue Unternehmen in neuen Branchen haben Schwierigkeiten, stabile Beziehungen zu Ressourcenquellen - insbesondere zu ihren potentiellen Abnehmern - aufzubauen. Diese Schwierigkeiten führen bei vielen Neugründungen relativ rasch zu ihrem Untergang. Wenn potentielle Ressourcenquellen genug positive Erfahrungen gewonnen haben, entwickelt sich 'Legitimität'. D.h. bezogen auf die potentiellen Abnehmer, daß die angebotenen Dienstleistungen und Güter als brauchbar wahrgenommen werden.[36] Mit

---

34 Unter den restriktiven Annahmen der frühen Fassung der Populationsökologie, können die Nachteile von Kleinheit nur im geringen Alter oder dem Ressourcenumfang begründet sein. Mit der rigorosen Verneinung der Möglichkeit des internen Wandels, werden grössenspezifische organisatorische Defizite als mögliche Erklärung bewußt ausgeblendet. Erst in späteren Fassungen wird die Möglichkeit organisatorischen Wandels zugestanden. Generell tendiert die Populationsökologie dazu, aggregierte Modellannahmen zu treffen. Zur Begründung dieser Vorgehensweise vgl. (Hannan 1992).

35 Alter als organisatorische Dimension wurde bereits von Stinchcombe (1965) (Handbook) thematisiert.

36 Damit wurde eine Grundidee von Stinchcombe (1965) wieder aufgegriffen. Da Organisationen sich in dieser Fassung wandeln können, wird ihnen von Hannan/Freeman auch die Fähigkeit zugestanden zu lernen. Dabei weisen neue Organisationen höhere Lernkosten auf als alte.

steigender Legitimität wachsen die Überlebenschancen und dementsprechend steigt die Zahl erfolgreicher Neugründungen. Mit der Zahl erfolgreicher Neugründungen steigt aber die Konkurrenzintensität, so daß der Punkt erreicht wird, an dem Chancenverbesserung für das Überleben von Organisationen durch Legitimitätsgewinne infolge steigender Konkurrenzintensität wettgemacht wird. Die Zahl der Mitglieder einer Branche erreicht ihren Höhepunkt.

Carrol/Hannan (1990) verfeinern dieses Modell mit einer Begründung für die Abnahme der Mitbewerber nach dem Höhepunkt. Danach ist für das Überleben von Neugründungen die Entwicklungsphase einer Branche zum Zeitpunkt der Gründung zu berücksichtigen. Neben direkten Effekten ergeben sich dabei auch zeitlich verzögerte Effekte. Neugründungen zu einem Zeitpunkt hoher Konkurrenzintensität haben schlechtere Überlebenschancen. Dies ist auf zwei Faktoren zurückzuführen. Erstens haben neue Organisationen bei einer hohen Wettbewerbsintensität größere Schwierigkeiten, genügend Ressourcen zu akkumulieren und in die Etablierung effizienter interner Strukturen zu investieren. "Those that survive the initial period of organizing presumably do not have the luxury of devoting time, attention, and resources to creating formal structure and perfecting stable, reproducible routines for making decisions and taking collective action. In cohorts of organizations facing such circumstances, staff members have little motivation for investing heavily in acquiring organization-specific skills" (Caroll/Hannan 1990, S. 109). Zweitens werden neugegründete Organisationen vorwiegend in Nischen gedrängt, da sie auf zentralen Gebieten selten in direkter Konkurrenz mit bereits etablierten Organisationen bestehen können. In Nischen wird die Entwicklung spezieller Fähigkeiten und Fertigkeiten gefördert, die im Regelfall nicht ohne größere Probleme auf den Kerngeschäftsbereich einer Branche übertragbar sind. Nischen weisen in der Regel eine geringere Profitabilität auf als Kernbereiche. Sobald sich dies ändert, steigt die Konkurrenzintensität durch Organisationen, die aus dem Kernbereich in die Nischen vordringen, sowie durch Neugründungen, die in den gleichen Nischen operieren. Neugründungen in der 'Reifephase' einer Branche haben insgesamt größere Probleme bei der Ressourcenakkumulation, was zu einer durchschnittlich geringeren Größe führt. Diese geringere Größe erhöht ihr 'Sterberisiko' auch zu späteren Zeitpunkten.

Andere Studien der Populationsökologie weisen auf komplexe Prozesse zwischen Groß- und Kleinunternehmen hin. So stellen Barnett/Amburgey (1990, S. 98) in einer statistischen Längsschnittuntersuchung von Telefongesellschaften über einen Zeitraum von etwa 60 Jahren fest, "that the larger the size of those organizations, the higher the founding rate and the lower the failure rates. Not only did larger organizations not generate stronger competition, they actually increased the viability of other organizations." Demnach scheint die Existenz von Großunternehmen ein wichtiger Faktor für den Erfolg von Kleinunternehmen zu sein. Barnett/Amburgey identifizierten statistisch zwei Mechanismen, die für dieses Ergebnis verantwortlich sind: 1. In für Unternehmensgründungen günstigen Zeiten stimulierten sie eine höhere Zahl von Neugründungen und 2. in Zeiten, die für kleinere Unternehmen existenzbedrohend waren, boten sie einen gewissen Schutz (Barnett/Amburgey 1990, S. 99).[37]

Diese Ergebnisse deuten auf eine gewisse Komplementarität von Groß- und Kleinbetrieben hin, die sich theoretisch mit einigen frühen Überlegungen von Hannan/Freeman (1977) begründen lassen.[38] Ein wesentlicher Faktor für die Zu- und Abnahme von Neugründungen und Auflösungen von Organisationen ist dabei die Intensität ('closeness') der Konkurrenzsituation. Die Konkurrenzintensität ist dabei nicht größenneutral. Die Intensität ist prinzipiell unter Wettbewerbern vergleichbarer Größe am stärksten. Ursache hierfür ist, daß sich unterschiedlich große Organisationen nicht nur im Umfang ihrer Ressourcennachfrage unterscheiden, sondern auch in ihrer Zusammensetzung. Große und kleine Organisationen zeigen nur geringe Überschneidungen hinsichtlich der Art der nachgefragten Ressourcen auf. Die größten Probleme haben Organisationen mittlerer Größe. Bei ihrer Ressourcennachfrage kommt es zu Überschneidungen mit großen und mit kleinen Organisationen.

Ein anderes Indiz gegen die klassische Argumentation, daß steigende Koordinierungs- und Kommunikationskosten zu einem abnehmenden Grenznutzen von Größe führen, liefern Hannan/Ranger-Moore/Banaszak-Holl (1990) mit ihren Analysen der Größenverteilung von Banken und Versicherungen in New York während der letzten 100 Jahre. "We are struck by the fact that these empirical size distributions change markedly over time. We suspect that these changes reflect both internal dynamics of populations and the effects of changes in external environments" (Hannan/Ranger-Moore/Banaszak-Holl

---

37 Auf die mögliche Komplementarität von Groß- und Kleinbetrieben wird im Zusammenhang mit der aktuellen Diskussion um neue Produktionskonzepte und Produktionsnetzwerke nicht eingegangen, vgl. z.B. Hildebrandt (1991a); Bieber (1992), Monse (1992); Mill/Weißbach (1992). Semlinger (1989, S. 99) stellt lapidar fest: "Daß Kleinunternehmen in der direkten Zulieferung für Großunternehmen überhaupt eine Rolle spielen, liegt insgesamt wohl in einer Mischung aus rationalem Kalkül und habitualisierter Gewohnheit begründet. Häufig bestehen Lieferbeziehungen nur deshalb fort, weil sie über lange Jahre eingespielt und durch persönliche Kontakte gefestigt sind. Was als Argument für die Berücksichtigung von kleinbetrieblichen Zulieferern angeführt wird, sind die ihnen zugeschriebene Flexibilität und ihre niedrigen Gemeinkosten."

38 Daß Komplementarität von Klein- und Großbetrieben auch mit traditionellen wirtschaftswissenschaftlichen Konzepten begründet werden kann, zeigt z.B. Fritsch (1987). Hannan/Freemann (1989, S. 94ff.) ziehen überwiegend aus der Biologie entlehnte formale Modelle vor.

1990, S. 265). Die Größenverteilung erwies sich also bei einer langfristigen Betrachtung als nicht konstant. Phasen mit höherem Anteil von größeren Unternehmen wechselten mit einem höheren Anteil von kleineren Unternehmen. Die deutlichen Veränderungen in den Größenverteilungen dieser Branchen lassen sich teilweise auf die skizzierte Hannan/Freeman-Argumentation zurückführen. "We think that the initial results are encouraging as regards the Hannan-Freeman conjecture that competitions tend to be localized on the size axis. Size distribution of both empirical populations evolve toward a pattern that is consistent with the argument" Hannan/Ranger-Moore/Banaszak-Holl (1990, S. 266). Trotzdem ist die Wettbewerbshypothese anhand der Größenachse nicht ausreichend, um den empirischen Verlauf der Größenverteilung zu erklären.

Wie Winter (1990, S. 288) ausführt, ist zumindest ein weiterer Faktor zu berücksichtigen, der im ursprünglichen theoretischen Modell enthalten ist, aber nur unzureichend beachtet wurde. Der theoretische Kernbegriff von Hannan/Freeman ist 'closeness'. Die operationale Verkürzung von 'closeness' auf Größe vernachlässigt den räumlichen Aspekt. Der Wettbewerb von Organisationen um Ressourcen beinhaltet auch eine räumliche Dimension. Je räumlich näher Wettbewerber um die gleichen Ressourcen sind, desto höher ist ihre Wettbewerbsintensität.

Auf einen weiteren Aspekt wird in den empirischen Analysen der Populationsökologie hingewiesen. Wichtig für die komparativen Vor- und Nachteile von Groß- und Kleinorganisationen bezüglich ihrer Überlebenschancen ist 'resource scarity', d. h. der Umfang der in der Umwelt vorhandenen Ressourcen, die von den Unternehmen nachgefragt werden. Dies beinhaltet bei Profitorganisationen natürlich die kaufkraftfähige Nachfrage nach Produkten und Dienstleistungen, bezieht sich prinzipiell aber auf alle Ressourcen, die von der Organisation benötigt werden, um die Existenz zu sichern. 'Munificence', also ein reichhaltiges Ressourcenangebot, steigert die Überlebenschancen von Kleinorganisationen.

Während die Populationsökologie zumindest in ihren frühen Phasen interne Prozesse weitgehend ausschließt, findet nun zumindest bei einigen Autoren eine Aufweichung des ursprünglichen Konzeptes statt. Für die 'frühen' Hannan/Freemann stellte die strukturelle Trägheit von Organisationen (structural inertia) eine kaum hinterfragte Prämisse dar. Nach dieser Annahme sind Organisationen kaum zu einer systematischen geplanten Anpassung an veränderte Umgebungsbedingungen in der Lage. Wandel organisatorischer Strukturen wird nicht über den Wandel von Organisationen erreicht, sondern durch Ausscheiden nicht angepaßter Organisationen und durch Neugründung und Überleben angepaßter Organisationen. Die theoretische Kritik an dieser

Prämisse und die empirische Evidenz einiger Studien (z.B. Singh u.a. 1986) zeigen, daß es plausibel ist, anzunehmen, daß der Wandel organisatorischer Strukturen sowohl über Selektion als auch über Variation, d.h. durch innerorganisatorische Veränderungen, möglich ist.[39]

Diese führen zu einem neuen Interesse an dem Verhältnis zwischen der externen Umwelt einer Organisation, ihrer internen Strukturierung und den Veränderungen beider im Zeitverlauf. Einerseits ist damit eine Annäherung an eher konventionelle Themen der Organisationsforschung verbunden, und andererseits findet eine Öffnung zu klassischen Fragestellungen der Wirtschaftswissenschaften statt.

Die Beziehungen zwischen der Größe und der Effizienz einer Organisation erscheinen nach diesen Ergebnissen wesentlich komplexer, als auf den ersten Blick zu vermuten ist. Nach den bisher hier kurz angerissenen Studien ist Größe der Organisation sowohl das Ergebnis komplexer Prozesse mit der Umgebung als auch Initiator interner Prozesse. Die Vorstellung, daß es eine - unter allen Bedingungen - optimale Organisationsgröße gibt, läßt sich nicht aufrechterhalten. Andererseits lassen sich die Ergebnisse auch nicht als Bestätigung des 'Gibrat-Gesetzes' auffassen, nach dem Unternehmensgröße und Erfolg voneinander unabhängig sind. Nach dem 'Gibrat-Gesetz' ist das Wachstum von Organisationen ein Prozeß, den zahlreiche kleine Ereignisse zufällig herbeiführen. Die Wachstumsrate ist dabei unabhängig von der Unternehmensgröße. Wenn dieser zufällige Prozeß über eine Reihe von Jahren stattfindet, ergibt sich daraus annähernd eine Lognormalverteilung der Unternehmensgröße.

Hinweise auf Faktoren, die zu diesem uneindeutigen Bild führen können, bietet Haveman (1993). Er führt aus, daß es Umgebungsfaktoren sind, die die komparativen Größenvor- und nachteile beeinflussen. In einer Situation, in der massiver Ressourceneinsatz und Marktmacht höhere Wachstumschancen bieten, sind Großunternehmen im Vorteil. Wenn aber Wachstumschancen ohne massiven Ressourceneinsatz realisiert werden können, sind Großunternehmen im Nachteil. "Size should not be conceptualized as solely an organizational characteristic. Instead, the context in which organizational size has an effect must be considered" (Haveman 1993, S. 46). Vor- und Nachteile von Größe, aber auch die Auswirkungen von Größe auf die interne Strukturierung, sind danach situationsabhängig. Die Populationsökologie nähert sich somit wieder alten kontingenztheoretischen Vorstellungen.

---

39 Durch die Einführung organisatorischen Wandels gleichen sich populationsökologische Konzepte immer stärker an evolutionistische Ansätze, wie z.B. von Aldrich (1979) oder Tushmann/Romanelli (1985), an. Hannan/Freeman (1989, S. 82ff.) entwickeln sogar ein formales Modell für den Wandel organisatorischer Strukturen.

Über den theoretischen Status der Populationsökologie findet zur Zeit eine Diskussion statt. Gegenstand der Populationsökologie ist die Frage, wie die Vielfalt an Organisationsformen erklärt werden kann. Dazu wurde ein Konzept entwickelt, das sich stark an biologischen Vorbildern orientiert. Organisationen leben durch Austauschprozesse mit ihrer Umwelt, allerdings nicht mit ihrer gesamten Umwelt, sondern mit jeweils ausgewählten Elementen der Umwelt. Diese ausgewählten Elemente beinhalten eine spezifische Quantität und Qualität von Ressourcen und stellen Nischen dar. An die Struktur dieser Nischen müssen Organisationen angepaßt sein, wenn sie ihre Existenz sichern wollen. Diese Anpassungsleistung wird in den frühen Fassungen der Populationsökologie ausschließlich über Selektion erreicht. Organisationen sind in ihrer Anpassungsfähigkeit sehr beschränkt, deshalb ist der wesentliche Mechanismus, über den eine Kongruenz zwischen interner Struktur und Umwelt erreicht wird, das Absterben nicht angepaßter Strukturen und das Überleben angepaßter Strukturen. Die Dynamik von Neugründungen, Überleben und Absterben sorgt dabei für die Veränderung organisatorischer Strukturen.

Spätestens mit Hannan/Freemann (1984) setzt eine Aufweichung dieses Konzeptes ein. Die Trägheit von Organisationen, die zuvor ein nicht überprüftes Axiom darstellte, wird zu einem Ergebnis von Selektionsprozessen.[40] Eine wesentliche Existenzberechtigung für Organisationen besteht darin, daß sie vorhersagbare Leistungen produzieren. Dies ist aber nur möglich, wenn sie eine interne Struktur aufweisen, die sicherstellt, daß die erwarteten Leistungen auch produziert werden. Nur wenn regelmäßig erwartete Leistungen produziert werden, kann sich Legitimität entwickeln. Legitimität ist die Voraussetzung dafür, daß sich dauerhafte Austauschbeziehungen zwischen der Organisation und der Umwelt entwickeln können. Organisationen, die keine dauerhaften Beziehungen zu ihrer Umwelt entwickeln können, können auch den Zugang zu den für die Reproduktion der Organisation notwendigen Ressourcen nicht dauerhaft sicherstellen. Diese Organisationen weisen deshalb ein erhöhtes Sterberisiko auf und werden im Zeitverlauf ausselektiert. Mit zunehmendem Alter und mit zunehmender Größe einer Organisaion steigt die Wahrscheinlichkeit, daß Organisationen eine auf Kontinuität angelegte Struktur aufweisen. Diese dauerhafte Struktur ist eine Anpassung an Gegebenheiten innerhalb einer Nische, wie sie sich zum Zeitpunkt der Gründung bzw. ihrer Stabilisierung darstellt. Bei Veränderungen der Quantität und der Qualität der Ressourcen einer Nische können sich diese Strukturen als nicht anpassungsgerecht erweisen. Die Kosten für die Änderung einmal etablierter Strukturen sind allerdings außerordentlich hoch, und beim Versuch der Änderung steigt das Sterberisiko. Die Kosten der Veränderung bestehen darin, daß

---

40 Vgl. für die folgenden Ausführungen Hannan/Freeman (1989, S. 66ff.).

organisationsinterne Ressourcen, wie Immobilien, Maschinen, Qualifikationen des Personals, Verfahrens-know-how ebenso entwertet werden wie die internen Informations- und Kommunikationssysteme als auch der Kontakt zu externen Informations- und Kommunikationssystemen. Die Veränderung der Organisationsstruktur bedeutet also die Vernichtung interner Ressourcen. Damit einher geht, daß die bisherige innerorganisatorische Machtverteilung sowie etablierte Mechanismen der Konfliktregelung in Frage gestellt werden. Das Ausweichen in andere, etablierte Nischen steigert die Konkurrenzintensität und erhöht das Sterberisiko, da hier eine Konkurrenz mit etablierten Organisationen entsteht, die bereits an die besondere Situation angepaßte Strukturen aufweist.

Die Hauptkritik an den populationsökologischen Ansätzen bezweifelt die Sinnhaftigkeit einer Argumentation mit biologistischen Kategorien und, noch wichtiger, deren Notwendigkeit.[41] Mit dem Rückgriff auf darwinistische Kategorien sind inhaltliche Implikationen verbunden, die einer genaueren Betrachtung nicht standhalten. Organisationen sind beispielsweise keine Organismen, die ihre Eigenschaften vererben. Noch gravierender ist aber, daß sich aus etablierten wirtschaftswissenschaftlichen Theorien sowie aus Ansätzen der Organisationsforschung inhaltlich weitgehend deckungsgleiche Argumentationen entwickeln lassen, ohne daß dazu auf biologistische Kategorien zurückgegriffen werden muß (z.B. Kieser 1992).

Generell ist in der Populationsökologie die Neigung stark ausgeprägt, Kollektiveffekte durch Kollektiveffekte zu erklären, wie beipielsweise die Größenverteilung in einer Branche mit dem Alter der Branche 'erklärt' werden soll. Die Annahmen über die Individualebene sind zumindest in den frühen Fassungen von Hannan/Freemann sehr schematisch und 'unterkomplex'. Die Frage, welche Effekte auf Individualebene welche Konsequenzen für die Kollektivebene haben, bleibt vielfach ausgeblendet. Was z.B. das Alter der Branche[42] für die einzelne Organisation bedeutet, wird nicht thematisiert. Die in den Beiträgen gegebenen Hinweise lassen sich so interpretieren, daß das Alter einer Branche eine Umschreibung für unterschiedliche Wettbewerbsstrukturen ist, die sich im Zeitverlauf ändern. Die Faktoren, die dabei implizit genannt werden, sind: Aufnahmefähigkeit des Marktes, Zahl der

---

41 Vgl. dazu Kieser (1993f), Türk (1989).

42 Zwar wird in Hannan/Freeman (1989) unter Rückgriff auf Stinchcombe (1965) und Nelson/Winter (1982) ein Konzept entwickelt, welche Faktoren mit dem Alter einer Organisation in Verbindung stehen. Da Branche und Organisation zwei unterschiedliche Ebenen darstellen, kann nicht einfach die Begründung übertragen werden. Bei der Modellierung wird deutlich, daß andere Dimensionen herangezogen werden. Es fehlen die Transformationsregeln, vgl. allgemein dazu Esser (1993, S. 96ff.).

Wettbewerber, Wettbewerbsstrategien einzelner Organisationen, Dauer der Abnehmerbeziehungen und Substitutionsfähigkeit der von den Organisationen produzierten Güter und Dienstleistungen, wobei die Substitutionsfähigkeit als Kriterium aufgefaßt werden kann, das einzelne Nischen oder Märkte voneinander abgrenzt.

Dies sind keine statischen Kategorien, sondern deren Ausprägungen ändern sich durch gesamtwirtschaftliche, technologische oder politische Faktoren. Daß konjunkturelle Schwankungen die Aufnahmefähigkeit eines Marktes beeinflussen, ist beinahe tautologisch. Technologische Faktoren beeinflussen u.a. die Substitutionsfähigkeit von Produkten. Neue Technologien können in Konkurrenz zu althergebrachten Gütern und Dienstleistungen treten und so alte Branchenabgrenzungen überwinden und neue Branchengrenzen erzeugen. Gerade die Mikroelektronik zeigt, wie rasch Branchengrenzen fallen können und neue errichtet werden (z.b. Uhrenindustrie, Büroindustrie, Computerindustrie, aber auch der Maschinenbau). Politische Faktoren, wie z.B. der Wandel in den osteuropäischen Ländern, können ebenfalls sehr kurzfristig Dimensionen, wie Aufnahmefähigkeit des Marktes oder Zahl der Mitbewerber, verändern. Dies sind externe Faktoren, die die Rahmenbedingungen beeinflussen, unter denen Organisationen handeln, während Dauer der Abnehmerbeziehungen und Wettbewerbsstrategien Merkmale von Organisationen sind.

Die externen Faktoren beeinflussen in unterschiedlicher Art und Weise die Möglichkeiten der Ressourcenakkumulation von einzelnen Organisationen, und es ist diese Fähigkeit zur Ressourcenakkumulation, die die Verbindung zur Größe einer Organisation herstellt. Größe ist neben allen anderen eben auch ein Indikator dafür, wie erfolgreich Organisationen bei der Ressourcenakkumulation in der Vergangenheit waren. Wachstum und damit Größe ist in Zeiten relativ knapper Ressourcen wesentlich schwieriger zu realisieren, als in Zeiten mit einem relativ reichhaltigen Angebot von Ressourcen. Ausschlaggebend ist dabei nicht das Ressourcenangebot, sondern das Verhältnis von Ressourcenangebot und Ressourcennachfrage. Die von Caroll/Hannan (1990) berichteten erheblichen Größenschwankungen von Organisationen in einer langfristigen Betrachtung könnten so eine Folge von veränderten Rahmenbedingungen für die Ressourcenallokation von Organisationen darstellen. Veränderte Rahmenbedingungen zur Ressourcenallokation sind nicht größenneutral. Havemann (1993) zeigt einige Indizien, die darauf hindeuten, daß die Rahmenbedingungen nicht Größe per se betreffen, sondern komplexe Wechselwirkungen zwischen Größe und interner Strukturierung.

Wie gerade angedeutet, können zahlreiche Thesen der Populationsökologie, die die Kollektivebene betreffen, so rekonstruiert werden, daß sie auf Aussagen über die Individualebene beruhen. Das Verdienst der Populationsökologie ist ihre empirische Orientierung mit dem Schwerpunkt auf der Analyse langfristiger Zeitreihen. Das reichhaltige empirische Material, das in ihren Beiträgen präsentiert wird, erweist sich als fruchtbare Anregung, sich intensiver mit Prozessen auseinanderzusetzen, die innerhalb von Organisationen stattfinden, aber durch externe Faktoren verursacht werden.[43] Dies ähnelt in der Grundstruktur kontingenztheoretischen Ansätzen, die in Kapitel 4 behandelt werden.

---

43 Scott (1986, S. 167) bemerkt trotz der theoretischen Schwächen, daß es die Publikationen von populationsökologisch oder evolutionistisch orientierten Forschern sind, "in denen sich einige der innovativsten und aufregendsten Beiträge zum Verständnis von Organisationen finden."

4. Verbindung zwischen abhängigen und unabhängigen Aspekten von Größe

4.1. Kontingenztheoretische Ansätze

4.1.1. Der Ansatz der Aston-Gruppe

Die Vorstellung, daß zwischen der äußeren Situation einer Unternehmung, ihrer Größe und ihrer internen Strukturierung systematische Beziehungen bestehen, ist insbesondere von der sog. Aston-Gruppe [44] vertreten worden. Dabei wurde allerdings kein eigenständiges theoretisches Konzept der Dimension Größe entwickelt, sondern zwei bereits vorhandene Argumentationsmuster wurden miteinander verbunden, ohne auf interne Konsistenz zu achten. Größe und Umwelt wurden nebeneinander als Faktoren definiert, die Konsequenzen für die interne Struktur einer Organisation aufweisen.[45] In der Konzeptionalisierung der Dimension Größe folgen die Vertreter der Aston-Gruppe weitgehend dem Weberschen Bürokratiemodell und der darauf aufbauenden Theorie formaler Differenzierung. In der Konzeption der Umwelt folgen sie weitgehend systemtheoretisch beeinflußten Umweltkonzeptionen. Die Verbindung zwischen beiden Theorieelementen wird über Koordinations- und Kommunikationsaufgaben hergestellt.

---

44 Frühe Repräsentanten der Aston-Gruppe sind beispielsweise Pugh, Hickson, Hinnings, Inkson. Einen Überblick über die Arbeiten der Aston-Gruppe geben die Sammelbände "The Aston Programme I-IV", vgl. Pugh/Hickson (1976); Pugh/Hinnings (1976); Pugh/Payne (1977) und Hickson/McMillian (1981). Spätere Vertreter der Aston-Gruppe sind u.a. Child, Payne und Mansfield.
45 Vgl. z.B. Child/Mansfield (1972).

Zunächst folgt die Aston-Gruppe den Pfaden der formalen Differenzierung, in denen neben effizienzsteigernden Aspekten von Arbeitsteilung auch deren effizienzmindernde behandelt werden. Steigende Größe macht es wirtschaftlich möglich, abgrenzbare Teilaufgaben einer Person bzw. mehreren Personen zuzuordnen. Größe ermöglicht wirtschaftlich die Spezialisierung. Mit der Größe nimmt dementsprechend auch die Ausdifferenzierung einer Organisation zu. Damit werden in der Organisation zusätzliche Mechanismen zur Koordination und Kommunikation benötigt. Zusätzliche Koordinations- und Kontrollmechanismen führen zur einer stärkeren Formalisierung der Organisation. Die Zahl der Führungsebenen nimmt zu und damit gewinnen auch die Probleme der Delegation von Kompetenzen und der Kontrolle von Handlungen der Organisationsmitglieder an Bedeutung. Je größer eine Organisation wird, desto größer wird der Druck in Richtung Delegation von Kompetenzen. Denn mit der Größe einer Organisation wächst die Zahl der zu treffenden Entscheidungen und zugleich nimmt die Komplexität der Entscheidungen zu. Dies führt zu einer strukturellen Überlastung der obersten Führungsebene, wenn keine Mechanismen entwickelt werden, um Entscheidungskompetenzen zu verlagern. Soweit folgt die Argumentation der Aston-Gruppe vornehmlich den Vorstellungen von Blau/Schoenherr.

Im Unterschied zu Blau/Schoenherr wird der Koordinierungs- und Kommunikationsbedarf nicht nur durch die Größe einer Organisation definiert, sondern auch durch die Umwelt, in der sich eine Organisation bewegt. Entscheidende Umweltdimension ist dabei die Stabilität bzw. die Turbulenz einer Umwelt. Je stabiler die Umwelt ist, in der sich ein Unternehmen bewegt, desto größer wird der Anteil von Routineentscheidungen, und damit sinkt tendenziell der Aufwand zur Entscheidungsfindung. In stabilen Umwelten ist ein höheres Maß an Formalisierung, Differenzierung und Zentralisierung möglich. Je geringer der Aufwand zur Entscheidungsfindung ist, desto geringer ist der Druck in Richtung Delegation von Entscheidungskompetenzen und desto zentralistischer können Organisationen strukturiert sein (Child/Kieser 1981, S. 33ff.). Größe und Umwelt bilden zwei unabhängige Dimensionen, deren Auswirkungen auf die Organisationsstruktur sich verstärken oder vermindern können. Großorganisationen in stabilen Umwelten sollten demnach ein höheres Maß an formaler Differenzierung aufweisen als Großorganisationen in turbulenten Umwelten. Das geringste Maß an formaler Differenzierung sollte bei Kleinorganisationen mit turbulenten Umwelten vorzufinden sein.

Der Hauptmechanismus für die interne Strukturierung von Organisationen ist der Kommunikations- und Koordinierungsbedarf. Während Größe diesen Bedarf schafft, aber zugleich auch die Ressourcen beinhaltet, um diesen Bedarf abzudecken, vermehren turbulente Umwelten diesen Bedarf, ohne daß damit die Bereitstellung von Ressourcen verbunden ist. Ein Mittel, um den Ressourcenverbrauch zu vermindern, besteht in einem geringen Maß an Ausdifferenzierung. Wie bereits in Kapitel 3 dargestellt, wird in der Theorie der formalen Differenzierung zwischen gleichartigen und nicht-gleichartigen Tätigkeiten unterschieden. Turbulente Umwelten verringern den Umfang gleichartiger Tätigkeiten und steigern den Umfang nicht-gleichartiger Tätigkeiten. Stabile Umwelten erhöhen den Anteil gleichartiger Tätigkeiten. Stabile Umwelten fördern so die Differenzierung, während turbulente Umwelten sie eher hemmen.

Der Umweltaspekt dieser Argumentation beruht auf systemtheoretisch beeinflußten Ansätzen, die wiederum in Abgrenzung zum mißverstandenen Bürokratiemodell von Weber entwickelt wurden. So stellt Mayntz (1971b, S. 27) für die Organisationsforschung fest: "Ihre analytischen Kategorien sind die der strukturell-funktionalen Theorie, abgewandelt und ergänzt durch Gedankengut aus der Kybernetik und der allgemeinen Systemtheorie. Die analytischen Bezugspunkte sind Systemerhaltung und Zielverwirklichung."

Mit der Erkenntnis, daß mehr oder weniger bürokratisierte Organisationen existieren, stellte sich das Problem, wodurch die unterschiedlichen Grade und Formen von Bürokratie bedingt seien. Während bei Weber implizit die Vorstellung vorhanden ist, daß es eine optimale Organisationsform gibt, wurde dies in der Kontingenztheorie leicht modifiziert. Da Organisationen vor unterschiedlichen Problemen stehen, gibt es auch unterschiedliche Organisationsformen. Bei gleicher Problemlage sollte es allerdings auch gleiche Strukturen geben. Anders formuliert: Zu jeder Situation in der Umwelt gibt es eine angepaßte Form der internen Strukturierung. Schreyögg (1978) bezeichnet diese Annahme als Kongruenz-Effizienz-Hypothese. In seiner Analyse des Modells von Lawrence/Lorsch (1967) arbeitet er exemplarisch die argumentative Grundstruktur dieses Ansatzes hervor. Die Kongruenz-Effizienz-Hypothese besagt, daß nur bei einer Kongruenz von Umweltsituation und interner Strukturierung eine Organisation eine hohe Effizienz aufweist.

Damit stellt sich die Frage, unter welchen Bedingungen die Kongruenz von Umweltbedingungen und Organisation gegeben ist. Eine Organisation besteht im Modell von Lawrence/Lorsch aus mehreren Subsystemen; bei industriellen Unternehmen sind dies typischerweise die Subsysteme:

- Produktion,
- Marketing,
- Forschung und Entwicklung.

Jedes dieser Subsysteme besitzt eine spezifische Umwelt. Für die Ausdifferenzierung der Subsysteme ist zentral, wie turbulent bzw. stabil die Bedingungen in der spezifischen Umwelt sind. Turbulenz kann in drei Teilaspekte zerlegt werden: Die Eindeutigkeit der Aufgabendefinition, die Komplexität der Aufgabe und die Dauer. Je unklarer die Aufgaben eines Subsystems definiert sind, je komplexer die zu bewältigenden Aufgaben und je größer der Zeitraum bis zur Rückmeldung über den Erfolg der Aufgabenbewältgung ist, desto turbulenter ist die spezifische Umwelt des Subsystems. Je turbulenter die Umwelt des Subsystems ist, desto geringer ist der Formalisierungsgrad und desto langfristiger ist der Zeithorizont der Subsystemmitglieder. Bei sehr turbulenter oder sehr stabiler Umwelt ist eine starke Aufgabenorientierung bei den Mitgliedern des Subsystems vorhanden.

Zentrale Begriffe auf der Gesamtsystemebene sind Heterogenität der Umweltbedingungen sowie Differenzierung und Integration der Organisation. Heterogenität der Umweltsituation ist definiert als die Unterschiedlichkeit der Umweltbedingungen in den Subsystemen, und Differenzierung bezieht sich auf die Unterschiedlichkeit der Subsysteme in den Dimensionen: Formalisierung, Aufgabenorientierung vs. Personenorientierung, zeitliche Orientierung und Zielorientierung. Integration bezieht sich auf Isolierungstendenzen (Kommunikationshäufigkeit und -art), auf Konflikthäufigkeit und Konfliktbewältigungsmuster (offen vs. verdeckt) zwischen verschiedenen Subsystemen. Lawrence/Lorsch (1967) sehen folgende Zusammenhänge: Je heterogener die Umwelt einer Organisation ist, desto höher muß ihre Differenzierung sein und desto schwächer ist ihre Integration. Die geläufige These, daß heterogene Umweltanforderungen differenzierte Organisationsstrukturen erfordern, reduziert sich bei genauerer Betrachtung auf die Aussage: Je größer die Unterschiede in den spezifischen Umweltanforderungen für die Subsysteme sind, desto unterschiedlicher werden die Subsysteme strukturiert sein.

Die Größe der Organisation setzt Grenzen für die maximale Ausdifferenzierung. Exakter ist es nicht die Größe der Organisation, sondern die Größe des jeweiligen Subsystems, die den Grad der möglichen Ausdifferenzierung des Subsystems beschränkt. Theoretisch sind so unterschiedliche Differenzierungsgrade bei unterschiedlichen Subsystemen möglich. Wie weit eine Differenzierung sinnvoll ist, hängt von der spezifischen Umwelt dieses Subsystems ab.

Eine wesentliche Neuerung, die sich aus diesen Überlegungen ergibt, ist, daß in unterschiedlichen Organisationseinheiten unterschiedliche Grade von Differenzierung und Formalisierung gegeben sein können. Nach diesen Überlegungen wird implizit auch das Vorgehen zahlreicher empirischer Studien der Kontingenzforschung in Frage gestellt. Wenn nämlich unterschiedliche Subsysteme unterschiedliche Differenzierungsgrade aufweisen können, dann kann der Differenzierungsgrad einer Organisation insgesamt ein sehr trügerischer Indikator sein. Unterschiedliche Kombinationen innerorganisatorischer Differenzierung können bei einer Gesamtbetrachtung zum gleichen Differenzierungsgrad führen, obwohl sich dahinter sehr unterschiedliche Organisationsstrukturen verbergen.

Der Zusammenhang von Größe, Differenzierung und Formalisierung ist so nur ein sehr vermittelter. Die Größe setzt Rahmenbedingungen für die allgemeine Fähigkeit zur Ausdifferenzierung von Subsystemen so, wie die Größe des Subsystems die Grenzen der maximalen Ausdifferenzierung bestimmt. In welchem Umfang von dieser Möglichkeit Gebrauch gemacht wird, hängt von den Eigenschaften der Aufgaben ab, die in diesem Subsystem wahrgenommen werden, z.B. von der Eindeutigkeit der Aufgabendefiniton, dem Schwierigkeitsgrad der Aufgaben und der Dauer bis zur Rückmeldung über die Erledigung von Aufgaben.

Die Aston-Gruppe hat bei dem Versuch, die Theorie der formalen Differenzierung mit der Umweltströmung der Kontingenzschule zu verbinden, nicht primär ein Interesse an Theorieentwicklung geleitet. Ihr Hauptaugenmerk galt der empirischen Widerlegung der sog. Technologieschule der Kontingenzforschung und dem Versuch, für ihre eigenen empirischen Ergebnisse eine sinnvolle Erklärung zu finden.[46]

4.1.2. Die 'Technologie'-Schule

Die sogenannte Technologieschule[47] bestreitet den systematischen Einfluß von Organisationsgröße auf die Organisationsstruktur. Nicht Größe und nicht

---

46 Kieser/Kubicek (1992, S. 54) bezeichnen als die drei Hauptverdienste der Aston-Gruppe: 1. Die Entwicklung von empirischen Operationalisierungen, 2. Die Berücksichtigung mehrerer Einflußfaktoren für die Organisationsstruktur, und 3. Die Auflösung von Situations-, Struktur- und Verhaltensdimensionen zu Variablen, die gleichzeitig analysiert werden können.

47 Technologie wird in der Organisationsforschung selten im Sinne konkreter technischer Systeme und Verfahren verwendet, wobei sich der konkrete Bedeutungsinhalt von Autor zu Autor unterscheidet. Wie unterschiedlich der Technologiebegriff verwendet wird, zeigt Gerwin (1981). Im weitesten Sinne werden unter Technologie in der Organisation verwendete Verfahren zur Gestaltung von Abläufen gefaßt. Die Übergänge zum Begriff Routine fließend, der von einigen Autoren, wie z.B. Perrow (1967), Aiken/Hage (1971) verwendet werden. Unscharf werden damit auch die Übergänge zu "ressource-dependence"-Ansätzen, wie z.B. Pfeffer/Salancik (1978) und zu "task-contingency"-Überlegungen, wie z.B. Dess/Beard (1984). Zur Verwendung des Technologiebegriffs in der Organisationsforschung vgl. auch Scott (1986, S. 282ff.). Eine allge-

Turbulenz oder Stabilität der Umwelt bestimmen die Unternehmensstruktur, sondern es sind die stofflichen Eigenschaften des Produktionsprozesses, die in Organisationen verwendete Technologie, die die Struktur der Organisation bestimmen. Die Technologieschule ist von ihren Anfängen her eine stark empirisch und pragmatisch ausgerichtete Strömung, die sich erst im Laufe der Zeit einen theoretischen Überbau gab. Die These, daß Technologie eine bestimmende Dimension für die Organisationsstruktur ist, war zuerst ein unbeabsichtigtes empirisches Ergebnis einer Studie von Woodward[48], in der ursprünglich Managementpraktiken auf ihre Übereinstimmung mit gängigen Lehrbuchrezepten sowie der Erfolg von Lehrbuchrezepten überprüft werden sollten.

Die Anforderungen an die Organisationsstruktur resultieren in der Vorstellung von Woodward nicht aus der konkreten Technologie, sondern aus der technischen Komplexität des Fertigungsprozesses, die auf den Dimensionen der Kontrollmöglichkeiten über die Arbeit der einzelnen Mitarbeiter und der Prognostizierbarkeit der Arbeitsergebnisse der einzelnen Mitarbeiter gründet. Die technische Komplexität steigt dabei mit den Kontrollmöglichkeiten und der Prognostizierbarkeit. Technische Komplexität stellt ein Kontinuum dar, das in elf Untergruppen und drei Hauptgruppen eingeteilt werden kann. Die Hauptgruppen sind in aufsteigender Reihenfolge:

- Einzel- und Kleinserienfertigung,
- Großserien- und Massenfertigung,
- Prozeßfertigung.

Der Zusammenhang von Fertigungstechnologie und Organisationsstruktur gestaltet sich dabei wie folgt: Je höher die technische Komplexität des Fertigungsprozesses ist, desto mehr Hierarchieebenen weist das Unternehmen auf, desto größer ist die Leitungsspanne (span of control) der obersten Hierarchieebene (Zahl der direkt unterstellten Mitarbeiter), desto geringer ist die Leitungsspanne der mittleren Führungsebene, desto höher ist die Leitungsintensität (Verhältnis von Mitarbeitern mit Leitungsfunktionen zur Gesamtzahl der Beschäftigten), desto höher ist das Qualifikationsniveau der Mitarbeiter und desto größer ist der Anteil der Mitarbeiter in den nicht-produktiven Unternehmensbereichen. Sowohl bei geringer technischer Komplexität als auch bei hoher Komplexität ist die Leitungsspanne der untersten Führungskräfte klein und der Facharbeiteranteil hoch. Bei den beiden Extremen auf der Skala

---

meine Kritik an der üblichen unklaren Begriffsverwendung in der Organisationsforschung geben Sandeland/Drazin (1989).

48 Vgl. Woodward (1965, S. 4f.).

technischer Komplexität ist insgesamt eine Tendenz zum organischen Management mit den Kennzeichen 'flache Hierarchien', 'Dezentralität' und 'geringe Formalisierung' zu beobachten.
Der Einfluß der Fertigungstechnik ist nur teilweise linear, an einigen Punkten ergeben sich U-förmige bzw. umgekehrt U-förmige Beziehungen. Implizit wird auch hier eine Kongruenz-Effizienz-Hypothese aufgestellt. Je besser die organisatorische Struktur eines Unternehmens an die technischen Erfordernisse angepaßt ist, desto erfolgreicher ist das Unternehmen.

Um die vorgefundenen Unterschiede in der Stärke des technischen Imperativs - sehr hoch bei Einzel- und Kleinserienfertigung sowie bei Prozeßfertigung und eher schwach bei Großserien- und Massenfertigung - theoretisch fassen zu können, wurde in weiteren Studien eine Differenzierung des Kontrollbegriffes versucht. Die Möglichkeiten zur Kontrolle der Arbeitsergebnisse, die in die Komplexität des Fertigungsprozesses eingehen, wurden durch die Art des Kontrollsystems[49] ergänzt. Dabei wurden die Dimensionen einheitlich vs. fragmentiert und personal vs. mechanistisch zur Charakterisierung herangezogen. Zwischen den Hauptgruppen und den Kontrollsystemen ergab sich dabei folgendes Muster: Unternehmen mit Klein- und Mittelserienfertigung zeichneten sich durch personale Kontrollsysteme mit dem Schwerpunkt auf Einheitlichkeit aus, Unternehmen mit Prozeßfertigung durch mechanistische Kontrollsysteme mit dem Schwerpunkt auf Einheitlichkeit. Unternehmen mit Großserien- bzw. Massenfertigung wiesen auch hier die höchste Variation auf. Tendenziell zeichneten sie sich durch fragmentierte Kontrollsysteme aus, ein eindeutiger Schwerpunkt auf mechanistische oder personale Kontrollsysteme war nicht auszumachen (Reeves/Woodward 1970).
Es wurde die Vermutung aufgestellt, daß zwischen der Art des Kontrollsystems und der technologischen Komplexität des Fertigungsprozesses systematische Zusammenhänge bestehen, und daß die Art des Kontrollsystems Auswirkungen auf die Organisationsstruktur hat.[50] Bei geringer Prognostizierbarkeit der Arbeitsergebnisse der einzelnen Mitarbeiter und geringen Möglichkeiten, die Arbeitsergebnisse der einzelnen Mitarbeiter zu kontrollieren, scheint die personale Kontrolle nach einem einheitlichen Kontrollsystem das effizienteste und daher meist verbreitete Mittel zu sein. Bei hoher Pro-

---

49 Wie häufig wird auch der Begriff Kontrolle in der Organisationsforschung nicht einheitlich verwendet. Kontrolle in der Fassung von Woodward bezieht sich auf die Formen und Wege, mit denen Informationen weitergeleitet werden. Die in der "labour-process"-Debatte zentrale Beziehung zwischen Herrschaft und Kontrolle wird in dieser Fassung nicht thematisiert.

50 Vgl. Reeves/Woodward (1970, S. 54ff.).

gnostizierbarkeit der Arbeitsergebnisse und hohen Kontrollmöglichkeiten sind mechanistische Kontrollsysteme, die nach einem einheitlichen System ausgelegt sind, einsetzbar und scheinen auch die effizienteste Variante darzustellen. Bei mittlerer Prognostizierbarkeit und Kontrollmöglichkeit scheinen mehrere alternative Kontrollsysteme möglich zu sein, die auch parallel nebeneinander angewendet werden können. Der Einsatz eines einheitlichen Kontrollsystems scheint die Leitungsspanne der untersten Führungskräfte zu verringern, tendenziell mit einem höheren Facharbeiteranteil verbunden zu sein und prinzipiell eher in Richtung eines organischen Managements (flache Hierarchien, Dezentralität und geringe Formalisierung) zu wirken.

In den frühen Studien [51] wird ein direkter Zusammenhang zwischen Technologie und Arbeit postuliert, wobei die entscheidende Dimension die technische Komplexität ist. Der Zusammenhang zwischen technischer Komplexität und Arbeit ist nur teilweise linear, z.B. zwischen technischer Komplexität und Hierarchisierung. In wichtigen Aspekten existiert eine U-förmige Beziehung: Geringe technische Komplexität und hohe technische Komplexität sind in ihren Auswirkungen für die Arbeit einander ähnlich, z.B. sind beide Formen mit einem erhöhten Anteil qualifizierter Mitarbeiter verbunden.

In den späteren Studien werden die Beziehungen zwischen Technik und Arbeit modifiziert. Es wird kein direkter Zusammenhang postuliert, sondern ein mittelbarer. Die entscheidende Dimension für die Arbeitsorganisation ist die Unsicherheit des Produktionsprozesses. Auf die Unsicherheit des Produktionsprozesses wirken zwei Größen ein: technische Komplexität und das verwendete Kontrollsystem. Aus der Produktionstechnologie resultiert ein Unsicherheitsmaß, das von der Organisation zu bewältigen ist. Das Ausmaß der Unsicherheit kann durch das eingesetzte Kontrollsystem reduziert oder gesteigert werden, wobei Wechselwirkungen zwischen der Produktionstechnologie und der Art des Kontrollsystems bestehen (Woodward 1970, S. 237).

Die Wechselbeziehungen beruhen auf den Kosten der Informationsgewinnung und dem Grad an Unsicherheit, der den Produktionstechniken inhärent ist. Einfache Produktionstechniken sind mit einem hohen Unsicherheitsgrad verbunden und die Kosten der Informationsgewinnung zur Kontrolle des Arbeitsprozesses sind hoch. In diesem Fall stellt die personale Kontrolle die effizienteste Variante dar. Produktionstechniken mit mittlerer Komplexität steigern die Informationsgewinnungskosten und sind durch rein personale Kontrollsysteme nicht mehr zu bewältigen. Es entsteht eine Tendenz zur Fragmentierung der Kontrolle und zur Einführung administrativer Kontrollsyste-

---

51 Woodward (1965).

me. Bei komplexen Produktionstechniken sinken die Informationskosten durch die Einsatzmöglichkeiten automatischer Meßstellen, die kontinuierlich Informationen liefern können. Die Integration der fragmentierten Kontrollsysteme wird möglich und mechanistische Kontrollsysteme können effizient eingesetzt werden. (Reeves/Woodward 1970, S. 43ff.).

4.1.3. Gemeinsamkeiten kontingenztheoretischer Ansätze

Die klassischen kontingenztheoretischen Ansätze zeichnen sich durch die Suche nach dem determinierenden Faktor der Organisationsstruktur aus. Gemeinsam ist ihnen die Annahme, daß Organisationen Unsicherheit zu bewältigen haben und daß das Ausmaß an Unsicherheit prägend für die Organisationsstruktur ist. Als Quellen der Unsicherheit werden verschiedene Faktoren angesehen, z.B. Umwelt oder Technologie. Die hinter den verschiedenen Konzeptionen liegenden Gemeinsamkeiten zeigen sich sehr deutlich beim Vergleich des Modells von Lawrence/Lorsch (1967) und bei der Entwicklung der Woodwardschen Technologieschule. Zentrale Kategorie bei Lawrence/Lorsch ist die Stabilität bzw. die Turbulenz der Umweltsituation. Argumentativer Ausgangspunkt ist der Grad der Prognostizierbarkeit zukünftiger Anforderungen, die die Organisation zu bewältigen hat. In der frühen Woodward-Version ist Technologie ein Maß für die Prognostizierbarkeit des Outputs, in den späteren Fassungen wird die Unsicherheit, die aus der Produktionstechnologie resultiert, zur zentralen Kategorie.[52]

Eine weitere Prämisse der klassischen Kontingenzforschung ist der 'Überlebenstrieb' von Organisationen. Einmal entstandene Organisationen versuchen, ihre Existenz zu sichern. Die Sicherung ihrer Existenz ist verbunden mit einem rationellen Ressourceneinsatz. Der rationelle Ressourceneinsatz beruht auf der Planbarkeit von Abläufen. Organisationen müssen deshalb an der Planbarkeit der eigenen Abläufe interessiert sein und versuchen, Störfaktoren zu eliminieren, die die Planbarkeit von Abläufen beeinträchtigen. Dies bedeutet, daß die Transformation von Unsicherheit in Sicherheit zum eigentlichen Problem der Organisation wird. Unterschiede in der Organisationsstruktur werden auf unterschiedliche Grade von Unsicherheit zurückgeführt, denen Organisationen ausgesetzt sind.

---

52 Nicht zufällig zählt Scott (1975) den Ansatz von Lawrence/Lorsch (1967) mit zur Technologieschule, obwohl Lawrence/Lorsch (1967) als das Beispiel für die Umweltschule gelten. Vgl. dazu Schreyögg (1978).

Diese argumentative Grundstruktur hat Schreyögg (1978, S. 229) bei seiner Analyse der klassischen kontingenztheoretischen Ansätze auf drei grundlegende Prämissen zurückgeführt:

1. Für jede Konstellation von externen Bedingungen einer Organisation existiert jeweils nur eine funktionale Organisationsform. Für die Gestaltung von Organisationsstrukturen bestehen keine Handlungsalternativen.
2. Organisationen können auf die externen Bedingungen keinen Einfluß ausüben.
3. Für jede Organisation ist ein bestimmtes Maß an Effizienz notwendige Voraussetzung für das Weiterbestehen.

An der dritten Prämisse setzen die frühen Überlegungen der Aston-Gruppe an, die darauf verweisen, daß rationeller Ressourceneinsatz auch davon abhängt, inwieweit eine funktionale Differenzierung wirtschaftlich möglich ist. Sie gehen von einer engen Beziehungen zwischen wirtschaftlich möglicher funktionaler Differenzierung und der Zahl der zur Verfügung stehenden Mitarbeiter aus. Die Unsicherheit, die aus der Umwelt oder der Technologie resultiert, führt zu Modifikationen der funktionalen Differenzierung, kann aber die prägende Kraft der Beziehung zwischen wirtschaftlich möglicher funktionaler Differenzierung und Zahl der zur Verfügung stehenden Mitarbeiter nicht aufheben.[53]

Die Kritik der Aston-Gruppe, daß die Woodwardschen Kategorien nicht grössenneutral sind, zeigt eine Möglichkeit auf, wie die aktuellen Diskussionen um die Renaissance von kleinbetrieblichen Strukturen mit traditionellen Konzepten der Organisationsforschung zu verbinden wären. Die These vom Ende der Massenproduktion ist auch eine These vom Ende großbetrieblicher Strukturen.[54] In der Vorstellung von Piore/Sabel sind mit der Massenproduktion auch großbetriebliche Strukturen verbunden. Analog zu konventionellen Theorien aus der Organisationsforschung und der Ökonomie werden für die Massenproduktion die 'economics of scale' und die 'economics of scope' unterstellt.[55] Die voranschreitende gesellschaftliche Differenzierung führt dazu, daß die Nachfrage nach Gütern und Dienstleistungen differenzierter wird. Durch die Differenzierung der Nachfrage wird eine Differenzierung der her-

---

53 So ist es nicht verwunderlich, daß immer wieder Versuche unternommen wurden, die unterschiedlichen Fassungen der Kontingenztheorie zusammenzuführen, z.B. Blau u.a. (1976); Dewar/Hage (1978); Child/Kieser (1981) und Donaldson (1985).
54 Piore/Sabel (1984).
55 North (1988).

zustellenden Güter und Dienstleistungen initiiert. Die Seriengröße der Produkte sinkt und die Heterogenität der Produkte steigt. Durch die Veränderung der Absatzstruktur und neue flexible Produktionstechniken wird die Bedeutung der 'economics of scale' und der 'economics of scope' reduziert; dafür gewinnen andere Faktoren, wie Reaktionsschnelligkeit, räumliche Nähe etc., an Bedeutung. Die angemessene Antwort auf die sich verändernde Struktur der Märkte ist die flexible Spezialisierung, die für Großbetriebe ungeeignet ist. Ähnlich wie bei Piore/Sabel (1984) ist die zentrale Dimension von Woodward die Seriengröße. Während Piore/Sabel daran gelegen ist aufzuzeigen, wie durch gesellschaftlichen Wandel, Veränderungen in der Marktstruktur und, in der Konsequenz, auch in der Produktions- und Größenstruktur von Unternehmen induziert werden, ist es das Anliegen von Woodward aufzuzeigen, wie die Veränderung der Seriengröße Veränderungen in der Organisationsstruktur erzeugt.

In den unterschiedlichsten Strömungen, wie der klassischen Industriesoziologie, der Kontingenztheorie und auch bei Piore/Sabel, ist in den unterschiedlichsten Fassungen und mit unterschiedlichen Begriffen benannt immer wieder die gleiche argumentative Grundstruktur aufzufinden. Die Komplexität von Aufgaben und die Häufigkeit der Wiederholung von Aufgaben schränken die Anwendungsmöglichkeiten arbeitsteiliger Aufgabenerledigung ein. Hohe Komplexität und geringe Häufigkeit gleicher Aufgaben erhöhen die Koordinations- und Kommunikationskosten. Arbeitsteilung ermöglicht die Erzielung höherer Produktivitätsvorteile um den Preis erhöhter Koordinations- und Kommunikationsaufwendungen. Bei komplexen Produkten und/oder kleinen Serien steigern arbeitsteilige Produktionsverfahren die Koordinationskosten stärker als die durch Arbeitsteilung zu erzielenden Produktivitätsvorteile.

Angesichts dieser Übereinstimmung in der argumentativen Grundstruktur verwundert die Heterogenität empirischer Ergebnisse, insbesondere in der Organisationsforschung, da dort - angeregt durch die Veröffentlichungen der Aston-Gruppe - eine Vielzahl von breit angelegten empirischen Studien vorliegt. Nahezu jede These, die im Umfeld des kontingenztheoretischen Programms aufgestellt wurde, kann als empirisch belegt oder widerlegt angesehen werden. Einen Eindruck von der Widersprüchlichkeit der empirischen Forschungsergebnisse gibt die Zusammenstellung von Wollnick (1980, S. 599ff.).[56]

---

56 Vgl. dazu auch die Übersicht von Kubicek/Welter (1985).

4.1.4. Neuere Diskussionen und Kritik

Nach einer Phase, in der vorwiegend über abweichende empirische Ergebnisse berichtet wurde und methodische Differenzen als Ursache für die empirische Heterogenität angesehen wurden, begann in der Organisationsforschung eine inhaltliche Diskussion, die noch andauert. In der Sache selbst geht es hauptsächlich um die Konzeption der zentralen Begriffe Organisation, Umwelt und Technologie, die Berücksichtigung von funktionalen Äquivalenten und die Einführung von handelnden Akteuren.

Eine erste inhaltliche Kritik an der Konzeption der Kontingenzforschung bezieht sich auf die theoretische Konzeption der zentralen Begriffe Organisation, Umwelt und Technologie. Bei dem Begriff der Organisation ist es ein Problem der Extension: Wo und was sind die Grenzen einer Organisation? Diese zuerst triviale Fragestellung erweist sich bei genauerer Betrachtung als ein zentrales Problem dieses Ansatzes.[57] Organisationen können aufgefaßt werden als räumlich-zeitlich begrenzte besondere Form der Kooperation individueller Akteure, als kollektive Akteure im Sinne einer sprachlichen Vereinfachung der Aggregation der Handlungen von Organisationsmitgliedern oder als theoretisches Konstrukt, das eine mit emergenten Eigenschaften versehene Entität darstellt.[58] Im letzteren Falle verselbständigt sich der Organisationsbegriff und wird, da er sich einer empirischen Bestimmung entzieht, zu einer abstrakt-formalen Kategorie.

In den frühen kontingenztheoretischen Arbeiten werden in Organisationen handelnde Akteure nicht thematisiert, d.h. Organisationen theoretisch entweder als kollektive Akteure aufgefaßt (z.B. Woodward 1965) oder als emergente Entität (z.B. Lawrence/Lorsch 1967). Damit konnten Fragen nach dem

---

57 Wie Stolz/Türk (1992) und Türk (1993) zeigen, trifft das Problem eines inhaltlich unklaren Organisationsbegriffes nicht nur die Kontingenztheorie. Fourie führt aus, daß zumindest Teile der Neuen Institutionellen Ökonomie (Transaktionskostentheorie, Principal-Agent Theorie und Property-Rights Theorie) ganz ähnliche Probleme haben. Die Betrachtung von Organisationen als Kette von Vereinbarungen zwischen Individuen führt dazu, daß die analytische Trennung zwischen organisationsinternen Vereinbarungen und Vereinbarungen zwischen Personen innerhalb der Organisation mit Personen außerhalb der Organisation bestenfalls schwierig wird. „The inevitable consequence of dissolving everything into a series of interpersonal transactions is to eradicate any distinction between institution and noninstitution, between firm and market. As a general theory of the distinctive nature of firms and markets this approach must fail."Fourie (1993, S. 52).

58 Sandelands/Srivatsan (1993, S. 3f.) zeigen, daß in der Organisationsforschung eine Vielzahl unterschiedlichster Definitionen gebräuchlich ist und in einigen Standardwerken, wie z.B. March/Simon (1958) oder Blau/Scott (1962) der Versuch einer ausdrücklichen Definition vermieden wird.

Einfluß einzelner Akteure auf die Organisationsstruktur nicht berücksichtigt werden, mit der Konsequenz, daß Herrschafts- und Machtphänomene aus den theoretischen Überlegungen systematisch ausgeblendet wurden. Wenn aber Organisationsmitglieder und ihre Handlungen in das theoretische Konzept miteinbezogen werden, verschwindet die Möglichkeit einer scharfen Grenzziehung zwischen Organisation und Umwelt, denn die Organisationsmitglieder sind sowohl Teil der Organisation als auch Teil der Umwelt. Eine Feststellung, die Luhmann (1964) [59] zum Ausgangspunkt seiner Analyse formaler Organisationen machte und die in einer massiven Kritik an den vereinfachten Annahmen der klassischen Organisationsforschung mündete.

In den verschiedenen Beiträgen zur klassischen Kontingenztheorie und zum Teil auch innerhalb einzelner Beiträge wird deutlich, daß mit dem Begriff Umwelt auf verschiedene Ereignisse außerhalb der Organisation unter derselben Kategorie Bezug genommen wird. Der Umweltbegriff wird in der Regel zu global benutzt. Für eine differenzierte Betrachtung fehlen jedoch eindeutige Angaben, welche Handlungen oder Zustände außerhalb einer Organisation wie und warum für die Organisation relevant sind. Einigkeit besteht nur insofern, daß die Austauschbeziehungen relevant sind, und daß die Eigenschaften der Güter, die ausgetauscht werden, in einer Beziehung zur internen Strukturierung stehen.

Die mangelnde Schärfe der zentralen Begriffe der Kontingenztheorie zeigt sich nicht nur darin, daß in verschiedenen Beiträgen Unterschiedliches mit den gleichen Begriffen benannt wird, sondern zudem auch darin, daß Gleiches mit unterschiedlichen Begriffen benannt wird. Sehr plastisch läßt sich dies am Beispiel des Technologiebegriffes demonstrieren. Technologie wird in den frühen Veröffentlichungen von Woodward (z.B. 1965) als 'production hardware' bezeichnet. Ihre Technologieklassifikation in Einzel- und Kleinserienproduktion, Großserien- und Massenproduktion sowie Prozeßproduktion bezieht sich mitnichten auf die 'production hardware', sondern kennzeichnet die Seriengröße. Die aus der Seriengröße abgeleitete technologische Komplexität stellt ein Maß für die Ungewißheit des Produktionsprozesses bezüglich der Vorhersagbarkeit der Ergebnisse dar. Im Modell von Lawrence/Lorsch (1967, S. 248ff.) ist die Unsicherheit über die Vorhersagbarkeit der Aufgabenerledigung eine wesentliche Kenngröße der Stabilität bzw. Turbulenz der Umweltsituation. Beide Konzepte haben gedanklich den gleichen Ausgangspunkt: den Indeterminationsgrad der Produktion, der unterschiedlich operationalisiert wird und unterschiedlichen Kontexten zugeordnet

---

59 In der verhaltenstheoretischen Richtung der Organisationsforschung wurden bereits früher Konzeptionen entwickelt, in denen Akteure und ihr Handeln, und nicht Strukturen in den Mittelpunkt gestellt werden, vgl. March/Simon (1958).

ist.⁶⁰ Die Kontroverse zwischen der 'Umweltschule' und der 'Technologieschule' scheint vor diesem Hintergrund weniger substantielle Unterschiede widerzuspiegeln, sondern eher ein Reflex auf unterschiedliche Begriffsverwendungen und Untersuchungsdesigns zu sein.

Eine zweite zentrale inhaltliche Kritik wird an der Prämisse der eingeschränkten Handlungsalternativen organisatorischen Handelns geäußert. Die Annahme, daß eine gegebene Situationskonstellation nur eine Entsprechung in der Organisationsstruktur haben könne, wird in den klassischen kontingenztheoretischen Ansätzen inhaltlich nicht weiter begründet und steht im Gegensatz zu systemtheoretischen Konzepten, auf die insbesondere die Vertreter der Umweltschule bei der Entwicklung der Beziehungen zwischen Organisation und Umwelt zurückgegriffen haben. Beispielsweise beruht Luhmanns Kritik (1964, S. 73ff.) am Organisationsbegriff darauf, daß die Beziehungen zwischen dem Zweck von Organisationen und den Mitteln, die dazu eingesetzt werden, in der Regel eben nicht eindeutig sind, sondern daß Organisationen in der Regel bei einem gegebenen Zweck auf eine Vielfalt von Mitteln zurückgreifen können. Daß dem so sei, begründet Luhmann mit dem Systemcharakter von Organisationen, die eben nicht nur einen Zweck verfolgen, sondern primär an der Systemerhaltung interessiert seien. In einem wirklich systemtheoretischen Konzept ist die Frage nach der besten Zweck-Mittel-Relation zwischen Umwelt und Organisation sinnlos, weil sie prinzipiell nicht zu beantworten ist.

Ein weiterer Kritikpunkt bezieht sich auf eine seltsam anmutende Differenz zwischen der ursprünglichen Zielsetzung der Kontingenztheorie und den entwickelten theoretischen Vorstellungen. Die Absicht, Managern in konkreten Situationen Handlungsanleitungen geben zu wollen, setzt implizit die Gestaltbarkeit von Organisationen durch bewußte Entscheidungen von Personen aus der Führungsebene der Organisationen voraus. In den theoretischen Konzepten der klassischen Kontingenzforschung wird die Gestaltungsfreiheit der Organisation jedoch negiert und die Ebene der in Organisationen tätigen Personen als relevante Einflußgröße für die vorhandene Organisationsstruktur nicht thematisiert.

Aus der Kritik an der Konzeption der zentralen Begriffe der klassischen Kontingenztheorie und der widersprüchlichen Haltung zur Frage der Gestaltbarkeit von Organisationen durch bewußte Entscheidungen der Organisati-

---

60 Die Ähnlichkeit beschränkt sich nicht auf die beiden exemplarisch vorgestellten Ansätze. So stellen Schmid/Lehner (1992, S. 41) fest, daß Woodwards Konzeption von Technologie als Losgröße große Ähnlichkeit zu "den gleichfalls sehr einflußreichen organisationssoziologischen Arbeiten von Thompson (1967) und Perrow (1970)" aufweist.

onsmitglieder leitet sich die Kritik an der Differenz zwischen theoretischen Vorstellungen und der Praxis der empirischen Forschung ab. In der klassischen Kontingenztheorie wird mit objektiven Umwelt- und Technologiebegriffen argumentiert, d.h. Umwelt und Technologie werden als situationsdefinierende Faktoren aufgefaßt, auf die die Organisation keinen Einfluß hat und die ihre Wirkungen unabhängig von der korrekten Situationswahrnehmung durch die Organisation bzw. durch die korrekte Situationswahrnehmung durch Mitglieder einer Organisation entfalten. In der Forschungspraxis wurden dagegen subjektive Einschätzungen von einzelnen Mitgliedern der Organisation über die Umwelt bzw. die Technologie erhoben.

Versuche, die klassische Konzeption, wenn auch in veränderter Form, zu erhalten, wurden insbesondere von Vertretern der frühen Aston-Gruppe durch die Einführung der Mehrfachbedingtheit der Organisationsstrukturen durch sowohl interne als auch externe Bedingungen gemacht. Diese Variante, die Türk (1989) als 'korrelationsstatische Kontingenzforschung' charakterisiert, versucht, ohne eine systematische theoretische Verknüpfung der Dimensionen auf empirischem Weg die Determinationsfaktoren der Organisationsstruktur zu bestimmen. So geben Pugh u.a. (1969, S. 91) explizit an, daß ihr Konzept "(...) not a model of organization in an environment, but a separation of variables of structure and of organizational performance from other variables commonly hypothesized to be related to them" sei.

Dieses Vorgehen hat der Kontingenzforschung auch den Vorwurf der Theorielosigkeit eingetragen. Schon in den klassischen Ansätzen finden sich wenig Bemühungen um eine systematische Rekonstruktion der Mechanismen, die erklären können, wie die Umwelt oder die Technologie die Struktur von Organisationen beeinflußt.[61] Es bleibt die Behauptung, daß zwischen der Organisation und der Umwelt Beziehungen bestehen, ohne daß erklärt wird, warum und wie diese Beziehungen bestehen. Zudem wird selbst von Vertretern der Kontingenztheorie bezweifelt, ob die Prämissen der Kontingenztheorie korrekt sind.[62]

So konnte der Ansatz der Aston-Gruppe auf Dauer wenig überzeugen, da die empirischen Ergebnisse sich als wenig konstant erwiesen. Nachfolger der Aston-Gruppe, wie Child oder im deutschsprachigen Raum Kieser, versuchten die Grundideen der Kontingenztheorie, nämlich daß systematische Beziehungen zwischen der Umwelt eines Unternehmens und seiner internen Struktur existieren, aufrechtzuerhalten und zugleich wesentliche Kritikpunkte an

---

61 Burell/Morgan (1987, S. 181).
62 Kieser (1993e, S. 178).

der klassischen Kontingenztheorie anzuerkennen. Insgesamt läßt sich aber auch in der Organisationsforschung eine Tendenz zur Auflösung fester paradigmatischer Strukturen feststellen, in der eine Vielzahl konkurrierender Erklärungsmodelle für immer kleinere Gegenstandsbereiche entwickelt wird und eine theoretische Integration kaum mehr geleistet wird. So weist Türk (1989, S. 21) darauf hin, daß in der Organisationsforschung eine Tendenz besteht, "eine 'Paradigma'-Pluralität zu konstatieren, diese als normal zu bezeichnen und allen Ansätzen (mit geringen Einschränkungen) das gleiche Recht, die gleiche Geltung zuzumessen."

Eine Aufnahme der Kritik an den klassischen kontingenztheoretischen Programmen, insbesondere ein Abgehen von der Vorstellung, daß Organisationen und ihre interne Strukturierung einen rein adaptiven Prozeß darstellen, bestand in der Adaption des 'strategic choice'-Konzeptes. Child (1972) nahm den Gedanken auf, daß Organisationen im Rahmen der Beziehungen zwischen Umwelt und Organisation nicht ausschließlich eine passive Rolle spielen, sondern daß durch organisatorisches Handeln die Umwelt beeinflußt werden kann. Kernelemente der Argumentation von Child (1972, S. 9f.) sind, daß Organisationen bzw. die Entscheider in Organisationen definieren, was die für die Organisation relevante Umwelt ist bzw. was die für die Organisation relevanten Entwicklungen in der definierten Umwelt sind, und daß erst vor dem Hintergrund langfristiger organisatorischer Zielvorstellungen der Handlungsbedarf bestimmbar ist, und daß darüber hinaus Organisationen bzw. Organisationsführer unter bestimmten Bedingungen zumindest Teile der für sie relevanten Umwelt beherrschen können und somit die Umweltsituation durch aktive Maßnahmen der Organisation veränderbar ist.[63]

Damit wird die in der klassischen Kontingenztheorie verwendete Argumentationsfigur, daß objektive Umweltbedingungen zu einer bestimmten Organisationsstruktur führen, um zwei zentrale Elemente erweitert: Neben den objektiven Umweltbedingungen bestehen subjektive Wahrnehmungs- und Entscheidungsprozesse, die die für die Organisation relevanten Umwelten bestimmen. Es besteht ferner Entscheidungsfreiheit für die Führungspersonen von Organisationen.

Mit der Einführung des 'strategic choice'-Konzeptes in die Kontingenztheorie werden zwei zentrale Vorwürfe - die Akteurslosigkeit des Ansatzes und der strukturelle Determinismus - entkräftet. Mit dieser Entwicklung wurde das Forschungsinteresse auf zwei neue Fragen gelenkt, die in der klassischen Kontingenztheorie keine Bedeutung erlangt haben, nämlich: Wie neh-

---

63 Vgl. dazu auch Montanari (1979).

men Manager die Umwelt einer Organisation wahr? und: Wie beeinflussen strategische Zielsetzungen die Organisationsstruktur?

Die Einführung handelnder Akteure mit Entscheidungsfreiheit in die Kontingenztheorie bedroht das Axiom dieses Ansatzes, daß zwischen Bedingungen außerhalb der Organisation und ihrer internen Strukturierung systematische Beziehungen bestehen. Um zugleich weiter den kontingenztheoretischen Ansatz vertreten und handelnde Akteure zulassen zu können, sind zwei theoretische Neuerungen notwendig: Die Einführung von Parametern, die die Entscheidungsfreiheit von Akteuren begrenzen, und damit verbunden die Konzeptionalisierung der Zeitdimension.

Die Einführung von Parametern, die die Entscheidungsfreiheit von Akteuren begrenzen, besteht im wesentlichen in der Individualisierung der 'Effizienz-Kongruenz'-Hypothese. In der ursprünglichen Fassung besagt die Hypothese, daß jeweils zu einer gegebenen Umweltsituation nur eine effiziente Organisationsstruktur existiert, die Organisationen annehmen müssen, um ihre Existenz zu sichern. Die Individualisierung dieser Hypothese besteht darin, die Zwangsläufigkeit des Anpassungsprozesses nicht mehr per se zu unterstellen. Ausgehend von den betrieblichen Entscheidern, ihren Definitionen der relevanten Umwelt und ihrer Wahrnehmung der Entwicklungen in der Umwelt werden Zielvorstellungen entwickelt, wie Organisationen intern strukturiert werden müssen, damit langfristig die Existenz der Organisation gesichert werden kann. Die Entscheider in Organisationen wählen dabei nicht eine objektiv 'richtige' Organisationsstruktur, sondern eine Organisationsstruktur, von der sie annehmen, daß sie der wahrgenommenen Situation angemessen ist - und können dabei natürlich auch irren. Strukturen, die sich bewähren, werden beibehalten und Strukturen, die sich nicht bewähren, werden verändert. So gewinnt eine Organisation schrittweise Erfahrungen darüber, welche Strukturen ihrer Situation angepaßt sind und welche nicht. Im Laufe eines iterativen Prozesses bilden sich so immer effektivere Strukturen heraus, bis eine Situationsänderung eintritt und der 'trial and error'-Prozeß der Strukturbildung von neuem beginnt.[64]

Damit nähern sich die Nachfolger der Kontingenztheorie akteurszentrierten und evolutionistischen Ansätzen an. Bei der Beschäftigung mit der Frage, welche Bedeutung die Größe einer Organisation für die Strukturierung der Arbeitsorganisation hat, scheint es wenig hilfreich, sich mit akteurszentrierten Ansätzen zu beschäftigen, da dies eine strukturalistische Fragestellung zu sein scheint. Wie gezeigt, bieten die strukturalistischen Ansätze der Organisationsforschung zwar einige Ansatzpunkte, um sich diesem Thema zu nähern, doch

---

64 Vgl. dazu Child/Kieser (1981).

sind die bisher vorliegenden Ergebnisse dieser Richtung 'uneindeutig'. Diese Uneindeutigkeit ist neben den häufig kritisierten methodischen Abweichungen und Mängeln m.E. auch ein Ausdruck der Tatsache, daß - mit wenigen Ausnahmen - kein Mechanismus aufgezeigt wird, wie die unterschiedlichen Faktoren schließlich die Struktur einer Organisation beeinflussen. Um eine Vorstellung möglicher Mechanismen entwickeln zu können, ist es sinnvoll, die Ergebnisse und die Erklärungsmuster von akteurszentrierten Ansätzen zu betrachten, da sie Hinweise darauf geben, wie und unter welchen Bedingungen Handeln in Organisationen stattfindet, und welche Konsequenzen dies für mögliche Erklärungsversuche hat.

4.2. Argumentative Grundstruktur akteurszentrierter Ansätze in der Organisationsforschung

Ähnlich wie in der Kontingenztheorie gibt es auch bei akteurszentrierten Ansätzen mindestens so viele Ansätze wie Vertreter dieser Strömung. Im folgenden wird die Grundstruktur akteurszentrierter Ansätze in der Organisationsforschung exemplarisch am Beispiel des sogenannten verhaltenstheoretischen Ansatzes skizziert.

Eine 'Dissidentenbewegung' außerhalb des mainstream der Organisationforschung entwickelte sich in den 50er und 60er Jahren bei der Untersuchung der Frage, wie Entscheidungen in Organisationen getroffen werden, und ist insbesondere mit den Namen March und Simon verbunden.

In Übereinstimmung mit dem damals vorherrschenden Bürokratiemodell wurde der Entscheidungsprozeß in Organisationen als intentional, folgerichtig und optimierend betrachtet. Dieser vollkommenen Rationalität von Entscheidungsprozessen setzen sie eine begrenzte gegenüber. Vollkommene Rationalität abstrahiert von zwei wesentlichen Restriktionen, denen sich Entscheider in Organisationen gegenübersehen: Begrenzter Zeit und begrenzter Ressourcen.[65] Für die Lösung eines Problems können Entscheider nicht alle denkbaren Alternativen umfassend prüfen, weil ihnen im Regelfall nur ein begrenzter Zeitraum zur Verfügung steht, in dem eine Entscheidung getroffen werden muß, und weil ihnen nur begrenzte Ressourcen zur Verfügung stehen, um Alternativen aufzufinden, zu prüfen und zu bewerten. Entscheider wenden deshalb Strategien an, um die Entscheidungskomplexität zu verringern. Eine der bedeutendsten Strategien ist der Verzicht auf die Suche nach einer optimalen Lösung zugunsten einer befriedigenden. Entscheider differenzieren

---

65 March (1990a, Einleitung) charakterisiert so die Grundannahmen des verhaltenstheoretischen Ansatzes.

nicht so sehr zwischen besseren und schlechteren Lösungen, sondern in erster Linie zwischen guten und schlechten oder Erfolgen und Mißerfolgen. Aufgrund der begrenzten Zeit und der begrenzten Kapazitäten ist es notwendig, Prioritäten zu definieren. Höhere Priorität gilt dabei den nicht erfolgreichen Lösungen, d.h. Lösungen, die Zielerwartungen unterschreiten. Bei Mißerfolgen wird nach Alternativen gesucht bzw. werden Alternativen entwickelt, wie die Ziele erreicht werden können. Bei Erfolgen erlischt im Regelfall das Interesse, Alternativen zu suchen oder zu entwickeln.[66]

Das unterschiedliche Verhalten bei Erfolg oder Mißerfolg erklärt die Entstehung und die Funktion des 'organizational slack'. Mit 'organizational slack' wird das Phänomen bezeichnet, daß nicht alle Ressourcen einer Organisation für die Erreichung von Organisationszielen eingesetzt werden. Dies wird in der klassischen Betrachtungsweise häufig als ein Zeichen für die Ineffizienz gewertet. March/Simon (1958) sehen darin eine Konsequenz des Erfolges. In Organisationen mit Erfolgsproblemen werden häufiger Suchprozesse eingeleitet, die interne Kapazitäten binden. Mit dem Erfolg sinkt die Häufigkeit dieser Suchprozesse und es werden Kapazitäten frei für andere Zwecke. In Zeiten des Mißerfolgs können diese Kapazitäten für die Suche und die Entwicklung von Alternativen wieder eingesetzt werden. 'Slack' stellt somit einen Puffer für Notzeiten dar.

Neben Strategien, um die Zahl der Suchprozesse zu begrenzen, existieren auch Strategien, um innerhalb von Suchprozessen eine Vereinfachung durchzuführen. Auch im Falle eines Mißerfolges setzt kein unendlicher Such- und Bewertungsprozeß ein, sondern der Suchprozeß wird i.d.R. gestoppt, sobald eine Lösung gefunden wird, von der erwartet wird, daß sie das Problem löst, d.h. ein definiertes Ziel erreicht werden kann. Die Definition des Zieles ist dabei nicht unveränderlich. Kann für ein Ziel über längere Zeit keine Lösung gefunden werden, so ist damit zu rechnen, daß das Ziel neu definiert wird. Grundsätzlich besteht die Tendenz, Ziele nahe der zuletzt erreichten Leistung zu definieren.

Die Vereinfachung von Entscheidungsprozessen kann auch durch organisatorische Maßnahmen herbeigeführt werden. Eine davon ist die Schaffung von Routinen. Bei immer wiederkehrenden gleichen Entscheidungssituationen wird nicht jedesmal ein komplexer Entscheidungsprozeß durchgeführt. Häufig oder regelmäßig wiederkehrende Entscheidungssituationen werden habituell bewältigt und haben deshalb nur geringe Kosten für den Entscheider. Simon nimmt auch zahlreiche Elemente auf, die aus dem Bürokratiemodell

---

66 Vgl. March/Simon (1958).

bzw. der Theorie formaler Differenzierung bekannt sind, z.b. Standardisierung von Aufgaben, die Definition klarer Zuständigkeitsbereiche, sprich Hierarchisierung und Spezialisierung oder Definition von Verfahrensregeln, aber auch Elemente, wie Informationen und Werkzeuge, Ressourcen, Schulung. Ziel dieser Maßnahmen ist es, den Entscheidungsrahmen für den einzelnen klein zu halten und zugleich die Bereitstellung von Hilfsmitteln, um innerhalb des Rahmens Entscheidungen treffen zu können.

Ein weiterer Mechanismus, der Entscheidungsprozesse vereinfacht, besteht in der selektiven Wahrnehmung der Entscheider. Entscheider betrachten nicht alle Aspekte eines Problems, sondern die Aspekte, die ihnen subjektiv relevant erscheinen. Bei der subjektiven Relevanz sind nicht nur persönliche Deutungs- und Wahrnehmungsmuster relevant, sondern auch Aktualitätsgesichtpunkte und der Erfahrungshorizont. Es wird den Aspekten eines Problems mehr Aufmerksamkeit geschenkt, welche Ähnlichkeiten mit den zuletzt gelösten aufweisen.

In der radikalsten Fassung führt dies zum 'garbage can'-Modell. In Organisationen gibt es nicht nur eine Suche nach Lösungen für Probleme, sondern es gibt auch eine Suche nach Problemen für Lösungen. D.h. wurde für ein Problem eine erfolgreiche Lösung gefunden, so wird versucht, diese Lösung auch auf andere Bereiche zu übertragen. 'Garbage can'-Modelle sind verbunden mit unsicheren Entscheidungssitutionen, in denen keine eindeutigen Prioritäten von Zielen definiert werden können. In solchen Situationen extremer Unsicherheit entsprechen die Verfahren, mit denen Probleme definiert, Lösungen formuliert und Lösungen den Problemen zugeordnet werden, keinem Prozeß rationaler Entscheidungsfindung nach üblicher Betrachtungsweise. Entscheidungsträger, Probleme und Lösungen sind die Elemente dieses Prozesses, deren Verknüpfung weniger durch die sachliche als vielmehr über die zeitliche Dimension erfolgt.

Das 'garbage can'-Modell ist ein Modell der Anarchie, aber einer organisierten. "Um die Prozesse in Organisationen verstehen zu können, kann man eine Wahlmöglichkeit als einen Papierkorb (garbage can) betrachten, in den von den Teilnehmern verschiedene Arten von Problemen und Lösungen geworfen werden, wenn sie geschaffen wurden. Die Mischung der Papiere (garbage) in einem bestimmen Korb hängt von der Mischung der verfügbaren Körbe ab und von deren Etiketten, davon, welche Papiere im Augenblick produziert werden und von der Geschwindigkeit, in der diese Papiere gesammelt und von der Bildfläche entfernt werden" (Cohen/March/Olson 1990, S. 332).

Auch wenn das Modell von außen betrachtet vollkommen chaotisch aussieht, bestehen bestimmte Regelmäßigkeiten. In Computersimulationen wurde versucht zu bestimmen, welche Auswirkungen sich aus einer solchen Modellierung von Entscheidungsprozessen ergeben. "Es ist klar, daß der Papierkorb-Prozeß Probleme nicht gut löst. Er ermöglicht es jedoch, daß Auswahlen getroffen und Probleme gelöst werden, selbst wenn die Organisation von Dingen geplagt wird wie Zielmehrdeutigkeit und -konflikt, nur wenig verstandenen Problemen, die in das System eindringen und es wieder verlassen, einer veränderlichen Umwelt und von Entscheidungsträgern, die mit anderen Dingen beschäftigt sind" (Cohen/March/Olson 1990, S. 361). Durch die Veränderung von Belastungen der Teilnehmer, der Teilnahmerechte für die Entscheidungsträger, zugelassene Probleme, Lösungen und Wahlmöglichkeiten sowie der organisatorischen Struktur konnten einige typische Resultate erzielt werden. Dabei zeigte sich u.a., daß solche 'garbage can'-Prozesse Entscheidungen durch Nichtentscheidung fördern; daß bei höheren Belastungen Entscheidungsträger häufiger von Aufgabe zu Aufgabe wechseln, ohne daß Probleme gelöst werden; daß bei höherer Belastung generell die Dauer der Entscheidungsprozesse steigt; wichtige Probleme häufiger gelöst werden als unwichtige und daß die organisatorische Struktur Konsequenzen für die Detailergebnisse hat, wobei keine Struktur sich generell als überlegen zeigt.

Simon (1957) stellt aber noch eine weitere Prämisse strukturalistischer Argumentationen in Frage. Organisationsziele und Ziele von Mitarbeitern in Organisationen sind nicht deckungsgleich. Mitarbeiter in Organisationen haben eine Vielzahl von Zielen und Präferenzen, so daß Entscheidungsprozesse in Organisationen häufig besser als politische Prozesse beschrieben werden, denn als zielgerichtete Abwägung der Zweck-Mittel-Relation.

Wenn zwischen den Mitgliedern der Organisation und den Organsationszielen keine Korrespondenz besteht, müssen Instrumente eingesetzt werden, um das Verhalten der Organisationsmitarbeiter in eine gewünschte Richtung zu steuern. Die klassischen Instrumente, die in einer solchen Situation zum Tragen kommen, sind Verträge (Austausch) und Macht. Durch die Einführung des Vertragsaspektes wurde sowohl die Transaktionskostentheorie stimuliert, als auch die Kontrolldebatte.

Während der Machtbegriff in frühen Fassungen starke Ähnlichkeit mit Webers Begriff der Herrschaft aufweist, wird dieses Konzept in späteren Fassungen zugunsten eines Machtbegriffes aufgegeben, der auf Ressourcenkontrolle beruht und später von Crozier/Friedberg (1979) [67] weiterentwickelt wurde. Die Kontrolle über Ressourcen der Organisation wird eingesetzt, um

---

67 Insofern beruhen auch Konzepte, wie betriebliche Sozialverfassung (Hildebrandt/Seltz 1989) oder auch die Mikropolitik (Ortmann u.a. 1990), die sich stark an Crozier/Friedberg (1979) orientieren, indirekt auf Überlegungen der verhaltenstheoretischen Schule.

eigene Zwecke zu verfolgen. Dies impliziert strategisches Verhalten von Organisationsmitgliedern und stellt die Frage, wie kompatibel die Interessen der einzelnen Mitglieder sind.

Cyert/March (1963) beschreiben Organisationen als Stätten, in denen ständig Aushandlungsprozesse in wechselnden Koalitionen über eine Vielzahl von Zielen stattfinden. Die Einigung auf Ziele ist dabei nicht endgültig und jederzeit wieder verhandelbar. Manche Zielvereinbarungen stellen nur unverbindliche Kompromisse dar, die jedoch inhaltlich substanzlos sind. Erst in einem mühsamen, sich Tag für Tag wiederholenden Aushandlungsprozeß wird bei einigen Zielen eine gewisse Stabilisierung erreicht. Auf der Basis gefundener Kompromisse werden neue Vereinbarungen getroffen. Da die Ergebnisse von Verhandlungen Grundlage für neue Verhandlungen sind, wird es im Laufe der Zeit immer schwieriger, relativ frühzeitig gefundene Kompromisse zu verändern. Langfristig bilden sich so in einem iterativen Prozeß relativ stabile Strukturen aus, die nur mit erheblichem Aufwand revidiert werden können.

Unterschiedliche Interessen, Wünsche, Ziele, Präferenzen führen zu Konflikten in Organisationen. Organisationen verfügen aber zugleich über Mechanismen, um die Auswirkungen dieser Konflikte zu begrenzen. Ein Mechanismus, um Konflikte zu begrenzen, ist Hierarchie. Hierarchie schränkt den Teilnehmerkreis bei Entscheidungen ein und so müssen Konflikte zwischen Abteilungen nicht von allen Mitgliedern der Abteilungen ausgetragen werden, sondern nur von den dazu legitimierten Repräsentanten. Ein weiterer Mechanismus zur Konfliktbegrenzung ist die Begrenztheit von Zeit und Aufmerksamkeit. Nicht alle latenten Konflikte können gleichzeitig verarbeitet werden, und es wird den Konflikten mehr Aufmerksamkeit geschenkt, die aktuell sind. Dadurch wird eine Entzerrung von Konfliktlagen erreicht, so daß einzelne Konflikte nacheinander abgearbeitet werden können.

Der dritte Mechanismus besteht in den überschüssigen Ressourcen 'organizational slack' als Puffer. Puffer ermöglichen es, einen Teil der Konflikte zu ignorieren, da durch sie die Notwendigkeit zu gemeinsamen Entscheidungen verringert wird.

Diese Mechanismen der Begrenzung von Konfliktauswirkungen führen zu einem typischen Vorgehen in Organisationen. Die Entzerrung von Konfliktlagen ermöglicht die sequentielle Abarbeitung von Konflikten. 'Organizational slack' vermindert den Zwang zur Einigung und Hierarchie schränkt den Teilnehmerkreis ein. Zusammen ergibt sich daraus die Strategie, einzelne Konflikte so zu lösen, daß an anderen Stellen neue Konflikte erzeugt werden.

Die Trennung zwischen Organisation und Mitgliedern von Organisationen, die vom sog. verhaltenstheoretischen Ansatz vorgenommen wird, ist eine wesentliche Voraussetzung, um Abläufe in Organisationen verstehen zu können. Die Annahme der begrenzten Rationalität ist zugleich eine Annahme der begrenzten subjektiven Rationalität von Mitgliedern der Organisation. Diese subjektive Rationalität sorgt für Effekte, die sich nur schwer mit dem Bild vollkommen rationaler Organisationen vereinbaren lassen. Sie bietet aber auch den Schlüssel dazu, wie externe und interne Rahmenbedingungen des Handelns von Individuen das Ergebnis von Handlungen beeinflussen. So kann beispielsweise die inhaltlich wenig aussagekräftige 'Turbulenz' von Umwelten übersetzt werden in Bedingungen für die Entscheidungsfindung in Organisationen. Turbulente Umwelten wären so Situationen, die Entscheidungen erfordern, die nicht durch habituelles Verhalten gelöst werden können, sondern Entscheidungen unter Unsicherheit und Mehrdeutigkeit.

Ähnliches gilt für Technologie. Deutlich wird, daß für das Verhalten in erfolgreichen Organisationen andere Rahmenbedingungen gegeben sind, als für das Verhalten in weniger erfolgreichen. Erfolg führt aber nicht notwendigerweise zu einem Verhalten, das nach betriebswirtschaftlichen Kategorien auf ein Höchstmaß an Effizienz ausgerichtet ist. Zum Verständnis des Faktors Größe scheint es notwendig, die in den verschiedenen Organisationsmodellen vorhandenen Aussagen zur Größe in Aussagen umzuformulieren, die deutlich machen, wie Größe interne und externe Rahmenbedingungen des Handels beeinflussen kann.

5. Das Problem der Koordination durch Märkte und Hierarchien und Größe

Mit der begrifflichen Trennung von Organisation und Mitarbeitern einer Organisation, wie sie von Simon (1976), Cyert/March (1963) und im deutschsprachigen Raum durch Luhmann (1964) getroffen wurde, stellt sich das Problem der Koordination der Handlungen von Akteuren mit widerstreitenden Interessen.[68] Die von der verhaltenstheoretischen Schule vorgeschlagenen Koordinierungsmechanismen Macht bzw. Herrschaft und Austausch werden von zwei Strömungen in den Vordergrund ihrer Analysen gesetzt, der Transaktionskostenökonomie und der 'radical political economics'.[69]

Das Problem der Koordination von Handlungen wird in der Transaktionskostenökonomie radikal angegangen, denn die Grundsatzfrage dieses Ansatzes ist: Warum gibt es Organisationen? und erweitert: warum gibt es so unterschiedlich große Organisationen? Den Koordinationsmechanismen Herrschaft und Austausch werden verschiedene Sphären zugeordnet. Austausch ist der Mechanismus für Märkte, Herrschaft der für Hierarchien (Organisationen).[70]

---

68 Die Trennung von Organisation und den Mitgliedern der Organisation stellt natürlich auch die Frage nach der grundsätzlichen theoretischen Konzeption der Einheit Organisation und damit des Problems des kollektiven Akteurs. Diese Problematik wird in Kapitel 6 aufgenommen werden.

69 "Eine Differenz dieser beiden Paradigmen ist es, daß in der Coase-Simon-Williamsonschen Sicht der Dinge der Gebrauch, der in der Unternehmung von Arbeitsvermögen gemacht wird, letztlich so problemlos vom Unternehmer determiniert werden kann, wie das die Neoklassik immer unterstellt hat, während Bowls, Gintis, Edwards, Reich, Gordon und Weisskopf darin die zentrale und unaufhebbare Konfliktsituation innerhalb der kapitalistischen Firma sehen". (Ortmann u.a. 1990, S.51).

70 Der Begriff Hierarchie wird in der Transaktionkostentheorie als Synonym für den Begriff Organisation benutzt. Die interne Strukturierung von Organisationen wird in der Transaktionskostentheorie weitgehend ausgeblendet, da ihre Fragestellung nicht darauf abzielt,

Da in der klassischen Ökonomie der Markt als überlegene Koordinierungsform gilt, stellt sich die Frage, warum so große Organisationen entstehen und sich behaupten konnten, obwohl sie auf einem unterlegenen Koordinierungsmechanismus beruhen. "Our task is to attempt to discover why a firm emerges at all in a specialised exchange economy" (Coase 1937, S.390). Die Überlegung, die Coase einführt, ist die, daß Märkte auch Kosten verursachen. Kosten, die beispielsweise entstehen, um den günstigsten Preis für ein Produkt oder eine Dienstleistung zu ermitteln; Kosten, die anfallen, um sicherzustellen, daß bestimmte Leistungen und Güter über einen längeren Zeitraum vorhanden sind. Dies sind Kosten, die mit Transaktionen verbunden sind. Um eine große Menge von Produkten über den Markt zu beschaffen oder ein sehr komplexes Produkt auf dem Markt zusammenzukaufen, fällt eine Vielzahl von Transaktionen an, von denen jede mit bestimmten Kosten verbunden ist. In einer Organisation wird die Anzahl der zu schließenden Verträge und damit der Transaktionen drastisch reduziert. "It is true that contracts are not eliminated when there is a firm but they are greatly reduced. A factor of production (or the owner thereof) does not have to make a series of contracts with factors with whom he is co-operating within the firm, as would be necessary, of couse, if this co-operation were a direct result of the working of the price mechanism. For this series of contracts is subsituted one" (Coase 1937, S.391).

Firmen oder Organisationen entstehen dann, wenn marktvermittelte Austauschprozesse höhere Kosten verursachen als die Koordination von Handlungen innerhalb einer Organisation, und dieser Mechanismus bestimmt auch die *maximale* Größe einer Organisation.[71] "A firm will tend to expand until the costs of organizing an extra transaction within the firm becomes equal to the costs of carrying out the same transaction by means of an exchange on the open market or the costs of organizing in another firm." (Coase 1937, S.395)

Die Grenzen der Expansion einer Organisation beruhen auf zwei Faktoren: 1. Die Verlagerung von Transaktionen in eine Organisation bedeutet nicht, daß in einer Organisation keine Transaktionen stattfinden, es findet nur eine deutliche Reduzierung statt. Auch die Koordination über Hierarchie innerhalb einer Organisation verursacht Kosten. 2. Die Koordinierung über Hierarchie stellt keine optimale Nutzung der Produktionsfaktoren sicher. Je

---

unterschiedliche Formen von Organisationen zu erklären, sondern warum manche Transaktionen auf Märkten stattfinden und warum andere nicht.

[71] Dies ist im Prinzip der gleiche Gedankengang, der von den Vertretern der klassischen Industriesoziologie und der Organisationsforschung vertreten wird, allerdings mit der Modifikation, daß die Höhe der Koordinierungskosten die Grenzen der Arbeitsteilung bestimmt, und nicht die Größe einer Organisation.

mehr Handlungen über Hierarchie koordiniert werden, desto wahrscheinlicher wird die suboptimale Nutzung einzelner Produktionsfaktoren. Mit jeder neu in die Organisation integrierten Transaktion steigen die internen Kosten der Koordinierung und wächst die Wahrscheinlichkeit suboptimaler Nutzung von Produktionsfaktoren. Die Organisation kann so lange wachsen, wie die Kosten des Wachstums geringer sind als die Beschaffung von Gütern oder Dienstleistungen auf dem Markt. Damit führt die Transaktionskostentheorie einen neuen Aspekt von Größe bzw. Wachstum ein. Es existieren unterschiedliche Arten des Wachstums von Organisationen. In den vorangegangenen Argumentationen wurde Wachstum implizit verstanden als ein Prozeß der einfachen Vermehrung von bereits existierenden Aufgaben. Die Transaktionskostentheorie weist darauf hin, daß Wachstum auch ein Prozeß der Internalisierung von zuvor extern bewältigten Aufgaben sein kann.

Coase (1937, S.396ff.) hat betont, daß die Kosten für die interne Koordinierung und die Wahrscheinlichkeit suboptimaler Nutzung einzelner Produktionsfaktoren nicht statisch sind, sondern durch technische Innovationen oder organisatorische Neuerungen gemindert werden können. "All changes which improve managerial technique will tend to increase the size of the firm" (Coase 1937, S.397).

Nachdem der Beitrag von Coase lange Zeit wenig Resonanz außerhalb von Fachkreisen gefunden hatte, änderte sich dies insbesondere durch Williamson (1975, 1990) und North (1988), die die Grundstruktur der Argumentation wiederaufnahmen, verfeinerten und ausbauten.[72]

Die geringe Resonanz von Coase (1937) wird zurückgeführt auf die mangelnde Klärung und Operationalisierung zentraler Begriffe, die tautologische Argumentationen herausfordern. Williamson unternimmt den Versuch, die Kritik aufzunehmen und zu zeigen, daß bei einer entsprechenden begrifflichen Klärung die Grundstruktur der Argumentation von Coase aufrechterhalten werden kann und neue Erkenntnisse zum Verständnis ökonomischer und organisatorischer Prozesse gewonnen werden können. Dabei nimmt er neue Elemente in seine Fassung der Transaktionskostenanalyse auf.

Wie bei Coase werden Markt und Hierarchien als alternative Formen der Koordinierung betrachtet. Die Basiseinheit der Analyse ist die Transaktion, doch alle Probleme, die sich als Vertragsproblem charakterisieren lassen, können als Transaktionsproblem analysiert werden. Neu aufgenommen wird

---

72 In den letzten Jahren haben das Interesse an und die Auseinandersetzung mit den Arbeiten der "Neuen Institutionellen Ökonomie" stark zugenommen. Auch in der Industriesoziologie wird diese Richtung inzwischen zur Kenntnis genommen, vgl. z.B. Bieber (1992), Monse (1992).

die Annahme des strategischen Verhaltens sowohl für Marktteilnehmer als auch für Organisationsmitglieder sowie die begrenzte subjektive Rationalität der Akteure.[73] Weiterhin wird berücksichtigt, daß (juristische) Verträge immer unvollständig sind, so daß nicht alle Einzelheiten in einem Vertragstext genau spezifiziert werden können.

Ähnlich wie in der Kontingenztheorie geht die Transaktionskostentheorie von einer Effizienz-Kongruenz-Hypothese aus, nur bezieht sich diese Hypothese hier nicht auf die organisatorische Struktur, sondern darauf, ob Transaktionen über Märkte oder Organisationen abgewickelt werden. Unterschiedliche institutionelle Rahmenbedingungen erzeugen unterschiedliche Kostenstrukturen für unterschiedliche Transaktionen. So werden bei Transaktionen die institutionellen Rahmenbedingungen gewählt, die hinsichtlich der Kostenstruktur am effizientesten sind. Daraus ergibt sich die Aufgabe zu bestimmen, welche Arten von Transaktionen bei welchen institutionellen Rahmenbedingungen am effizientesten sind.

Die Kombination von opportunistischem Verhalten [74] mit unvollständigen Verträgen als Prämissen des Transaktionskostenansatzes erweist sich als folgenreich. Wenn dem Verhandlungspartner strategisches Verhalten unterstellt wird, gleichzeitig aber keine Möglichkeit gegeben ist, durch Verträge eindeutig sicherzustellen, daß Handlungen in der gewünschten Richtung vorgenommen werden, ergibt sich daraus die Notwendigkeit, Instrumente zu entwikkeln, die gewünschte Handlung sicherzustellen. Williamson (1990, S.22ff.) unterscheidet deshalb zwischen 'ex ante'-Kosten und 'ex post'-Kosten. 'Ex ante'-Kosten bezeichnen Kosten, die bis zum Vertragsabschluß anfallen, also Informationskosten, Verhandlungskosten und Vertragskosten. 'Ex post'-Kosten sind Kosten, die nach Vertragsabschluß anfallen, um sicherzustellen, daß die vereinbarte Leistung erbracht wird. Dazu gehören Überwachungskosten, denn nur, wenn vereinbarte Leistungen überwacht werden, kann überprüft werden, ob die Leistung tatsächlich erbracht wird. Weiterhin fallen Kosten der Konfliktbewältigung und -vermeidung an, da die Unvollständigkeit des Vertrages immer Raum für unterschiedliche Interpretationen läßt und

---

73 Williamson (1975, S.20ff.) greift dabei explizit auf die Vorstellungen von Simon (1957) und March/Simon (1958) zurück. Allerdings wendet er es nicht auf den Kontext von Entscheidungen in Organisationen (durch Akteure) an, sondern auf Entscheidungen von Organisationen.

74 In der Williamsonschen Terminologie bezieht sich "opportunistisches" Verhalten auf strategisches Verhalten. Die Verhaltensannahme ist, daß die Möglichkeit der Nutzenmaximierung situationsabhängig ist. Wenn es durch Veränderung von Situationsfaktoren möglich ist, einen höheren Nutzen zu erzielen als bei Vertragsabschluß, können Verträge gebrochen werden.

damit für neue Interessenauseinandersetzungen. Und schließlich Kosten, die bei Nichteinhaltung von Verträgen entstehen, wenn unvorhergesehene Umstände die Erfüllung eines Vertrages verhindern.[75] Für Williamson sind bei der Analyse von Transaktionen immer 'ex ante'- und 'ex post'-Kosten zu berücksichtigen, auch wenn er die Relevanz von 'ex post'-Kosten betont, weil sie nach seiner Einschätzung lange Zeit nur ungenügend berücksichtigt wurden.

Nach Williamson (1990, S.59ff.) sind es drei Dimensionen, auf denen sich Transaktionen voneinander unterscheiden. Dies sind

- Faktorspezifität
- Unsicherheit und
- Häufigkeit.

Faktorspezifität [76]: Diese bezieht sich auf die Einzweckverwendungsfähigkeit von Personen, Investitionen und Informationen. Einzweckverwendungen sind in der Regel kostengünstiger zu beschaffen, gleichzeitig aber mit erhöhtem Risiko verbunden, da eine Veränderung des Verwendungszwecks die völlige Entwertung bedeutet und mit erheblichen Zusatzkosten verbunden ist.

Bei Einzweckverwendungen ist das Interesse der Transaktionspartner an einer dauerhaften Austauschbeziehung hoch, um das Risiko von Zusatzkosten zu vermeiden, d.h. Einzweckverwendungen tendieren zu längerfristigen Bindungen. Dies kann zu einer Reduktion des Konkurrenzdruckes führen und somit besteht ein Anreiz, die Abhängigkeit opportunistisch zu nutzen und wesentliche Vertragselemente nachzuverhandeln. Damit entstehen zusätzliche ex post-Transaktionskosten.

Bei Mehrzweckverwendungen bestehen weniger Anreize zu einer langfristigen Absicherung und somit auch keine Anreize zur Reduzierung des Konkurrenzdruckes. Damit werden die Möglichkeiten opportunistischen Verhaltens innerhalb eines Vertrages begrenzt und so sind die 'ex post'-Kosten niedriger. Geringeren Produktionskosten bei Einzweckverwendungen stehen so höhere ex post Transaktionskosten gegenüber. Für Williamson ist Faktorspezifität eine zentrale Dimension zur Beschreibung von Transaktionen, die in vorherigen Ansätzen nicht ausreichend gewürdigt wurde.

Unsicherheit [77]: Transaktionen weisen immer einen gewissen Grad an Unsicherheit auf. Nicht alle möglichen Umstände und möglichen Störungen kön-

---

75 Vgl. Williamson (1990, S.30ff.).
76 Vgl. Williamson (1990, S.59ff.).
77 Vgl. Williamson (1990, S.64ff.).

nen im vorhinein antizipiert werden. Die Leistungsfähigkeit von Herrschafts- und Überwachungssystemen kann daran bemessen werden, bis zu welchem Grad unvorhergesehene Umstände oder Störungen verarbeitet werden können. Die Leistungsfähigkeit ist abhängig von der Zahl der Transaktionen und damit von der Größe.

Die zweite Quelle von Unsicherheit ergibt sich aus dem opportunistischen Verhalten von Transaktionspartnern und wird deshalb auch als Verhaltensunsicherheit bezeichnet. Sie bezieht sich auf die Unsicherheit darüber, ob, wie und wann eine Vertragsleistung erfüllt werden kann, erfüllt werden wird oder erfüllt worden ist. Beide Arten der Unsicherheit führen tendenziell zu einer Steigerung der Transaktionskosten.

Häufigkeit [78]: Die Häufigkeit von identischen Transaktionen senkt Transaktionskosten und Produktionskosten. Je öfter eine identische Handlung wiederholt wird, desto geringer wird der Aufwand, um diese Transaktion und ein spezifisches Kontroll- und Überwachungssystem zu etablieren. Ein spezifisches Kontroll- und Überwachungssystem ist immer mit hohen Kosten verbunden. Ob sich diese Kosten rechtfertigen lassen, hängt unter anderem von der Häufigkeit ab, mit der eine identische Transaktion vorgenommen wird.

Die Dimensionen Faktorspezifität, Unsicherheit und Häufigkeit erzeugen Wechselwirkungen, die letztlich die Effizienz unterschiedlicher Beherrschungs- und Überwachungssysteme bestimmen. Unsicherheit in Form parametrischer Unsicherheit und durch opportunistisches Verhalten erzeugt, wird immer als gegeben vorausgesetzt. Bei einer geringen Faktorspezifität erweist sich unabhängig von der Häufigkeit der Transaktionen der Markt als effizienteste Form eines Überwachungs- und Beherrschungssystems. Geringe Faktorspezifität in der Williamson-Fassung beruht auf der Substitutionsfähigkeit, d.h. auf der Fähigkeit, eine Person, ein Verfahren, eine Maschine etc. zu ersetzen, ohne daß dadurch zusätzliche Kosten entstehen.[79] Die Fähigkeit, ohne Kosten ersetzbar zu sein, impliziert das Vorhandensein mehrerer Anbieter für die nachgefragten Ressourcen und somit die Existenz von Konkurrenz. Opportunistisches Verhalten kann von einem Transaktionspartner sofort und ohne zusätzliche Kosten sanktioniert werden, indem die Transaktion mit dem

---

78 Williamson 1990, S.69.
79 Williamson (1991, S.281) unterscheidet zwischen unterschiedlichen Arten von Faktorspezifität. Die dort aufgeführten sechs Punkte stellen eher eine Aufzählung, denn ein Kategorienschema dar. Auf unterschiedliche Varianten von Faktorspezifität wird deshalb im folgenden nicht eingegangen. Statt dessen wird bei Bedarf von den Substitutionskosten gesprochen.

spezifischen Partner abgebrochen und mit einem neuen Partner begonnen werden kann. Die Häufigkeit der Transaktion hat auf diese Fähigkeit keinen Einfluß.

Die Häufigkeit der Wiederholung von Transaktionen spielt eine Rolle bei mittlerer bis hoher Faktorspezifität. Bei gelegentlichen Transaktionen und mittlerer bis hoher Faktorspezifität ist die effizienteste Form der Überwachung und Kontrolle ein klassischer Vertrag mit einer neutralen Instanz zur Klärung und Beilegung von Streitigkeiten. Mittlere bis hohe Faktorspezifität sind ja gleichbedeutend mit Substitutionskosten. Diese Kosten fördern ein Interesse an der Aufrechterhaltung von Beziehungen. Damit wird Konkurrenz vermindert und der Markt wird in seinen Sanktionsmöglichkeiten eingeschränkt. Andererseits rechtfertigt die geringe Häufigkeit nicht die kostspielige Etablierung eines speziellen Überwachungs- und Beherrschungssystems. Die Lösung besteht in der Einbeziehung Dritter, die in Zweifelsfällen eine Entscheidung treffen.[80]

Bei sich häufig wiederholenden Transaktionen ist zwischen mittlerer und hoher Faktorspezifität zu unterscheiden. Häufige Wiederholung bei mittlerer Faktorspezifität ist am effizientesten mit einem langfristigen zweiseitigen Vertrag zu beherrschen, bei dem die Transaktionspartner ihre formale Selbständigkeit behalten. Mittlere Faktorspezifität bedeutet mittlere Substitutionskosten und damit ein Interesse an langfristigen Beziehungen. Dieses Interesse an Langfristigkeit wird verstärkt durch die häufige Wiederholung. Da beide Transaktionspartner aber, wenn auch unter zusätzlichen Kosten, substituierbar sind, ist die Möglichkeit zu opportunistischem Verhalten eingeschränkt und ein spezielles Beherrschungs- und Überwachungssystem zu kostspielig. Häufige Wiederholungen rechtfertigen einen höheren Kontroll- und Beherrschungsaufwand zu Beginn, weil dieser proportional mit der Häufigkeit der Wiederholung abnimmt. Das Interesse an Langfristigkeit mit der Rechtfertigung für höhere Kontroll- und Beherrschungskosten läßt einen zweiseitigen langfristigen Vertrag als effizienteste Form erscheinen. Beide Transaktionspartner werden ein begrenzt opportunistisches Verhalten zeigen, das sich aber durch die Iteration von Transaktionen auf ein für beide Seiten erträgliches Maß reduzieren läßt. Durch die Einschaltung von Dritten wird dieser Mechanismus nicht verändert, sondern nur mit zusätzlichen Kosten belastet.

Bei faktorspezifischen Transaktionen ist allenfalls eine geringe Substitutionsfähigkeit gegeben. Diese geringe bis nicht vorhandene Substitutionsfähigkeit bietet die Chance für ein beinahe schrankenloses opportunistisches Verhalten. Wenn die Transaktionen häufig wiederholt werden, ist die Etablierung eines speziellen Herrschafts- und Überwachungssystems in Form einer Orga-

---

80 Vgl. Coleman (1990, S.81ff.).

nisation trotz der damit verbunden Kosten notwendig. Nur diese bieten ein Instrumentarium, um sicherzustellen, daß vereinbarte Transaktionen auch durchgeführt werden. Die Höhe der Kosten für die Schaffung einer Organisation entscheidet darüber, ob bei extrem faktorspezifischen Transaktionen auch bei geringer Wiederholhäufigkeit diese Form der Beherrschung und Überwachung angemessen ist.

Die Form der Beherrschung und Überwachung wird von Williamson auch als das institutionelle Arrangement für Transaktionen bezeichnet. Die gerade kurz skizzierten Formen lassen sich auf drei Typen reduzieren: Markt, Hybride und Organisationen.[81] Jede dieser Formen beruht auf einer anderen Art der Vertragsbeziehungen.

Der Markt gilt Williamson als Form des klassischen Vertrages. Wesentliche Kennzeichen sind die kurze Dauer, die eindeutige Identifizierung des Vertragsgegenstandes und eine sehr begrenzte persönliche Interaktion der Vertragspartner. Die Transaktion vollzieht sich nach starren, im vornhinein festgelegten Regeln. Der Kaufvertrag eines Standardproduktes entspricht dieser Form.

Hybride sind nach Williamson (1991) die institutionelle Entsprechung zu neoklassischen Vertragsbeziehungen. In diesen sind Elemente des Vertrages inhaltlich vage, weil schon bei Vertragsabschluß absehbar ist, daß Änderungen und Präzisierungen notwendig sein werden. Damit ist auch bei Vertragsabschluß klar, daß weitere Verhandlungen zwischen den Vertragspartnern notwendig werden. Diese Vertragsart weist deshalb häufig Anpassungs- und Sicherungsklauseln sowie Regelungen über den Konfliktbeilegungsmechanismus auf. Beispiel für solche Vertragsarten sind langfristige Rahmenlieferverträge, franchise-Verträge oder joint venture-Verträge.

Organisationen sind das institutionelle Arrangement für relationale Verträge. Relationale Verträge sind inhaltlich noch unbestimmter als neoklassische Verträge[82] und beziehen sich im Regelfall auf langfristige Austauschbe-

---

81 Williamson (1991). Hybride Formen sind nicht mit Produktions-Netzwerken gleichzusetzen. Wie beispielsweise Powell (1990) oder Bradach/Eccles (1989) argumentieren, ist das Kennzeichnen von Netzwerken das vertragslose Verhältnis der Mitglieder zueinander. Es besteht kein Kontroll- und Beherrschungsapparat, und Vertrauen der Mitglieder ist die Schlüsselkategorie zum Verständnis der Existenz und des Scheiterns von Netzwerken. Hybride zeichnen sich dagegen durch die Existenz eines spezifischen Herrschafts- und Überwachungssystems aus, das nicht auf der Zugehörigkeit zu einer Organisation basiert.

82 Einen Eindruck von den Problemen der inhaltlichen Bestimmung relationaler Kontrakte gibt MacNeil (1985). Er demonstriert, daß selbst scheinbar eindeutige Zusagen, wie z.B. Gehaltsvereinbarungen, ohne genaue Kontextspezifikationen inhaltlich unbestimmt sind.

ziehungen. Die Austauschbeziehungen sind im Regelfall komplexer Natur und beschränken sich nicht auf einfache Transaktionen. Relationale Verträge bilden nur einen groben Rahmen für Organisation und Ablauf von Transaktionen. Als Muster für diese Vertragsart kann der Arbeitsvertrag gelten, der in wesentlichen Teilen unbestimmt ist. Denn in Arbeitsverträgen wird das Recht auf eine zeitlich begrenzte Nutzung des Arbeitsvermögens erworben und nicht das Ergebnis einer Arbeitsleistung.

Diese drei Vertragsarten sind Bezeichnungen für Abschnitte auf einem Kontinuum. Die zugrunde liegende Dimension ist der Grad der Unbestimmtheit des Vertrages, dem verschiedene institutionelle Arrangements entsprechen. Je unbestimmter ein Vertrag ist, desto größer ist der Anreiz für opportunistische Verhaltensweisen der Vertragspartner. Um opportunistisches Verhalten zu beschränken, können die Instrumente Anreiz und Kontrolle eingesetzt werden. Bei Anreizen werden das opportunistische Verhalten in Rechnung gestellt und die Erfüllung der Vertragsleistung in einen Zusammenhang mit einem Gut - häufig Geld - gestellt. Die Arrangements Markt, Hybride und Organisation zeichnen sich durch eine unterschiedliche Kombination von Anreizen und Verhaltenskontrolle aus und sind mit unterschiedlichen Kosten verbunden. Neben den Kosten für die Etablierung und Nutzung eines institutionellen Arrangements sind es die unterschiedlichen Grade der Anpassungsfähigkeit an unvorhergesehene Umstände und Störungen, die unterschiedliche Folgekosten entstehen lassen.

Märkte zeichnen sich danach durch eine hohe Anreizintensität aus, da eindeutig bestimmte Leistungen direkt gekoppelt sind mit einer im Regelfall geldlichen Gegenleistung. Die Vertragspartner haben ein starkes Interesse daran, ihre eigenen Ressourcen so effizient wie möglich einzusetzen, da dies ihnen unmittelbar zugute kommt. Die gegenseitige Substitutionsfähigkeit steigert das Eigeninteresse noch. Der Preismechanimus ist ein günstiges Instrument für eine effiziente Ressourcenallokation. Die Kosten für Etablierung und Nutzung des Marktes für eindeutig bestimmte Güter sind relativ gering. Anpassungen (an Störungen oder unvorhergesehene Ereignisse) werden von einzelnen Vertragspartnern autonom vollzogen, i.d.R. über eine Veränderung des Preises. Damit ergeben sich geringe Anpassungskosten für einzelne Güter. Märkte besitzen keinen Mechanismus für die effiziente, koordinierte Anpassung unterschiedlicher Faktorenkombinationen. Bei verketteten Transaktio-

---

Relationale Kontrakte zeichnen sich dadurch aus, daß trotz ihrer inhaltlichen Unbestimmtheit i.d.R. keine neutrale Instanz zur Klärung unterschiedlicher Auffassungen eingeschaltet wird.

nen erzeugen Märkte lokale Optima, die aber kein Gesamtoptimum ergeben. Die Merkmale des institutionellen Arrangements Markt geben auch Auskunft darüber, bei welcher Art von Transaktionen sie besonders effizient sind. Märkte sind der passende institutionelle Rahmen für Transaktionen, die sich auf eindeutig bestimmbare Güter beziehen, die nicht mit besonderer Unsicherheit verbunden sind und eine hohe Substitutionsfähigkeit der Güter aufweisen.

Organisationen zeichnen sich im Vergleich zu Märkten durch eine geringe Anreizintensität aus, besitzen dafür aber differenzierte Instrumente zur Verhaltenskontrolle. Da Organisationen durch einen hohen Grad von inhaltlich unbestimmten Verträgen verbunden sind, sind Anreizmechanismen nur begrenzt einsetzbar. Die Erzielung unbestimmter Leistungen läßt sich nur sehr begrenzt mit einem bestimmten Gegenwert (Anreiz) koppeln und die Steuerungsleistung ist gering. Anreize bei unbestimmten Leistungen fördern Mitnahmeeffekte und fordern nachträgliche Verhandlungen, ob, wie und wann die Leistung erreicht ist, heraus. Organisationen besitzen statt dessen Instrumente zur Verhaltenskontrolle (z.B. Anwesenheitskontrolle, Input-Output-Kontrolle), die unerwünschtes Verhalten sanktionieren und so begrenzen. Die weitgehende Unbestimmtheit von Verträgen kann unter Nutzung der Instrumente der Verhaltenskontrolle benutzt werden, um eine koordinierte Anpassung herbeizuführen. Andererseits besitzen Organisationen keine spezifischen Instrumente, um einzelne Störungen oder unvorhergesehene Ereignisse effizient zu bewältigen. Die Kosten für die Etablierung und Nutzung des institutionellen Arrangements sind hoch. Organisationen sind das effizienteste institutionelle Arrangement, wenn es sich bei den Transaktionen um inhaltlich weitgehend unbestimmte Leistungen handelt, eine sehr geringe Substitutionsfähigkeit gegeben ist und die gleichen Transaktionen häufiger wiederholt werden.

Hybridformen (wie franchise-Verträge oder joint ventures) sind langfristige Verträge mit mittlerer Unbestimmtheit, die die rechtliche Selbständigkeit der Vertragspartner nicht berühren. Sie zeichnen sich dadurch aus, daß sie von allem ein wenig haben, ohne in einem Bereich besonders effizient oder mit besonders hohen Kosten verbunden zu sein.[83] Hybride können Anreize setzen, diese sind aber nicht so wirkungsvoll wie Preise auf Märkten. Hybride sind deshalb mit Instrumenten der Verhaltenssteuerung ausgestattet, ohne daß

---

83 Williamson (1991, S.281): "The Hybrid mode is characterized by semistrong incentives, an intermediate degree of adminstrative apparatus, displays semi-strong adaptions of both kinds, and works out of a semi-legalistic contract law regime. As compared with market and hierarchy, which are polar opposites, the hybrid mode is located between the two of these in all five attribute respects".

Umfang und Reichweite dieser Instrumente denen von Organisationen entsprechen. Da die rechtliche Selbständigkeit der Vertragspartner erhalten bleibt, können die Vertragspartner autonom, d.h. ohne Konsultation des Partners auf Störungen reagieren. Die langfristige vertragliche Bindung gestattet zugleich die koordinierte Reaktion. Damit diese Maßnahmen durchgeführt werden können, bedarf es der Etablierung eines begrenzten administrativen Überbaus, der natürlich nicht die Dimensionen erreicht, die notwendig wären, wenn die Transaktionen in einer Organisation stattfinden würden. Hybride sind das institutionelle Arrangement, das dann effizienter als Markt oder Organisation ist, wenn es sich um Leistungen handelt, die einen mittleren Grad inhaltlicher Unbestimmtheit aufweisen und eine mittlere Substitutionsfähigkeit gegeben ist.

5.1. Transaktionskostentheorie: Größe und organisatorische Form

Organisationen haben sich nach den Überlegungen von Coase (1937) und Williamson (1975, 1990) dort herausgebildet, wo sie gegenüber Märkten ökonomische Transaktionen kostengünstiger durchführen konnten. Chandler (1977) greift diese Argumentation auf und versucht zu zeigen, wie die Entstehung moderner Großunternehmen mit diesem Ansatz erklärt werden kann.

Moderne Großunternehmen weisen nach Chandler (1977, S.1f.) zwei Merkmale auf, die sie von ihren Vorläufern unterscheiden. Dies sind zum einen separate Funktionsbereiche (wie Produktion, Forschung und Entwicklung, Einkauf, Vertrieb etc.), die jeweils von einem Vorgesetzten verantwortlich geleitet werden, und zum anderen eine mehrstufige Managementhierarchie zur Koordination und Überwachung der funktionalen Einheiten.

Unternehmen waren bis etwa zur Mitte des 19. Jahrhunderts in der Regel Einfunktionsunternehmen und wurden vom Eigentümer geleitet. Unternehmen konzentrierten sich auf eine ökonomische Funktion, wie die Produktion oder den Vertrieb, und besaßen keine bezahlten Angestellten, die Leitungsaufgaben wahrnahmen. In einem Zeitraum von etwa 60 Jahren setzte sich die moderne Form der Unternehmung durch und wurde in vielen Branchen zur dominierenden Organisationsform.

Die Herausbildung der modernen Form läßt sich als ein Prozeß der vertikalen Integration beschreiben, in dem vor- und nachgelagerte Aufgaben, die ehemals von selbständigen Kleinunternehmen wahrgenommen wurden, in die Organisation hineinverlagert wurden. Nach der Transaktionskostentheorie wurde diese Integration dort vorgenommen, wo die Koordinierung von

Transaktionen in Organisationen vorteilhafter war als die Koordination über Märkte.

Aus dieser historischen Beschreibung der Entwicklung zum modernen Großunternehmen leitet Chandler die Frage ab, welche Faktoren dafür verantwortlich waren, daß sich innerhalb eines relativ kurzen Zeitraums die Bedingungen für die Höhe der Transaktionskosten von Organisationen so sehr verändert hatten, daß ein neuer Typus von Organisationen entstehen und sich durchsetzen konnte.

Die deutliche Reduzierung der Transaktionskosten von Organisationen führt Chandler auf zwei Innovationen zurück. Diese sind die Wahrnehmung von Leitungsfunktionen durch bezahlte Angestellte und die Etablierung einer Hierarchie. Analog zu Weber werden die Vorteile eines unpersönlichen etablierten Regelwerks, in dem Aufgaben, Kompetenzen und Verfahren festgelegt werden, gegenüber personalen Herrschaftsformen betont. Auch wenn ein solches Regelwerk nicht vollständig sein kann, ist es doch ein wirksameres Instrument, um opportunistisches Verhalten zu begrenzen, als personengebundene Kontrollformen. Zudem senkt es den Informationsbedarf und die Informationsunsicherheit. Die Schaffung eines solchen Regelwerks ist zugleich die Voraussetzung für die Wahrnehmung von Leitungsaufgaben durch bezahlte Mitarbeiter. Hierarchie ist eine Form der begrenzten Dezentralisierung gegenüber personalen Kontrollsystemen. Die Etablierung von Hierarchie ermöglicht zudem die sukzessive Optimierung des gesamten ökonomischen Prozesses von der Beschaffung bis zum Verkauf des fertigen Produktes durch die Standardisierung von Gütern und Dienstleistungen. Durch die Kombination von Hierarchie und bezahlten Angestellten mit Leitungsfunktionen konnten nach Chandler sowohl die Transaktionskosten als auch die Produktionskosten gesenkt werden.

Die kostensenkenden Vorteile der Hierarchie bedürfen gewisser Voraussetzungen, um wirksam werden zu können. Da die Etablierung von Hierarchie mit einem hohen Anteil relativ starrer Kosten verbunden ist, sinken diese erst bei relativ hoher Wiederholhäufigkeit. Diese ist nur in ausreichend großen Märkten zu erzielen. Hohe Wiederholhäufigkeit beinhaltet auch eine zeitliche Dimension. Erst eine Beschleunigung der Produktionsprozesse durch technologische Innovationen (z.B. im Kommunikationswesen und im Transportbereich) ließ eine interne Koordination vorteilhaft werden.

Chandler (1977) illustriert seine Überlegung mit einer historischen Analyse und zeigt dabei auf, daß der Prozeß der Hierarchiebildung, des Einsatzes von Managern und der Integration von Funktionen in Unternehmen kein vollkommen rational geplanter Prozeß war, sondern vielmehr mit Brüchen, Sackgassen und Fehlversuchen behaftet war.[84] Deutlich wird in seinen Analysen auch, daß der ausschlaggebende Faktor für die Integration von Funktionen in ein Unternehmen nicht das Wachstum und damit die Größe ist, sondern die Bewältigung des Wachstums. Viele Unternehmen scheiterten mit ihren Integrationsversuchen, weil sie die Komplexität der organisationsinternen Prozesse mit ihren organisatorischen Strukturen nicht bewältigen konnten.

Mit Chandler (1977) werden neue Aspekte in die Transaktionskostentheorie eingeführt.[85] Die Höhe der Transaktionskosten ist über die Zeit nicht stabil und die Höhe der Transaktionkosten für das institutionelle Arrangement Organisation hängt ganz entscheidend von seiner internen Strukturierung ab. Chandler unterscheidet zwischen den Voraussetzungen, die eine Entwicklung erst möglich gemacht haben, und den mehr oder minder gelungenen Versuchen von Unternehmen, diese Voraussetzungen zu nutzen. Voraussetzungen für das Wachstum von Organisationen sind beispielsweise Marktvolumen, technologische Innovationen und organisatorische Strukturierung. Größe ist in der Chandlerschen Sicht eine Dimension, die an externe Voraussetzungen gebunden und zugleich Voraussetzung für interne Prozesse ist. Größe selbst bietet nur verschiedene Optionen der Bewältigung von Koordinierungs- und Beherrschungsaufgaben. Dabei erweisen sich manche Formen als effektiver als andere. Die maximale Größe einer Organisation hängt so davon ab, ob externe Faktoren gegeben sind, die ein Wachstum ermöglichen und ob die Form der internen Strukturierung dieses Wachstum bewältigen kann.

Chandler (1962, 1977) und systematischer Williamson (1990) behandeln noch einen weiteren Aspekt. Für das Wachstum von Organisationen und damit für die Größe ist es wichtig, welche Verbindungen zwischen den integrierten Transaktionen bestehen. Organisationen können ja nicht nur vor- und nachgelagerte Funktionen des Produktionsprozesses integrieren, sie können auch diversifizieren. Damit bestehen unterschiedliche Optionen, wie organisatorische Strukturen definiert werden können. Williamson unterscheidet drei Formen der Integration: U-Form (unitary, vertikale), M-Form (multidivisionale), H-Form (holding).

---

84 Daß auch die Einführung technischer Innovationen dem gleichen Muster folgt, zeigen beispielsweise Hildebrandt/Seltz (1989); Ortmann u.a. (1990) und Bergmann u.a. (1986).

85 Die allerdings nicht systematisch von Williamson (1990) beachtet werden. Williamson (1990, S.341ff.) stellt fest, daß obwohl die Transaktionskostentheorie viele Hinweise auf Fragestellungen der Organisationsforschung bietet, eine systematische Anwendung transaktionskostentheoretischer Überlegungen auf interne Strukturierungsprozesse von Organisationen noch nicht existiert.

Die U-Form, oder auch Einheitsform, bezeichnet eine rein organisatorische Aufbaugliederung nach Funktionsbereichen mit festen Kompetenzabgrenzungen und einem hierarchischen System der Über- und Unterordnung. Die H-Form, oder auch Holdingform, bezeichnet eine organisatorische Aufbaugliederung, bei der die einzelnen Unternehmensteile in fast allen Entscheidungsbereichen über ein hohes Maß an Autonomie verfügen. Die Kapitalverflechtung hat nur geringe Auswirkungen auf die organisatorische Gliederung. Die Einflußnahme der Holdinggesellschaft auf abhängige Gesellschaften beschränkt sich in der Regel auf die Auswahl des Führungspersonals. Die M-Form, oder auch multidivisionale Form, bezeichnet eine organisatorische Aufbaugliederung, bei der Divisionen anhand von Kriterien, wie Produkte, Kunden oder Regionen gebildet werden. Innerhalb der einzelnen Divisionen findet eine Aufbaugliederung nach Funktionsbereichen statt. Die Zentrale übernimmt Koordinierungs- und Überwachungsfunktionen.

Obwohl alle drei Formen zum institutionellen Arrangement Organisation zugerechnet werden, liegt der Hauptunterschied zwischen ihnen in dem Verhältnis von Steuerungsfähigkeit und Transaktionskosten. Ähnlich wie sich die institutionellen Arrangements Markt, Hybrid und Organisation durch unterschiedliche Grade der Fähigkeit zur Steuerung über Anreize und/oder über Verhaltenskontrolle, der Fähigkeiten, autonom auf Störungen zu reagieren und/oder koordinierte Steuerung von verketteten Transaktionen vorzunehmen, und des Umfangs der Kosten für die Etablierung der Kontroll- und Überwachungsmechanismen unterscheiden, existieren auf den gleichen Dimensionen Unterschiede zwischen einzelnen Formen eines institutionellen Arrangements. Die Holdingform weist innerhalb des Typus Organisation die größte relative Ähnlichkeit mit Märkten auf. Die U-Form (die Einheitsform) entspricht innerhalb des Typus Organisation am ehesten dem institutionellen Arrangement Organisation, während die M-Form Ähnlichkeiten mit dem Typus Arrangement aufweist. Es handelt sich dabei um relative Bewertungen der Form der Aufbaugliederung innerhalb des Typs Organisation, d.h. innerhalb des Typus Organisation zeichnet sich die U-Form durch geringere Anreizwirkungen, ein höheres Maß an Verhaltenssteuerung, geringere Anpassungsfähigkeit an einzelne Störungen, höhere Steuerungsfähigkeit verketteter Transaktionen und höhere Kosten zur Etablierung eines Überwachungs- und Beherrschungssystems als die M-Form oder die H-Form aus. Die H-Form wiederum kann höhere Anreizsteuerungen erbringen, weist eine geringeres Maß an Verhaltenssteuerung auf, kann besser auf einzelne Störungen reagieren, hat größere Probleme bei der Koordinierung verketteter Transaktionen, und weist relativ geringere Kosten zur Etablierung eines Herrschafts- und Überwachungssystem auf als die U-Form oder die M-Form. Die M-Form weist im Vergleich zur H-Form und zur U-Form jeweils ein mittleres Maß an Fähigkeiten und Kosten auf.

Wie bei den institutionellen Arrangements Markt, Hybrid und Organisation, liegen die unterschiedlichen Vor- und Nachteile der einzelnen Formen der organisatorischen Gliederung in der unterschiedlichen Fähigkeit, opportunistisches Verhalten zu begrenzen. Dadurch verändert sich auch die Höhe der dafür aufzuwendenden Kosten. Historisch betrachtet zeigen sich schon in den 20er Jahren Grenzen des Wachstums für die U-Form. Eine weitere vertikale Integration als zum damaligen Zeitpunkt erwies sich als zu aufwendig. Mit zunehmender vertikaler Integration von Funktionen steigerten sich die Anforderungen an Umfang und Detailliertheit des Beherrschungs- und Überwachungssystems so stark, daß keine Einsparung von Transaktionskosten durch weitere Integrationsmaßnahmen mehr erzielt werden konnte. Bei der Holdingform zeigte sich ein anderes Problem. Zwar waren hier die Kosten für die Etablierung eines Herrschafts- und Überwachungssystems vergleichsweise gering, aber hier zeigten sich etwa zum gleichen Zeitpunkt die Grenzen der Steuerungsfähigkeit. Eben weil kein kostspieliger Überwachungsapparat aufgebaut wurde und die Steuerung vorwiegend über Anreizmechanismen vorgenommen wurde, diese Mechanismen aber innerhalb von Organisationen nur begrenzt wirksam sind, war trotz der geringeren Kosten die Grenze erreicht, bei der weitere Transaktionen effizient in eine Organisation hineinverlagert werden konnten, weil die Koordinierungsfähigkeit verketteter Transaktionen ausgeschöpft war. Die Erfindung der divisionalen Aufbaugliederung in den 20er Jahren war das Resultat dieser Grenzen des Wachstums für beide Formen der organisatorischen Aufbaugliederung. Die Zurücknahme des Kontroll- und Überwachungsapparats, also eine begrenzte Dezentralisierung gekoppelt mit der Schaffung eines Anreizsystems, erlaubt eine Senkung der Transaktionskosten im Vergleich zur U-Form und zeigt eine höhere Steuerungsleistung als die Holdingform.

Die Grenzen des Wachstums für die U-Form und die H-Form sind nicht statisch, sondern können massiv durch externe Einflüsse verändert werden. Williamson (1990, S.150ff.) ist in bezug auf die maximale Größe eines Unternehmens nicht eindeutig. Er argumentiert, daß mit der Integration von Transaktionen in Organisationen die Bedeutung selektiver Anreize von Märkten gemindert wird und daß daraus Wachstumsgrenzen für Unternehmen entstehen. Williamson (1990, S.154) stellt aber zugleich fest: "Wenn die Menge der zu organisierenden Tätigkeiten konstant gehalten wird und wenn das Unternehmen selektiv intervenieren kann, so hält die Behauptung der

Unterlegenheit der Hierarchie gegenüber einer Gruppe kleiner Unternehmen einer kritischen Überprüfung nicht stand".[86]

Die von Williamson benannten Dimensionen von institutionellen Arrangements lassen ein Universum verschiedenster Ausprägungen zu. Die definierten institutionellen Arrangements Markt, Hybrid und Organisation sind holzschnittartige Vereinfachungen, die wiederum ein Spektrum unterschiedlicher Ausgestaltung erfahren können. Nach Williamson ist das Wesentliche der Transaktionskostentheorie die Bestimmung der Dimensionen von Transaktionen und von institutionellen Arrangements sowie die Beschreibung der Mechanismen zwischen diesen Dimensionen.

5.2. Kritische Anmerkungen zur Transaktionskostentheorie

Die vorliegenden Beiträge zur Entwicklung und Ausformulierung der Transaktionskostentheorie sind noch höchst unvollständig (Williamson 1990, S.328ff.) und bieten Anlaß für zahlreiche Kritik.

Die wichtigsten Kritikpunkte sind nach Ebers/Gotsch (1993, S.236) [87]:

- Ausblendung von Macht,
- enge Verhaltensannahmen,
- Ausblendung von relevanten Rahmenbedingungen für institutionelle Arrangements,
- mangelnde Berücksichtigung der Produktionskosten.

Die Ausblendung von Macht durch Williamson ist ähnlich wie bei March (1990c) keine theoretische Zwangsläufigkeit. Beide scheuen davor zurück, Macht explizit in das Theoriemodell aufzunehmen, weil sie durch die Einführung keine Erweiterung der inhaltlichen Aussagen erwarten. March und Williamson/Ouchi (1981) befürchten, daß Macht zu einer inhaltsleeren Restkategorie wird, die immer dann eingeführt wird, wenn die Grenzen der Aussagefähigkeit des Theoriemodells erreicht werden. Prinzipiell ist aber die Transaktionskostentheorie mit Machtansätzen in der Fassung von Cro-

---

86 Daß in Unternehmen, insbesondere in Großunternehmen, Strategien zur selektiven Intervention entwickelt werden, zeigt Eccles (1985).

87 Williamson selbst (1990, S.327) nennt drei Arten von Mängeln: "Die Transaktionskostentheorie ist unausgefeilt, sie neigt zu übertriebenem Instrumentalismus, und sie ist nicht vollständig".

zier/Friedberg (1979) kompatibel.[88] Beide Konzeptionen gehen davon aus, daß es keine vollständig vorstrukturierten Situationen gibt. In der Terminologie der Transaktionskostenanalyse ist der entsprechende Begriff die prinzipielle Unvollständigkeit von Verträgen, während Crozier/Friedberg den nichtstrukturierten Teil einer Situation als Ungewißheitszone bezeichnen. Daß Ungewißheitszonen unterschiedlich groß sein können, wird auch von Williamson anerkannt. Die inhaltlich entsprechende Dimension sind die unterschiedlichen Grade von Unvollständigkeit von Verträgen. Was allerdings in der Transaktionskostentheorie fehlt, ist die ausführliche Behandlung der Problematik, daß innerhalb eines institutionellen Arrangements sehr unterschiedliche Grade von Unvollständigkeit von Verträgen vorkommen können und welche Konsequenzen dies für institutionelle Arrangements hat. M.E. ist die Vernachlässigung von Macht eine Konsequenz der Unvollständigkeit der Transaktionskostentheorie und kein prinzipieller Mangel.

Die engen Verhaltensannahmen stehen in einem unmittelbaren Zusammenhang mit der Ausblendung der institutionellen Umwelt. Zentrale Verhaltensannahmen sind die begrenzte subjektive Rationalität und opportunistisches Verhalten. Die ganze Argumentation baut darauf auf, daß die beschriebenen institutionellen Arrangements notwendig sind, um die Auswirkungen dieser Verhaltensweisen zu begrenzen. Gerade die international vergleichende Organisationsforschung, aber auch Beiträge aus dem Umfeld der institutionellen Netzwerkforschung sowie einzelne industriesoziologische Arbeiten[89] zeigen, daß auch andere Mechanismen, wie z.B. kulturell geprägte soziale Normen, Einbindung in verwandtschaftliche Beziehungen, opportunistisches Verhalten, wirkungsvoll begrenzen können. Damit können auch andere institutionelle Arrangements als die von Williamson beschriebenen eine kostengünstige Abwicklung von Transaktionen ermöglichen.

Ähnlich wie beim Machtbegriff wird die Einbeziehung institutioneller Rahmenbedingungen weniger als theoretisches Problem gesehen, sondern vielmehr als ein Problem der Operationalisierung. Wenn die Einbringung institutioneller Rahmenbedingungen inhaltlich sinnvolle Aussagen ergibt und nicht zu einer Restkategorie für nicht erklärte Effekte werden soll, müssen die relevanten Dimensionen institutioneller Rahmenbedingungen bestimmt und der Mechanismus aufgezeigt werden, wie Veränderungen in den Ausprägungen der Dimensionen ihrerseits Veränderungen in institutionellen Arrangements erzeugen. Williamson (1991) hat einen ersten Vorschlag entwickelt,

---

88 Beide greifen auf die Überlegungen in verhaltenstheoretischen Konzepten zurück.
89 z.B. Del Monte (1992), Powell (1990), Lazerson (1988), Heidenreich/Schmidt (1991), Hildebrandt/Seltz (1989), Lutz/Veltz (1989).

wie einzelne Dimensionen der institutionellen Umwelt in der Transaktionskostentheorie berücksichtigt werden könnten.

Die in neoklassischen ökonomischen Ansätzen vernachlässigten Transaktionskosten stehen im Mittelpunkt der Transaktionskostentheorie. Die Bedeutung der unterschiedlichen Höhe von Produktionskosten, gerade im Zusammenhang mit der Integration von Transaktionen in Unternehmen, wird zwar prinzipiell anerkannt, aber in der weiteren Analyse nicht berücksichtigt. D.h. die Fragen, welche Konsequenzen sich für das institutionelle Arrangement aus unterschiedlichen Produktionskostenvor- und -nachteilen bei der Integration von Transaktionen ergeben und welche Beziehungen zwischen Produktions- und Transaktionkosten bestehen, bleiben unbehandelt.

5.3 Fazit

Mit der Darstellung einiger Elemente der Transaktionskostentheorie sind nun die wesentlichen Elemente abgehandelt, die eine Skizzierung der Beziehungen und Wechselwirkungen von organisationsexternen Faktoren, Größe und Arbeitsorganisation ermöglichen sollen. Hervorzuheben ist, daß die Argumentationsstruktur der Transaktionskostentheorie in Teilen bemerkenswerte Ähnlichkeiten mit den vorher kurz dargestellten Ansätzen zeigt. Ähnlichkeiten ergeben sich mit der klassischen Industriesoziologie, der Bürokratietheorie, der Theorie der formalen Differenzierung, einigen Überlegungen der Populationsökologie bzw. der Populationsevolution, der Umwelt- und der Technologieschule, der Kontingenztheorie und natürlich dem verhaltenstheoretischen Ansatz, auf den die modernere Fassung der Transaktionskostentheorie ausdrücklich rekurriert. Im folgenden soll deshalb ein Zwischenfazit der bisherigen Ausführungen anhand der Argumentationsstruktur der Transaktionskostentheorie erfolgen, um mögliche Verbindungen, aber auch Differenzen, deutlich werden zu lassen.

In transaktionskostentheoretischer Sicht beruhen der Sinn und die Effizienz von Organisationen auf dem Schutz vor Unsicherheit. Die Quellen von Unsicherheit für Organisationen sind praktisch alle Personen und Institutionen, mit denen sie eine Austauschbeziehung eingehen, sei es nun innerhalb oder ausserhalb von Organisationen. Welche Arten von Schutzmechanismen notwendig sind, hängt davon ab, wie leicht ein Gut, eine Dienstleistung, ein Verfahren oder eine Person substituierbar ist. Bei leicht substituierbaren Gütern, Dienstleistungen, Verfahren oder Personen ist der Schutzmechanismus die Beendigung bzw. die Drohung mit der Beendigung der Austauschbeziehung.

Komplizierter wird der Sachverhalt, wenn die Drohung mit der Beendigung der Austauschbeziehung an Glaubwürdigkeit verliert, weil die tatsächliche Beendigung mit Kosten verbunden ist. Zunächst sei aus Gründen der Vereinfachung angenommen, daß es sich um eine Austauschbeziehung mit einem organisationsexternen Partner handelt. Die Organisation ist, wenn es sich nicht um leicht substituierbare Güter handelt, bis zu einem gewissen Grad erpreßbar geworden, unabhängig davon, ob tatsächlich eine Erpressung stattfindet. Anders ausgedrückt, bei nicht leicht substituierbaren Ressourcen sind die Möglichkeiten, opportunistisches Verhalten zu sanktionieren, begrenzt, auch wenn im Moment noch kein opportunistisches Verhalten des Austauschpartners vorliegt. Eine Möglichkeit, um wieder Sanktionsmöglichkeiten entwickeln zu können, ist die Veränderung der Natur der Austauschbeziehung. Das vorher extern erstellte Gut (oder die Dienstleistung) wird nun intern erstellt. Integration von Austauschbeziehungen ist aber noch kein ausreichender Schutz vor opportunistischem Verhalten. Integration wird dann zum Schutz, wenn damit die Substitutionsfähigkeit wiederhergestellt werden kann. Ein Instrument, um diese Substitutionsfähigkeit herzustellen, ist die Definition von Verfahrensregeln. Mit der Definition von Verfahrensregeln verbunden ist die weitgehende Personenunabhängigkeit. Damit besteht eine Verbindung zu Webers Bürokratietheorie, die als wesentliches Element die Definition von eindeutigen, personenunabhängigen Regeln beinhaltet.

Der von Weber beschriebene Trend zu immer rationaleren Formen der Herrschaft wird in der transaktionskostentheoretischen und in der verhaltenstheoretischen Sicht aber nicht als auf einer umfassenden individuellen Rationalität beruhend, sondern als ein Schutzmechanismus für begrenzte subjektive Rationalität beschrieben. Mit der Definition von Regeln wird bei individuellem opportunistischen Verhalten innerhalb einer Organisation die Beendigung der Austauschbeziehung wieder eine glaubwürdige Sanktion. Die Definition von Verfahrensregeln allein ist aber nicht ausreichend. Hinzu kommen muß eine Form der Überwachung der Verfahrensregeln. Der Umfang der Definition von Verfahrensregeln und der Umfang der Kontrolle sind aber nicht konstant.

Hier kommt es nun zu einem komplexen Wechselspiel zwischen Größe, Technologie und Kontrolle. Wie die Transaktionskostentheorie betont, sind ein steigender Umfang und ein größerer Grad an Exaktheit von Kontrolle mit zusätzlichen Kosten verbunden, die aber um so geringer sind, je öfter die gleiche Transaktion wiederholt wird. Damit ist eine Verbindung zur Theorie formaler Differenzierung hergestellt. Diese sieht ja einen Zusammenhang zwischen der Zahl gleichartiger Aufgaben, sprich Stellen, und den Kosten eines Überwachungssystems, das bei Blau und Blau/Schoenherr als administrative Komponente bezeichnet wird. Beide argumentieren zunächst analog. 'Je mehr gleiche Transaktionen, desto geringer sind die anteiligen Kosten für Überwachung' deckt sich ja weitgehend mit der Aussage 'je mehr gleiche Stellen, desto kleiner ist anteilmäßig die administrative Komponente'. Während die Theorie formaler Differenzierung dies als nicht begrenzte Tendenz begreift, sieht die Transaktionskostentheorie zumindest vorläufig ökonomische Grenzen der Kontrolle. Wann diese ökonomischen Grenzen der Kontrolle erreicht werden, hängt u.a. von der Aufbaugliederung der Organisation ab.[90] Die Transaktionskostentheorie führt so einen Aspekt ein, der von Blau und Blau/Schoenherr nicht differenziert behandelt wird. Differenzierung nach Funktionsbereichen oder Divisionalisierung nach Produkten, Kunden oder Regionen werden von der Theorie der formalen Differenzierung weitgehend gleich behandelt, während diese Unterscheidung für die Bestimmung von Transaktionskosten relevant ist, weil unterschiedliche Aufbaustrukturen andere Formen von Kontrolle ermöglichen.

Wie die Entwicklung von der Bürokratietheorie zur Kontingenztheorie zeigt, gibt es die bürokratische Form, wie im Transaktionskostenansatz[91] unterstellt, nicht. Unternehmen können sehr unterschiedliche Grade von Bürokratisierung aufweisen, und zwar unabhängig von der Gliederung des organisatorischen Aufbaus. Welche Zusammenhänge zwischen unterschiedlichen Bürokratiegraden und -formen einerseits und Transaktionskostenvor- und -nachteilen andererseits bestehen, ist weitgehend unbestimmt.

Ein wesentlicher Baustein auf dem Weg zum Verständnis zwischen Form und Transaktionskosten ist m.E. die Berücksichtigung der Tatsache, daß ein Beherrschungs- und Überwachungssystem in Organisationen nicht nur auf Büro-

---

90 Wie Williamson (1990, S.330f.) anmerkt, sind die transaktionskostentheoretischen Überlegungen zu den Grenzen der Leistungsfähigkeit von Organisationen noch unvollständig: "Im Vergleich mit der Literatur zum Marktversagen ist die Analyse des Bürokratieversagens sehr primitiv. Welchen Einflüssen und Verzerrungen ist die Unternehmensorganisation ausgesetzt? Wie entstehen diese? Inwieweit wechseln sie mit der Organisationsform? Wenn ein ausreichendes Verständnis ökonomischer Organisationen entwickelt werden soll, muß diesen Fragen mehr Aufmerksamkeit geschenkt werden."

91 In den Fassungen von Williamson (1975) und (1990) nicht. Wie gezeigt, sind bei Chandler (1977) durchaus Hinweise auf interne Strukturierungsprozesse vorhanden, die von Transaktionskosten beeinflußt werden. Williamson (1990, S.342) ist sich dieses Mangels bewußt und erwartet, daß die Anwendung von transaktionskostentheoretischen Überlegungen durch Organisationsforscher eine Bereicherung sowohl für die Organisationstheorie als auch für die Transaktionskostentheorie darstellt. "Es wäre gewiß eine Bereicherung der Transaktionskostenanalyse für ihre Zwecke zu erwarten, wenn sie die Transaktionskostenanalyse für ihre Zwecke einspannte, ausarbeitete und abgrenzte. Vorteile würden aber auch in der umgekehrten Richtung anfallen. Die Transaktionskostenanalyse kann von einer Zufuhr größeren Gehalts nur profitieren" (Williamson 1990, S.342).

kratie oder Taylorismus beruhen muß. Wie z.B. Reeves/Woodward aber auch Manske ausführen, können innerhalb der gleichen Form der Aufbaugliederung [92] unterschiedliche Kontrollsysteme etabliert werden,[93] die mit unterschiedlich hohen Kosten verbunden sind. Verhaltenskontrolle ist nicht nur als personale oder administrative Kontrolle denkbar, sondern auch als Kontrolle von In- und Outputfaktoren. Theoretisch ist die Argumentation mit dem Transaktionskostenansatz kompatibel. Dabei macht sich die von Williamson (1990, S.330) zugestandene Unvollständigkeit der Transaktionskostentheorie, insbesondere das Fehlen einer Theorie zu internen Strukturierungsprozessen, bemerkbar.

Technologie ist, wie in Kapitel 4 gezeigt, ein Faktor, der im wesentlichen auf Seriengröße beruht. Seriengröße ist aber wiederum nur ein weiterer Indikator für die Häufigkeit, mit der gleichartige Transaktionen anfallen. Für den Umfang gleicher Transaktionen gibt es somit zumindest zwei Indikatoren, nämlich Seriengröße und Unternehmensgröße. Beide sind allerdings nur ziemlich grobe Indikatoren.

Bei der Unternehmensgröße steigt mit zunehmender Größe die Wahrscheinlichkeit, daß eine identische Transaktion schon vorhanden ist. Eine hohe Seriengröße erhöht diese Wahrscheinlichkeit. Eine einfache Übertragung dieser Aussage auf kleine und mittlere Serien ist nicht möglich. Modularisierung ermöglicht auch bei kleineren und mittleren Serien die Schaffung eines wesentlich höheren Anteils gleicher Transaktionen. D.h. bei kleineren und mittleren Serien hängt es vom Grad der Modularisierung ab, ob die Wahrscheinlichkeit des Auftretens identischer Transaktionen verstärkt wird.

Sowohl Seriengröße als auch Unternehmensgröße sind Faktoren, die den Grad der Unsicherheit beeinflussen. Um Unsicherheit zu vermindern, können unterschiedliche Kontrollsysteme eingesetzt werden, deren Etablierung mit unterschiedlichen Kosten verbunden sind. Die Kosten von Kontrollsystemen bestehen aus fixen und variablen Anteilen, wobei die Mischungsverhältnisse variieren. Da Unternehmensgröße neben allem anderen auch ein Indikator für vergangenen Erfolg ist, haben größere Unternehmen eher die Ressourcen, um Kontrollsysteme mit einen höheren Anteil fixer Kosten zu etablieren.

Die Populationsökologie und implizit die Theorie der formalen Differenzierung, aber auch die Verhaltenstheorie, postulieren Zusammenhänge zwischen

---

92 Nach den Beschreibungen der untersuchten Fälle, sowohl bei Reeves/Woodward als auch bei Manske, müßte es sich dabei im Regelfall um die U-Form handeln.
93 Manske (1991, S.154ff.) zeigt in einer Übersicht, daß in 12 untersuchten Maschinenbaubetrieben 12 unterschiedliche Kontrollsysteme für Mitarbeiter in der Werkstatt existierten.

der ökonomischen Situation eines Unternehmens und der internen Strukturierung. Die Populationsökologie liefert Indizien dafür, daß Prosperitätsphasen andere Anforderungen an Unternehmen stellen als Stagnations- oder Depressionsphasen, d.h., unterschiedliche Unternehmensformen, aber auch unterschiedliche Unternehmensgrößen, haben einen Einfluß darauf, wie gut Wachstumschancen, aber auch Schrumpfungsprozesse, überstanden werden. Auch dieser Aspekt wird bisher in der Transaktionskostentheorie nicht berücksichtigt, obwohl sich eine mögliche Verbindung skizzieren läßt.

Prosperitäts- und Depressionsphasen lassen sich kennzeichnen als Phasen, in denen sich das Ausmaß der Unsicherheit bei verschiedenen Transaktionen ändert. Prosperitätsphasen verringern die Unsicherheit von Transaktionen, die direkt mit dem Absatz verbunden sind, während sich die Unsicherheit für interne Transaktionen erhöht. Prosperität verringert die Substitutionsfähigkeit einzelner Transaktionen, weil die für die Produktion benötigten Güter knapper werden. Damit wird die Wirkung der Sanktionsdrohung für opportunistisches Verhalten innerhalb der Organisation abgeschwächt. Depressionsphasen erhöhen die Unsicherheit von Transaktionen, die direkt mit dem Absatz verbunden sind, und verringern die Unsicherheit interner Transaktionen. Da Größe auch ein Maß für den Umfang integrierter Transaktionen ist, steigt in Prosperitätsphasen der Grad der Unsicherheit interner Transaktionen in Großunternehmen stärker als in kleineren Unternehmen.

Damit ließe sich eine Verbindung zwischen dem 'organizational slack' der Verhaltenstheorie, Größe, Wachstum und Transaktionskosten herstellen. Die Wirksamkeit des Kontrollsystems in einer Organisation ist nach dieser Überlegung abhängig von der Prosperität. 'Organizational slack' - der ja zu Zeiten relativer Prosperität größer ist als in Depressionphasen - ließe sich begreifen als Ergebnis gestiegener interner Unsicherheit. Die Abnahme des Umfangs des 'organizational slack' in Depressionsphasen wäre dementsprechend eine Folge verringerter Unsicherheit. Weiterhin bietet sich so eine Erklärung an, warum 'organizational slack' in Großunternehmen ausgeprägter ist als in kleineren.

Unterschiedliche Kontrollsysteme, unterschiedliche Wirksamkeit von Kontrollsystemen und auch Machtphänomene sind nur dann mit dem Instrumentarium der Transaktionskostenanalyse umfassend zu behandeln, wenn die Fiktion aufgegeben wird, daß innerhalb eines institutionellen Arrangements alle Transaktionen mit dem gleichen Grad von Unsicherheit ausgestattet sind.

Damit ist nicht unbedingt die Aufgabe einer (nicht notwendigen) Prämisse des Ansatzes verbunden. Williamson unterstellt weniger aus theoretischen, eher aus pragmatischen Gründen Risikoneutralität, d.h. alle Transaktionspartner zeigen die gleiche Risikobereitschaft. Auch bei gleicher Risikobereitschaft ist aber die Annahme, daß alle Transaktionspartner das gleiche Risiko tragen, nicht gerechtfertigt. Unterschiedliche Ausmaße des Risikos ergeben auch bei gleicher Risikobereitschaft unterschiedliche Grade von Unsicherheit. Die Annahme gleichen Risikos der Transaktionspartner mag aus Gründen der Vereinfachung für die Beschreibung von Transaktionen auf Märkten zulässig sein. Die Übertragung dieser Annahme auf Organisationen ist dagegen höchst fragwürdig und inkonsequent. Ein wesentliches Merkmal einer Transaktion ist nach Williamson die Faktorspezifität, die sich mit Substitutionsfähigkeit umschreiben läßt. Je geringer die Substitutionsfähigkeit, desto höher sind die Risiken opportunistischen Verhaltens. Zur Begrenzung des opportunistischen Verhaltens wird ein Regelwerk etabliert und seine Einhaltung kontrolliert. Wie jeder Vertrag ist auch dieses Regelwerk unvollständig. Zum einen ist es wenig plausibel, daß der Grad der Vollständigkeit über alle Stellen hinweg gleich ist. Zum anderen ist Substitutionsfähigkeit nicht nur auf die prinzipielle Ersetzbarkeit beschränkt, sondern, wie Williamson argumentiert, mit den Kosten, die eine Ersetzung mit sich bringt. Die Kosten sind natürlich auch abhängig von der Verfügbarkeit von Bewerbern, um eine bestehende Funktion auszufüllen. Je geringer die Zahl verfügbarer Bewerber, desto höher sind die Substitutionskosten. Mit der argumentativen Grundstruktur des Transaktionskostenansatzes sind also unterschiedliche Risiken opportunistischen Verhaltens innerhalb von Organisationen durchaus vereinbar.

6. Koordination und Kontrolle oder Macht und Herrschaft

6.1. Das Grundmodell des Ressourcenpools

Zum besseren Verständnis der komplexen Beziehungen zwischen externen Faktoren, Größe, interner Strukturierung und dem Problem der Koordination und Kontrolle folgt nun ein kurzer Exkurs über den Organisationsbegriff und die Steuerung von Verhalten in Organisationen. Dabei wird auf Colemans Modell der Ressourcenzusammenlegung und seine Definition von modernen Organisationen als 'korporativer Akteur' zurückgegriffen.[94] Dieser Ansatz wurde gewählt, weil er zu verhaltenstheoretischen Ansätzen und zur Transaktionskostentheorie kompatibel ist, und Kernaussagen aus kontingenztheoretischen Ansätzen sowie der Theorie der formalen Differenzierung rekonstruierbar sind. Auch inhaltliche Aussagen aus dem populationsökologischen Umfeld können, wenn zum Teil auch mit einer anderen Argumentation, übernommen werden. Die Charakterisierung von modernen Organisationen als Ressourcenpool ermöglicht sowohl die Einbeziehung von Akteuren als auch die Behandlung von Strukturen mit der gleichen Argumentation, da Strukturen als wesentliche Rahmenbedingungen des Handelns individueller Akteure betrachtet werden, die systematisch individuelle Nutzenkalküle beeinflussen. Die Analyse der Beziehungen zwischen Organisationen als korporative Ak-

---

94 Zum 'rational choice'-Ansatz vgl. z.B. Coleman/Fararo (1992). Beiträge zu Colemans 'Foundations of Social Theory' finden sich in Ausgabe 2/1992 von Analyse und Kritik. Statt einer Diskussion, ob 'rational choice'-Ansätze geeignet sind, auch eher klassisch strukturalistische Fragestellungen anzugehen (so z.B. die Kritik von Hannan 1992), wird hier versucht, aufbauend auf der grundlegenden Konzeption von Coleman eine Vorstellung zu entwickeln, welche Konsequenzen Größenveränderungen für die Gestaltung der Aufbau- und Ablauforganisation haben können.

teure und Mitgliedern von Organisationen wird durch die Idee des Ressourcenpools möglich, ohne daß die scharfe Grenzziehung zwischen Organisation und Umwelt aufgehoben werden muß.

Coleman (1979/1990) hat demonstriert, daß häufig benannte Merkmale von Organisationen, wie Zielgerichtetheit oder Hierarchie, keine hinreichende Beschreibung von modernen Organisationen ermöglichen.[95]

Das wesentliche Merkmal moderner Organisationen ist die Entwicklung von Gemeinschaften, Gruppen, Institutionen zu juristischen Personen und damit zu korporativen Akteuren (corporate actors). Erst die Unterscheidung zwischen natürlichen und juristischen Personen ermöglichte die Entstehung moderner Organisationen. Juristische Personen können Rechte und Pflichten wie natürliche Personen besitzen, benötigen aber keine physische Entsprechung. Damit war die Voraussetzung geschaffen, daß Organisationen und nicht Personen handeln können. Erst die Erfindung der Rechtsfigur der juristischen Person ermöglichte eine Trennung zwischen Person und Funktion oder Amt. Mit dem Konzept der juristischen Person sind zwei Grundelemente verbunden, die moderne Organisationen ausmachen: Die Unabhängigkeit der Organisation von der Person und die Unabhängigkeit der Person von der Organisation.[96]

Kollektive, zielgerichtete Aktionen mehrerer Personen können in ihrer Gesamtheit als Form der Ressourcenzusammenlegung bezeichnet werden. "Der Ressourcenbegriff hat in diesem Zusammenhang eine sehr allgemeine Bedeutung, er umfaßt materielle ebenso wie nichtmaterielle Güter, übertragbare Mittel ebenso wie unveräußerliche, personengebundene Fähigkeiten und Fertigkeiten. Als Ressource in diesem allgemeinen Sinne ist all das zu bezeichnen, was ein Akteur zur Beeinflussung seiner - physischen und sozialen - Umwelt einsetzen kann." (Vanberg 1982, S.10f.)

Wenn Ziele erreicht werden sollen, für die die Ressourcen eines Akteurs nicht ausreichen, kann ein Ressourcenpool gebildet werden, in dem mehrere individuelle Akteure einen Teil ihrer Ressourcen einbringen. Die Einbringung von Ressourcen in einen Ressourcenpool bedeutet eine Einschränkung der Dispositionsfreiheit der individuellen Akteure.

---

95 Diese Merkmale galten auch für zahlreiche Einrichtungen des Altertums und des Mittelalters, so können z.B. auch Zünfte als zielgerichtete Formen von Kooperationen bezeichnet werden, die eine hierarchische Gliederung aufweisen. Trotzdem waren sie keine Organisationen im modernen Sinn. Vgl. dazu auch Kieser (1989).

96 Coleman (1993, S.2f.).

Da in einen Ressourcenpool immer nur ein Teil der Ressourcen individueller Akteure eingebracht wird, können Akteure zugleich Mitglieder in mehreren Organisationen sein, ohne daß damit die Grenzziehung zwischen Umwelt und Organisation berührt wird.[97] Da Organisationen eine Vielzahl von Austauschbeziehungen unterhalten, sowohl mit Organisationsmitgliedern als auch mit Akteuren, die nicht Mitglied der Organisation sind, ist eine Argumentation, die auf individuellen Akteuren und ihren Interaktionen basiert und zugleich eine systematische Beschränkung der relevanten Interaktionen erlaubt, analytisch von Vorteil.

Vanberg (1982, S.15f.) macht das Prinzip der Ressourcenzusammenlegung an einem Beispiel deutlich. Mehrere Fischer, die über eine eigene Ausrüstung verfügen, können entweder individuell fischen gehen und ihre Produkte verkaufen oder sich zusammenschließen und eine Organisation gründen, die Fischfang und Vermarktung übernimmt. Mit dem Entschluß zur Gründung dieser Organisation verzichten die Fischer auf die Dispositionsfreiheit über ihre Ausrüstung und ihre Arbeitskraft. Das wesentliche Merkmal des Zusammenschlusses ist, daß eine bewußte Koordination der Aktivitäten der Fischer stattfindet. Die bewußte Koordination ist aber nur möglich, wenn die eingebrachten Ressourcen insgesamt einer zentralen Entscheidungsinstanz unterstellt werden. Bei einem Ressourcenpool fällt der Ertrag nicht mehr einzeln an, sondern als Kollektivertrag.

Aus dieser Form der Konzeption der dauerhaften Kooperation mehrerer Akteure leiten sich zwei zentrale Fragen ab: In welcher Form wird die Verfügungsgewalt über den Ressourcenpool organisiert und wie wird die Verteilung über den Ertrag organisiert?[98]

6.1.1. Entscheidungs- und Verteilungsmodus

Die erste Frage zielt auf den Entscheidungsmodus, nach dem über die Verwendung der Ressourcen entschieden wird. Vanberg unterscheidet die demokratisch-genossenschaftliche und die monokratisch-hierarchische Form. In der demokratisch-genossenschaftlichen Form ist die Entscheidung über die Ressourcenverwendung eine kollektive Entscheidung, d.h. es müssen explizit

---

97 Kieser/Kubicek (1992, S.1f.) sehen u.a. darin einen wesentlichen Vorteil der Definition von Organisationen als Ressourcenpool, weil damit eine zentrale konzeptionelle Schwäche der klassischen Kontingenztheorie und ihrer Nachfolger behoben werden kann. Die Abgrenzung von Organisation und Umwelt ist auch in Ansätzen der neuen institutionellen Ökonomie ein ungelöstes Problem. Vgl. dazu Fourie (1993).
98 Vgl. Vanberg (1982, S.16f.).

oder implizit Regeln festgelegt werden, nach denen die individuellen Präferenzen der Ressourceninhaber zu einer gemeinsamen Entscheidung aggregiert werden, z.B. einfaches Mehrheitsprinzip, qualifizierte Mehrheit oder Einstimmigkeit. Auch eine demokratische Form der Entscheidungsfindung bedeutet, daß die individuellen Akteure sich an getroffene Kollektiventscheidungen halten müssen. Im Fall der monokratisch-hierarchischen Form werden die Verfügungsrechte über die eingebrachten Ressourcen auf eine Person bzw. auf eine kleine Gruppe von Personen übertragen. Diese Person bzw. Gruppe trifft für alle Mitglieder bindende Entscheidungen über den Ressourceneinsatz.

Sowohl für die demokratische als auch für die hierarchische Form gilt, daß die Dispositionsgewalt für einen Teil der Ressourcen auf einzelne Personen übertragen werden kann. Dies ist jedoch immer eine temporäre Entscheidung, die prinzipiell wieder rückgängig gemacht werden kann.[99] Der Verzicht auf die Ausübung der Dispositionsgewalt von Ressourcen ist eine Maßnahme, die aus pragmatischen Überlegungen getroffen werden kann, sie stellt das grundsätzliche Element einer zentralen Koordination des Ressourceneinsatzes aber nicht in Frage.

Die zweite Frage betrifft das Verteilungsproblem. Wenn individuelle Akteure Ressourcen in einen Pool einbringen, so erwarten sie eine Gegenleistung für ihren Beitrag. Individuelle Akteure, die frei über ihre Ressourcen verfügen können, erhalten eine Gegenleistung für ihren Ressourceneinsatz auf dem Markt. Der Markt setzt Anreize, bestimmte Ressourcen stärker oder weniger stark einzusetzen. Die autonom agierenden Fischer verkaufen ihre Waren auf dem Markt. Die Preise für Fisch signalisieren, ob ein höherer oder geringerer Bedarf vorhanden ist und setzen so Signale, ob ein höherer oder niedrigerer Ressourceneinsatz sinnvoll ist. Im Falle eines Ressourcenpools entfallen diese Anreize für den einzelnen. Diese Anreize werden insgesamt an die Organisation gegeben. Der Ertrag der Ressourcenzusammenlegung fällt nicht mehr einzeln an, sondern kollektiv. Deshalb sind Regeln für die Verteilung des Kollektivertrags auf die einzelnen Mitglieder notwendig. Grundsätzlich lassen sich Verteilungsregeln unterscheiden, bei denen die Höhe der Gegenleistung an die Höhe des Kollektivertrages gebunden ist, und Regeln, nach denen im vornherein eine bestimmte Gegenleistung für die Einbringung einer spezifischen Ressource festgelegt wird.

---

99   Coleman (1990, S.359ff.) sieht in der Schaffung von Organisationen eine Lösungsmöglichkeit des Problems, daß Akteure übertragene Dispositionsrechte für ihre eigenen Zwecke nutzen. Zwar kann der Mißbrauch auch in Organisationen nicht ausgeschlossen werden, doch die Mißbrauchsmöglichkeiten sind in Organisationen geringer als unter anderen Bedingungen.

Während der Entscheidungsmodus ein Merkmal für eine Kooperation insgesamt darstellt, ist das Verteilungsproblem vorwiegend ein individuelles. Die Entscheidung für einen demokratischen oder hierarchischen Entscheidungsmodus betrifft den gesamten Ressourcenpool. Der Verteilungsmodus ist eine Entscheidung zwischen den an einem Ressourcenpool Beteiligten, und er kann von Mitglied zu Mitglied verschieden sein.

Das Grundmodell des Ressourcenpools besteht also darin, daß individuelle Akteure über eine Vielzahl von Ressourcen verfügen. Einige Ressourcen haben die Form veräußerbarer Güter, andere sind an Personen gebunden. Bei personengebundenen Ressourcen kann nicht die Ressource veräußert werden, sondern das Recht, diese Ressource zu nutzen (z.B. in der Form spezifischer Fähigkeiten und Kenntnisse). Die Übertragung des Verfügungsrechts wird von einem individuellen Akteur dann vorgenommen, wenn er glaubt, dafür eine Gegenleistung zu erhalten, die höher ist, als wenn er diese Ressource selbst nutzen würde. Daran wird deutlich, daß Ressourcenpool keine Bezeichnung für intrinsisch motivierte Formen der Kooperation ist. Auf eine Darstellung der Vielzahl möglicher Kooperationsformen wird hier verzichtet. Vanberg (1982, S.23ff.) stellt eine Auswahl und ihre Abgrenzung untereinander vor. Im folgenden wird der Begriff Ressourcenpool als Synonym für profitorientierte Organisationen verwendet.[100]

6.2. Die Anwendung des Modells auf moderne Organisationen

Ein Ressourcenpool wird zu einem korporativen Akteur, wenn eine Trennung zwischen Verfügungsrechten von natürlichen Personen und Verfügungsrechten von juristischen Personen vorgenommen werden kann. Erst diese Trennung ermöglicht die dauerhafte, nicht personengebundene Etablierung von Strukturen. Moderne Organisationen zeichnen sich dadurch aus, daß Verfügungsrechte an Funktionen gebunden sind und nicht an Personen. Jede Person, die eine bestimmte Funktion wahrnimmt, hat die gleichen Verfügungsrechte. Ähnlich wie in der Weberschen Bürokratietheorie wird die Trennung

---

[100] Diese Begriffsverwendung weicht leicht von der Benutzung des Begriffes bei Coleman (1979, 1990) und Vanberg (1982) ab. Coleman nutzt das Modell des Ressourcenpools zur Kennzeichnung korporativer Akteure. Da mit diesem Begriff aber auch die Etablierung von Rollen verbunden ist, erscheint es sinnvoll, den Begriff korporativer Akteur nur für die Organisationen zu verwenden, in denen eine Etablierung von Rollen tatsächlich stattgefunden hat. Das Problem, daß Organisationen zwar die juristische Form eines korporativen Akteurs haben, aber eine Trennung von Funktion und Person noch nicht stattgefunden hat, wird von Coleman nicht behandelt.

von Person und Funktion zum entscheidenden Merkmal moderner Organisationen. Die Struktur einer Organisation ergibt sich aus der Verteilung von Dispositionsrechten über Ressourcen.

Korporative Akteure werden durch individuelle Akteure geschaffen.[101] Da die Gründung eines Ressourcenpools beträchtliche Kosten verursacht (Bestimmung benötigter Ressourcen, Bestimmung von Kombinations- und Substitutionsmöglichkeiten, Verhandlungen mit Ressourceninhabern etc.), entsteht ein Ressourcenpool nur dann, wenn zumindest ein individueller Akteur der Überzeugung ist, daß durch die Einbeziehung von Ressourcen, über die er nicht verfügt, ein höherer Ertrag der eigenen Ressourcen zu erzielen ist. D.h. die Initiatoren eines Ressourcenpools werden einen höheren Teil des Kollektivertrags beanspruchen als einfache Mitglieder. Die Bestandsfähigkeit (liability) des Ressourcenpools hängt davon ab, daß sowohl die einfachen Mitglieder als auch die Initiatoren einen höheren Ertrag realisieren können als bei der individuellen Nutzung der Ressourcen. Diese Zielsetzung, daß alle Beteiligten einen höheren Ertrag als bei individueller Nutzung erzielen, impliziert immer die Existenz zumindest einer dritten Partei außerhalb des Ressourcenpools. Die Anreize bzw. der erwartete Ertrag für die Ressourceneinbringung können - wenn die Beziehung dauerhaft sein soll - nicht von einem Mitglied des Ressourcenpools eingebracht werden. Für die Existenz einer dauerhaften Beziehung mit extrinsischen Anreizen muß zumindest eine externe Partei vorhanden sein, die die extrinsischen Anreize liefert.

6.2.1. Die Übergabe von Verfügungsrechten als Tauschphänomen

Die Übergabe von Verfügungsrechten ist insofern ein Tausch- oder ein Marktphänomen, als daß eine Leistung und eine Gegenleistung vereinbart werden. Die Höhe der Leistung und Gegenleistung ist verhandelbar, hängt von Angebot und Nachfrage ab und wird bei modernen Organisationen zwischen der juristischen Person und dem Inhaber von Verfügungsrechten ausgehandelt. Der Prozeß der Aushandlung ist zunächst ein individueller.[102] Ange-

---

101 Korrekter wäre die Formulierung, daß korporative Akteure zumindest ursprünglich von individuellen Akteuren geschaffen wurden. Moderne Organisationen können als juristische Personen natürlich einen Teil ihrer Ressourcen auf andere korporative Akteure übertragen. Beispiele hierfür sind vielfältig: Organisationen können Verbände gründen, Firmen können neue Firmen gründen, der Staat kann neue Organisationen ins Leben rufen etc.

102 Daß Inhaber von Verfügungsrechten über Ressourcen eines Ressourcenpools selbst wieder eine Vereinigung gründen können und das Recht zu bilateralen Verhandlungen auf einen anderen Ressourcenpool übertragen können, ändert nichts an dem grundsätzlichen Argumentationsgang und führt nur zu einer noch abstrakteren Darstellung. Deshalb wird im folgenden dieser Aspekt vernachlässigt.

bots-Nachfrage-Relationen für Verfügungsrechte von Ressourcen haben Auswirkungen auf die interne Strukturierung von Organisationen und sind ein Weg, über den ökonomische und soziale Faktoren Einfluß auf die interne Strukturierung nehmen. Die Angebots-Nachfrage-Relation, insbesondere für personengebundene Güter, ist stark von wirtschaftlichen, sozialen, aber auch staatlichen Rahmenbedingungen abhängig. Bei den personengebundenen Ressourcen handelt es sich in erster Linie um Fähigkeiten und Kenntnisse. Die Vermittlung von Fähigkeiten und Kenntnissen wird zumindest in den industrialisierten westlichen Ländern stark von staatlichen Maßnahmen beeinflußt, insbesondere natürlich vom Schul- und Ausbildungssystem. Der Erwerb von Fähigkeiten und Kenntnissen ist außerdem auch von sozialen und/oder kulturellen Faktoren abhängig, beispielsweise von der Etablierung sozialer Normen, die den Erwerb von Kenntnissen und Fähigkeiten stützen bzw. in bestimmten Bereichen behindern. Aber auch Aspekte, wie die Verknüpfung von Lebenschancen und spezifischen Kenntnissen, spielen eine Rolle.

Wie sich die Angebots-Nachfrage-Relation für spezifische Ressourcen - sprich Qualifikationen - auf die interne Strukturierung auswirkt, hat Child (1984) demonstriert. Nach dem Marktprinzip werden knappe Ressourcen möglichst sparsam eingesetzt. Eine relative Knappheit an Facharbeitern führt beispielsweise dazu, daß die Abläufe so organisiert werden, daß mit einer möglichst geringen Anzahl von Facharbeitern produziert werden kann. Knappheit ist dabei ein relativer Begriff. Die Angebots-Nachfrage-Relation wird durch die Substitutionsfähigkeit beeinflußt. Ressourcen mit geringer Substituierbarkeit sind in der Regel teurer, d.h. für sie muß ein höherer Teil des Korporationsertrages aufgewendet werden. Je höher der Preis für eine Ressource, desto größer ist der Anreiz, diese Ressource durch eine andere zu ersetzen.[103]

---

103 Bei dieser Darstellung zeigt sich die Anschlußfähigkeit des Modells der Ressourcenzusammenlegung an die Transaktionskostenanalyse. In beiden Konzeptionen beeinflußt Substitutionsfähigkeit individuelle Kosten-Nutzen-Überlegungen. Während in der Transaktionskostentheorie die Substitutionskosten einen wesentlichen Faktor für die Auswahl des institutionellen Arrangements darstellen, ergeben sich beim Ressourcenpoolmodell aus den Substitutionskosten Konsequenzen für die interne Verwendung. Beide Folgerungen schließen sich nicht aus, sondern ergänzen sich.

6.2.2. Der Herrschaftsaspekt der Übertragung von Verfügungsrechten

Das Einbringen von Ressourcen in einen Ressourcenpool - soweit es sich dabei um personengebundene Ressourcen handelt - weist dabei einen Doppelcharakter auf. Einerseits läßt sich der Prozeß der Übergabe von Verfügungsrechten über Ressourcen als eine Form des Austausches charakterisieren, andererseits ist er mit Herrschaft verbunden. Die Übertragung von Verfügungsrechten bei personengebundenen Ressourcen auf einen Ressourcenpool impliziert immer Herrschaft, und zwar sowohl bei demokratischen als auch bei hierarchischen Formen der Entscheidungsfindung. Die Bildung eines Ressourcenpools ist zugleich immer die Etablierung einer zentralen Koordinationsinstanz. Individuelle Akteure übertragen einen Teil ihrer Ressourcen bzw. einen Teil ihrer Verfügungsrechte auf eine Zentrale. "Im Sinne einer solchen Unterstellung von Ressourcen unter eine zentrale Entscheidungsinstanz bedeutet korporatives Handeln stets - unabhängig von seiner konkreten organisatorischen Gestaltung - Verzicht auf individuelle Entscheidungsautonomie und die Etablierung von *Herrschaft*" (Vanberg 1982, S.171, Hervorhebung im Original).

Herrschaft wird hier im Weberschen Sinn als die berechtigte Erwartung, Anordnungen zu befolgen, verstanden. Macht als die Möglichkeit, andere auch gegen ihren Willen zu Handlungen zu bewegen, ist davon zu unterscheiden.[104] Der Beitritt zu einem Ressourcenpool ist also zugleich ein Akt der Unterordnung. An Herrschaft gebunden ist Legitimation, d.h. daß diese Unterordnung anerkannt und als gerechtfertigt betrachtet wird. Coleman (1990, S.287ff.) führt Legitimation auf Langzeitorientierungen zurück. Normen ent-

---

[104] "In Austauschnetzwerken stellen sich typischerweise Probleme der *Macht*, das Problem der *Herrschaft* stellt sich allein dort, wo Dispositionsbefugnisse zentralisiert sind, wo also Ressourcen in einen einheitlich disponierten Pool eingebracht sind." (Vanberg 1982, S.172, Hervorhebung im Orginal). Mit der Kennzeichnung eines Ressourcenpools als Austauschbeziehung und als Herrschaftsbeziehung sind sowohl Macht- als auch Herrschaftsaspekte in Organisationen theoretisch faßbar. Coleman (1979, S.62) unterscheidet zwischen Marktmacht und Organisationsmacht. Marktmacht bezieht sich auf die Fähigkeit eines einzelnen, seine Ressourcen aus dem Ressourcenpool zurückzuziehen und anderweitig zu verwenden. Mit Organisationsmacht wird die Fähigkeit eines einzelnen bezeichnet, auf Entscheidungen innerhalb einer Organisation Einfluß zu nehmen. Im folgenden sollen aus Gründen der Vereinfachung nur der Aspekt der Herrschaft und bei Bedarf der Einfluß von Marktmacht betrachtet werden. Organisationsmacht wird aus pragmatischen Überlegungen weitgehend ausgeblendet. Dies ist keine Folge des theoretischen Konzeptes. Gegen die hier vorgenommene Trennung von Macht und Herrschaft argumentiert z.B. Clegg (1989). Eine Übersicht über unterschiedliche Machtkonzeptionen in der Organisationsforschung geben z.B. Schienstock u.a. (1991).

stehen, wenn eine große Zahl von individuellen Akteuren zu der Überzeugung gelangt, daß es für alle Akteure (bzw. für den größten Teil) vorteilhaft ist, wenn bestimmte individuelle Verhaltensweisen unterlassen werden. Die Etablierung von Normen ist verbunden mit der Etablierung von Sanktionen. Normen stellen wie die Etablierung eines Ressourcenpools eine Übertragung von Dispositionsrechten dar. Legitimität erhalten Normen dann, wenn es für den einzelnen langfristig vorteilhaft erscheint, die Normen zu befolgen, obwohl die Verhaltensweise kurzfristig nachteilhaft ist. "Although a person may see acceptance of the right of each to partially control the action of others as being to his *immediate* disadvantage, he may well see it as being to his longterm advantage." (Coleman 1990, S.288, Hervorhebung im Original).

Vor- und Nachteile einer Norm müssen aber nicht gleichmäßig über alle Personen verteilt sein. Die Übertragung von Dispositionsrechten kann zu unterschiedlichen Belastungen führen. Während für einige Personen oder Personengruppen damit eine starke Einschränkung ihrer Aktionen verbunden ist, können andere davon nicht oder nur selten betroffen sein. Je stärker eine Norm Nachteile für eine bestimmte Person bzw. Personengruppe mit sich bringt, während andere davon nicht betroffen sind, desto wahrscheinlicher wird es, daß diese Person oder die Personengruppe die Legitimität der Norm bestreitet. Durch die Konzentration der Nachteile auf diese Person bzw. Personengruppe verändern sich ihre Nutzenkalküle; es wird immer unwahrscheinlicher, daß sie auch langfristig einen Nutzen von der Einhaltung hat.[105]

Eine solche Situation, in der die Nachteile von Normen sich auf einen bestimmten Personenkreis konzentrieren, kann auf Dauer nur aufrechterhalten werden, wenn die Personen bzw. Personengruppen, die von der Etablierung der Norm profitieren, andere zentrale Ressourcen kontrollieren und bereit sind, einen Teil der Ressourcen aufzugeben. Konzentrierte Nachteile der Befolgung einer spezifischen Norm benötigen Kompensation. Die Aufgabe von Dispositionsrechten, die für Akteure von Nachteil sind, muß bei dauerhaften Beziehungen einhergehen mit der Bereitstellung anderer Ressourcen bzw. mit Dispositionsrechten von Ressourcen, über die die benachteiligten Akteure vor dem Beitritt zum Ressourcenpool nicht verfügen.

In einer solchen Konzeption von Herrschaft und Legitimität werden implizit wieder Kontextfaktoren eingeführt. Die kurzfristige versus langfristige Handlungsorientierung ist beispielsweise eine stark sozial und/oder kulturell geprägte Dimension. Langfristige Nutzenüberlegungen zur Grundlage des eigenen Handels zu machen, ist eine Fähigkeit, die erst in einem Prozeß der

---

105 "It is less likely to be in the interests of a person who often finds himself the target actor, being constrained by the norm, to accept it as legitimate. The norm is less likely to benefit him in the long run." (Coleman 1990, S.288).

Sozialisation erworben werden muß. Die Art und die Höhe der Kompensation benachteiligter Akteure wird durch externe Faktoren beeinflußt, wie beispielsweise durch die Angebots-Nachfrage-Relation für spezifische Dispositionsrechte.

6.2.3. Die Bewältigung von Unsicherheit durch Vertrauen

Die Konzeption des Ressourcenpools weist auf weitere Faktoren, wie externe Gegebenheiten interne Strukturierung beeinflussen. Ein zentrales Element ist dabei das Verhältnis von Vertrauen zu Kontrolle. Vertrauen und Kontrolle sind Mechanismen, die helfen, Unsicherheit zu bewältigen[106]. Unsicherheit entsteht immer dann, wenn bei bi- oder multilateralen Beziehungen Möglichkeiten zur Defektion[107] vorhanden sind. Bei korporativen Akteuren gibt es eine Vielzahl von Beziehungen, in denen Defektion möglich ist. Beispielsweise können Personen, die zentrale Ressourcen kontrollieren, ihre vereinbarte Gegenleistung nicht oder nicht vollständig erbringen. Akteure, die formal Dispositionsrechte über einige personengebundene Ressourcen abgetreten haben, können ihre Leistungen zurückhalten. Aber auch in den Außenbeziehungen eines korporativen Akteurs ist Defektion möglich. Dabei hängt es von der Art und vom Ausmaß der Unsicherheit, der Kosten für Sicherheit, Zeit- und Kontextfaktoren ab, welche Art des Umgangs mit Unsicherheit sinnvoll ist.

Unsicherheit hat zunächst einmal eine zeitliche Dimension.[108] Immer dann, wenn Leistung und Gegenleistung nicht simultan ausgetauscht werden, kann Unsicherheit entstehen. Aber auch bei einem simultanen Austausch kann Unsicherheit entstehen, wenn die Natur der Ressourcen keine augenblickliche Bewertung darüber erlaubt, ob Leistung oder Gegenleistung tatsächlich erbracht wurden. Je größer die Zeitspanne zwischen Leistung und Gegenleistung ist, desto größer wird die Unsicherheit. Die Chance zur Defektion und damit das Ausmaß von Unsicherheit hängt davon ab, ob wirkungsvolle Sanktionsmöglichkeiten gegeben sind. Die Chance für Sanktionsmöglichkeiten

---

106 Vgl. dazu Coleman (1982). Das Thema Kontrolle und Konsens hat in der Industriesoziologie mit der Öffnung für akteursorientierte Ansätze deutlich an Bedeutung gewonnen. Vgl. dazu z.B. Minssen (1990) und (Hildebrandt 1991a). Eine Übersicht, wie der Kontrollbegriff in organisationstheoretischen Konzepten benutzt wird, geben Pennings/Woiceshyn (1987).

107 Im Sprachgebrauch der Transaktionskostenökonomie wird dieses Verhalten als opportunistisch bezeichnet. Im Unterschied zur Transaktionskostentheorie wird aber nicht mit der Möglichkeit opportunistischen Verhaltens argumentiert, sondern die Wahrscheinlichkeit des Auftretens untersucht.

108 Coleman (1990, S.98).

wird wiederum durch die Wahrscheinlichkeit einer zukünftigen Interaktion beeinflußt. Je häufiger Interaktionen sind, desto größer wird die Möglichkeit zukünftiger Sanktionen. Je größer die Chance ist, daß Leistung und Gegenleistung eine etablierte Norm darstellen, desto wahrscheinlicher werden Sanktionen durch Dritte.

Coleman (1990, S.97ff.) untersucht, unter welchen Situationsbedingungen die Bewältigung von Unsicherheit durch Vertrauen sinnvoll ist und damit auch implizit, unter welchen Bedingungen Kontrolle sinnvoll eingesetzt werden kann, um Unsicherheit zu bewältigen. Aus Gründen der Vereinfachung wählt er ein abstraktes Modell mit zwei Akteuren: Trustor (der vertraut) und Trustee (dem vertraut wird). Dabei zeigen sich vier grundlegende Eigenschaften der Beziehungen zwischen beiden Akteuren, die die Verteilung von Risiken und Chancen beschreiben.

1. Vertrauen des Trustors ermöglicht dem Trustee eine Aktion (bzw. einen Gewinn), die er sonst nicht ausführen könnte.
2. Wenn der Trustee vertrauenswürdig ist, kann der Trustor einen höheren Gewinn realisieren, als wenn er kein Vertrauen investiert hätte. Sollte der Trustee aber nicht vertrauenswürdig sein, ist der Verlust für den Trustor höher, als wenn er kein Vertrauen investiert hätte.
3. Vertrauen erfordert die Überlassung von Verfügungsrechten an den Trustee, ohne daß dafür eine echte Sicherheit für eine Gegenleistung vorliegt. Vertrauen ist also zunächst ein einseitiger Akt des Trustors.
4. Zwischen Leistung und Gegenleistung besteht eine zeitliche Differenz.

Vertrauen zur Bewältigung von Unsicherheit ist dann sinnvoll, wenn die Wahrscheinlichkeit zu gewinnen zur Wahrscheinlichkeit zu verlieren relativ größer ist als die Höhe des Verlustes verglichen mit der Höhe des Gewinns. Coleman (1990, S.99) vergleicht die Entscheidung zu Vertrauen mit einer Wette: "If the chance of winning, relative to the chance of losing, is greater than the amount that would be lost (if he loses), relative to the amount that would be won (if he wins), then by placing the bet he has an expected gain".[109]

---

109 In formaler Schreibweise drückt Coleman (1990, S.99) die Beziehung wie folgt aus:
" p = chance of receiving gain (the probability that the trustee is trustworthy)
L = potential loss (if the trustee is untrustworthy)
G = potential gain (if trustee is trustworthy)

Diese formale Situationsbeschreibung weist Unterschiede zu anderen Konzeptionen auf, indem sie nicht nur die Verluste bei fehlgeleitetem Vertrauen berücksichtigt, sondern auch die Verluste bei fehlgeleitetem Mißtrauen. Interessant ist die Spezifikation der Faktoren, die das Nutzenkalkül beeinflussen.[110] Zuerst sind dabei Informationen zu nennen, die es dem Trustor erlauben, nicht nur die Höhe des eigenen Gewinns abzuschätzen, sondern auch die Höhe des Gewinns des Trustees bei Defektion und seine Vertrauenswürdigkeit. Die Höhe der Gewinne und Verluste ist dabei ein Kriterium, das darüber entscheidet, ob Alternativen zu Vertrauen betrachtet werden. Wenn der Gewinn des Trustees durch Defektion und die Höhe des möglichen eigenen Verlustes relativ gering erscheinen, ist es nicht sinnvoll, nach Alternativen zu Vertrauen zu suchen, d.h. in relativ konsequenzenlosen Situationen ist Vertrauen immer eine sinnvolle Strategie.

Alternativen zu Vertrauen zu suchen, zu bewerten, auszuwählen und umzusetzen ist für den Trustor eine kostspielige Angelegenheit. Diese Kosten wird er nur auf sich nehmen, wenn die Defektion des Trustees höhere Kosten verursacht als die Entscheidungs- und Umsetzungskosten.

In die Entscheidung, ob Vertrauen investiert werden soll oder nicht, gehen Informationen über die Vertrauenswürdigkeit des Trustees ein. Vertrauenswürdigkeit zerfällt dabei in mehrere Komponenten:

- Dauer und Häufigkeit bisheriger Interaktionen,
- voraussichtliche Dauer und Häufigkeit zukünftiger Interaktionen,
- Defektionsverhalten in bisherigen Interaktionen mit anderen,
- Substituierbarkeit der Leistung.

Alle diese Punkte beeinflussen die Einschätzung der Wahrscheinlichkeit des Defektionsverhalten. Häufigkeit und Dauer bisheriger Interaktionen sind vor allem eine Informationsquelle darüber, ob in bisherigen Interaktionen zwischen Trustor und Trustee Defektionsverhalten auf seiten des Trustees vorgekommen ist. Je länger und je häufiger Interaktionen zwischen Trustor und

---

Decision yes if $\frac{p}{1-p}$ is greater than $\frac{L}{G}$

indifferent if $\frac{p}{1-p}$ is equal $\frac{L}{G}$

no if $\frac{p}{1-p}$ is less than $\frac{L}{G}$ "

110 Coleman (1990, S.102ff.).

Trustee ohne Defektionsverhalten vorgelegen haben, desto vertrauenswürdiger ist der Trustee. Die voraussichtliche Dauer und Häufigkeit zukünftiger Interaktionen ist eine Informationsquelle darüber, ob der Trustor über Sanktionsmöglichkeiten im Falle der Defektion verfügt. Je wahrscheinlicher es ist, daß dauerhafte und häufige Interaktionsbeziehungen zwischen Trustor und Trustee auch in Zukunft weiterbestehen, desto höher sind die Sanktionsmöglichkeiten des Trustors und desto vertrauenswürdiger wird der Trustee. Coleman (1990, S.109f.) führt als Beispiel für diese Form die Bedeutung von Familienbanden in Wirtschaftsbeziehungen ein. Starke Familienbande reduzieren Defektionsmöglichkeiten ganz erheblich.[111]

Eine besondere Rolle spielt die Möglichkeit indirekter Sanktionierung. Die Sanktionsdrohung muß nicht unbedingt auf den Trustor beschränkt bleiben. Sanktionen für Defektion können auch von Akteuren ausgeführt werden, mit denen der Trustor regelmäßig kommuniziert. Defektionsverhalten bei anderen Interaktionen mindert die Vertrauenswürdigkeit. Als Beispiel für die Möglichkeit indirekter Sanktionierung führt Coleman Banken an.[112] Die Nichtrückzahlung eines Kredits wird nicht nur vom kreditgebenden Institut sanktioniert, sondern auch von anderen Banken. Ein anderes Beispiel betrifft mögliche Sanktionen gegenüber Arbeitnehmern. Defektion auf seiten des Arbeitnehmers kann nicht nur vom bisherigen Arbeitgeber sanktioniert werden, sondern auch von anderen Arbeitgebern. Solche indirekten Sanktionsmöglichkeiten sind gegeben, wenn eine intensive Kommunikation zwischen Akteuren stattfindet, die die gleiche Leistung offerieren, und die Defektion die Verletzung einer etablierten Norm der Leistungsanbieter darstellt. D.h. Solidarität zwischen verschiedenen Leistungsanbietern hat einen Effekt auf die Vertrauenswürdigkeit. Wenn diese Solidarität nicht gegeben ist, ist auch die Vertrauenswürdigkeit gering.

Coleman demonstriert dies am Beispiel der amerikanischen Computerindustrie.[113] Da dort Defektion von Mitarbeitern nicht gemeinsam von Arbeitgebern sanktioniert wird, sondern im Gegenteil bestimmte Arten der Defektion honoriert werden, ist die Vertrauenswürdigkeit von Mitarbeitern gering. Defektion bedeutet hier den Gewinn von Know-how bei dem einem Unter-

---

111 Dies könnte interessante Konsequenzen für die Diskussion um die flexible Spezialisierung und die Entstehung von Produktionsnetzwerken haben. Nach Powell (1990) sind Netzwerke durch Vertrauen geprägt. Lazerson (1988) beispielsweise beschreibt, daß die von Piore/Sabel als Beispiel für die flexible Spezialisierung genannten italienischen Produktionsverbünde durch starke Familienbande bzw. durch Tätigkeiten in politischen Organisationen miteinander verbunden sind.
112 Coleman (1990, S.109f.).
113 Coleman (1990, S.112).

nehmen und die Mitnahme des Know-hows bei einem Stellenwechsel. Da die Mitnahmen von Know-how durch höhere Bezüge, Karrieresprünge, bessere Arbeitsbedingungen etc. von anderen Unternehmen honoriert werden, werden Mitarbeiter insbesondere in Know-how-intensiven Bereichen besonders stark kontrolliert. Die Konsequenz aus mangelnder Solidarität der Unternehmen ist die Etablierung umfangreicher Kontrollmaßnahmen, die bis in die Strukturierung der Arbeitsabläufe hineinreichen, um einerseits die Defektionsanreize zu mindern und andererseits die Auswirkungen von Defektionen zu vermindern.

Hier wird deutlich, daß auch die Entwicklung von Vertrauenswürdigkeit an externe Voraussetzungen gebunden ist. Die Voraussetzungen sind: Geringe Anzahl von Akteuren, intensive Kommunikation, räumliche Konzentration und gleichgerichtete Interessen. Interessenkonflikte verhindern die Etablierung von Normen, die Defektionen von Trustees sanktionieren. Indirekte Sanktionierung bei Defektion ist aber ein wirksames Instrument, um das kostengünstigere Vertrauen statt Kontrolle einzusetzen. Bei Interessendivergenzen muß eine Sanktion bei Defektion vom Trustee selbst durchgeführt werden können. Dies schränkt seine Möglichkeiten ein, Vertrauen einzusetzen.

Gleichgerichte Interessen sind aber nicht ausreichend. Um indirekte Sanktionen durchführen zu können, muß nicht nur eine Norm etabliert werden, sondern es muß auch eine regelmäßige intensive Kommunikation zwischen den Trustors stattfinden. Eine wichtige Rolle spielt dabei die Anzahl der Trustors und die räumliche Verteilung. Je kleiner die Gruppe potentieller Trustors ist, desto leichter ist es, eine regelmäßige Kommunikation aufrechtzuerhalten, und je höher die räumliche Konzentration ist, desto einfacher ist die Sicherstellung der Kommunikation.

Je besser substituierbar ein Gut ist, das ein Trustee anbietet, desto wichtiger wird die Vertrauenswürdigkeit des Trustees als zusätzliches Entscheidungskriterium. Je mehr Alternativen für ein vergleichbares Gut bzw. für eine vergleichbare Ressource vorhanden sind, desto eher werden Transaktionen mit vertrauenswürdigen Partnern vorgezogen. Je vertrauenswürdiger sich dabei ein Trustee erweist, desto wahrscheinlicher wird es, daß sein Versprechen für eine Gegenleistung auch auf andere Transaktionen übertragen werden kann. Je geringer die Vertrauenswürdigkeit ist, desto eher sind Preiszugeständnisse notwendig, um Transaktionen durchführen zu können, und Transaktionen werden vom Trustor nur dann vollzogen, wenn die Kapazitäten eines vertrauenswürdigen Akteurs ausgeschöpft sind. Bei schlecht oder gar nicht substituierbaren Gütern oder Ressourcen ist die Zubilligung von Vertrauenswürdigkeit an einen Trustee von externen Garantien von vertrauenswürdiger dritter Seite gebunden.[114]

Die Schaffung von Vertrauen bzw. einer Umgebung von Vertrauenswürdigkeit ermöglicht einerseits zwar den Verzicht auf Kontrolle und wirkt damit kostenreduzierend, andererseits hat eine sehr vertrauenswürdige Umgebung aber auch spezifische Nachteile. Umfassende Vertrauenswürdigkeit ist mit einem sozialen Schließungsmechanismus verbunden. Die Zahl der Trustors muß gering bleiben, eine gewisse räumliche Nähe sollte erhalten bleiben und Neulinge werden ausgegrenzt. Es bedarf einer sehr langen Zeitspanne, damit 'Neulinge' integriert werden. Eine solche Umgebung, die sich bis zu einem gewissen Grad nach außen abkapselt, wird eine wesentlich geringere Aufgeschlossenheit gegenüber neuen Ideen von außen aufweisen. Eine Umgebung, die vollständig auf Vertrauenswürdigkeit abgestellt ist, vermeidet Risiken mit einem relativ geringen Kostenaufwand. Der Preis dafür ist jedoch langfristig eine wesentlich geringere Entwicklungsdynamik, die aus der relativen Isolierung herrührt.[115]

Vertrauen und Kontrolle sind in dieser Konzeption zwei alternative Wege, um unsichere Situationen zu bewältigen. Welcher dieser beiden Mechanismen in einer konkreten Situation sinnvollerweise gewählt wird, hängt entscheidend von Kontextfaktoren ab. Ebenso wie vollständige Vertrauensseligkeit ist vollständige Kontrollsucht keine rationale Strategie zur Bewältigung von Unsicherheit. Das optimale Mischungsverhältnis zwischen Kontrolle und Vertrauen auf einer Aggregatebene "depends on the whole set of costs and benefits that results from trust and trustworthiness on the part of a particular pair of actors - not just costs and benefits for particular actors but costs and benefits for others affected by the keeping or breaking of trust." (Coleman 1990, S.114).

6.2.3.1. Die Bedeutung von Vertrauen bei der Etablierung von Normen und Ressourcenpools

Vertrauen als Strategie zur Bewältigung von Unsicherheit spielt in einem anderen Kontext eine bedeutende Rolle: Nämlich bei der Etablierung von Normen im allgemeinen und eines korporativen Akteurs als einer modernen Organisation im besonderen. Die Situation bei der Schaffung eines Ressourcen-

---

114 Vgl. Coleman (1990, S.106f.).
115 Vgl. Coleman (1990, S.111ff.). Dieser Zusammenhang wird in einer formalen Darstellung von Granovetter (1973) expliziert. Neue Informationen werden zwar in Interaktionen mit „strong ties" schneller weitergeleitet, die Wahrscheinlichkeit jedoch, daß ein Zugang zu neuen Informationen vorhanden ist, ist bei Interaktionen mit „weak ties" höher.

pools entspricht der Skizzierung einer unsicheren Situation. Der Initiator bzw. die Initiatoren sind dabei in der Rolle des Trustees. Sie erwarten vom Trustor eine Leistung, ohne daß gewiß ist, daß auch eine entsprechende Gegenleistung erfolgt. Zwischen Leistungen des Trustors und denen des Trustees besteht eine zeitliche Differenz. Der Initiator muß also seine Vertrauenswürdigkeit nachweisen oder weitgehende Kontrollrechte einräumen. Der Anreiz für die Etablierung eines Ressourcenpools besteht darin, sich dafür einen höheren Anteil am Kollektivertrag zu sichern. Die Lösung dieser doppelten Aufgabenstellung besteht in der Kreation und Etablierung einer impliziten Konstitution (also Herrschaft), die auf die kollektive Vorteilhaftigkeit hinweist, ihm aber zugleich erlaubt, seine höheren Ertragsansprüche zu realisieren. Die Vertrauenswürdigkeit und damit auch die Legitimität dieser impliziten Konstitution ist aber mit der Person des Initiators verbunden. Wie Coleman (1990, S.345ff.) ausführt, ist insbesondere bei Initiatoren die Argumentation mit der allgemeinen langfristigen Vorteilhaftigkeit ausgeprägt. Der Prozeß der Übertragung dieser personengebundenen Vertrauenswürdigkeit auf korporative Akteure als juristische Personen erweist sich dauerhaft aber als außerordentlich schwierig, denn Vertrauenswürdigkeit ist mit Merkmalen, wie zumindest partiell gleichgerichteten Interessen, Abgrenzung nach außen und räumlicher Konzentration, verbunden.[116]

Das Modell der Ressourcenzusammenlegung ist nach Vanberg (1982) geeignet, zwei unterschiedliche theoretische Modelle zu integrieren: Marktmodelle und Vertragsmodelle. Bei Marktmodellen wird davon ausgegangen, daß zwischen Leistung und Gegenleistung eine unmittelbare Beziehung besteht. Das Motiv für die Erbringung einer eigenen Leistung ist der Wunsch, in den Besitz der Leistung eines anderen zu kommen. Die Koordination von Handlungen erfolgt in Marktmodellen dezentral. Strukturen ergeben sich als beabsichtigte und unbeabsichtigte Folgen einer Vielzahl dezentraler Aktionen. Bei Vertragsmodellen werden in einer Übereinkunft zwischen verschiedenen Akteuren die Rechte und Pflichten der einzelnen Akteure festgelegt. Diese beinhalten Vereinbarungen über die Leistungen bei Vertragserfüllung und Sanktionen bei Vertragsverletzungen. Strukturen ergeben sich als das Ergebnis einer bewußten Koordination von Einzelhandlungen.

Im Modell der Ressourcenzusammenlegung werden diese beiden Elemente miteinander verbunden. Die zentrale Koordination ist dabei sowohl das Er-

---

116 Der Übergang von einem Ressourcenpool zu einem korporativen Akteur ist in dieser Skizze kein nahtloser, sondern ein mit Brüchen behafteter Prozeß, der auch fehlschlagen kann. Korporative Akteure sind solche Organisationen, die diesen Übergang bewältigt haben. Deshalb erschien es sinnvoll, diesen Unterschied auch bei der Wahl der Begrifflichkeiten deutlich zu machen, auch wenn Coleman diese Unterscheidung nicht trifft.

gebnis als auch die Rahmenbedingung individueller Austauschprozesse. Individuelle Austauschprozesse können unmittelbar oder mittelbar sein. Bei unmittelbaren Austauschprozessen besteht eine direkte Verknüpfung zwischen Leistung und Gegenleistung. Es gibt aber auch die Möglichkeit einer mittelbaren Verknüpfung von Leistung und Gegenleistung. Nach diesem Modell ist die Gegenüberstellung von Markt (dezentrale Koordination) und Hierarchie (zentrale Koordination) als zwei alternativen Formen der Ressourcenallokation eine zu grobe Vereinfachung. Markt und Hierarchie sind in Organisationen gleichzeitig vorhanden. Nebeneinander bestehen zentrale und dezentrale Formen der Koordination. Die konkreten Ausprägungen dezentraler und zentraler Koordinationsmechanismen und ihr Mischungsverhältnis bestimmen die Struktur der Organisation. Die Wahl des Koordinierungsmechanismus und seiner konkreten Ausprägung treffen individuelle Akteure, die dabei sowohl externe wie interne Faktoren berücksichtigen.

Wie kann nun das komplexe Wechselspiel zwischen externen Faktoren, Größe, internen Faktoren und Strukturierung verstanden werden und welche Folgerungen lassen sich daraus für die Bedeutung des Faktors Größe für den Maschinenbau gewinnen?

6.2.3.2. Die Bedeutung von Vertrauen für neugegründete Organisationen

Im Modell des Ressourcenpools sind sowohl organisationsexterne Faktoren wie organisationsinterne Faktoren Rahmenbedingungen für individuelles Handeln, das subjektive Rationalitätskalküle beeinflußt. Die Übertragung von Dispositionsrechten auf eine zentrale Instanz strukturiert die Beziehungen der Mitglieder untereinander und den Kontakt zu externen Akteuren. Die Gründung eines Ressourcenpools setzt die Existenz von Dritten voraus. Denn nur durch Ressourcenzufuhr von außen kann ein Ressourcenpool dauerhaft etabliert werden. Die Aufnahme von Austauschbeziehungen zu Dritten schafft für diese eine Unsicherheit, denn bei neugegründeten Organisationen ist für Dritte nicht klar, ob sie vertrauenswürdig sind, d.h. ob tatsächlich Leistung und Gegenleistung erbracht werden. Damit ist ein Prozeß notwendig, den Hannan/Freeman als Legitimierung bezeichnen. Nach dem Modell des Ressourcenpools ist die Schaffung von Vertrauenswürdigkeit nicht nur nach innen, sondern auch in den Beziehungen nach außen zentral.[117] Die Entwick-

---

117 In einer hochentwickelten Gesellschaft mit einer Vielzahl korporativer Akteure können natürlich auch korporative Akteure neue Ressourcenpools oder korporative Akteure gründen. Dies ist in Bezug auf die Etablierung von Vertrauenswürdigkeit ein erheblicher Startvor-

lung von Vertrauenswürdigkeit hat eine zeitliche Dimension, denn Vertrauenswürdigkeit hängt unter anderem von der Anzahl und der Häufigkeit der Interaktionen entweder mit einer dritten Partei direkt oder mit Akteuren, mit denen die dritte Partei in Kommunikationsbeziehungen steht, ab. Da Interaktionen mit Akteuren, deren Vertrauenswürdigkeit nicht bekannt ist, weniger häufig stattfinden und zum Teil nur bei Preiszugeständnissen möglich sind, haben Neugründungen auch ohne die Berücksichtigung der wirtschaftlichen Rahmendaten erhebliche Startschwierigkeiten, die, wie die Populationsökologie demonstriert, auch ihre Überlebenschancen deutlich verringern. Vertrauenswürdigkeit ist aber relativ und von den verfügbaren Alternativen abhängig. Bei der Wahl zwischen vertrauenswürdigen Akteuren und Akteuren, deren Vertrauenswürdigkeit nicht bekannt ist, werden vertrauenswürdige Akteure vorgezogen. Wenn eine Leistung aber nur von Akteuren erbracht wird, über deren Vertrauenswürdigkeit nichts oder nur wenig bekannt ist, sind entscheidungsrelevante Kriterien die Höhe des Risikos (Bagatellrisiko oder nicht), die Höhe des potentiellen Gewinns, Möglichkeiten und Kosten für Kontrollmaßnahmen und die Substitutionsfähigkeit der Leistung durch andere. Daraus ergibt sich eine unterschiedliche Konstellation für Neugründungen in etablierten Branchen und Neugründungen in neuen Branchen. In etablierten Branchen stehen Neugründungen immer in Konkurrenz mit Akteuren, die ihre Vertrauenswürdigkeit schon nachgewiesen haben. Bei neuen Branchen stehen sie im Wettbewerb mit Akteuren, die ihre Vertrauenswürdigkeit ebenfalls noch nicht etabliert haben. Damit wäre mit dem Modell des Ressourcenpools eine zweite Feststellung der Populationsökologie erklärbar: Neugründungen in etablierten Branchen haben schlechtere Überlebenschancen als Neugründungen in neuen Branchen. Der Mechanismus, auf dem dieser Effekt beruht, liegt in der ungleichen Verteilung von Vertrauenswürdigkeit in Beziehung zu organisationsexternen Akteuren.

Wie oben dargestellt, hat das Datum der Neugründung nicht nur externe Effekte, sondern auch interne, und es besteht eine Wechselbeziehung zwischen externen und internen Effekten. Neugründungen haben nicht nur ein 'Vertrauensproblem' in ihren Außenbeziehungen, sondern auch in ihren Innenbeziehungen. Eine Neugründung bedeutet nicht nur für den Initiator ein Risi-

---

teil, wenn der Gründer sich dieses Vertrauen erworben hat. Wie Beispiele von Neugründungen durch Großunternehmen zeigen, wird dies auch als Marketinginstrument genutzt. Aktuell wird dies beispielsweise von IBM mit ihren Tochterunternehmen Ambra und Lexmark praktiziert. Die hier im folgenden behandelten Probleme und Strategien zur Bewältigung von Problemen sind nur in einer sehr idealisierten Form dargestellt. Die Ausführungen beziehen sich nur auf Neugründungen durch individuelle Akteure. Bei Neu- und Ausgründungen durch etablierte Organisationen bestehen zum Teil andere Probleme bzw. können Probleme anders bewältigt werden.

ko, sondern auch für die Mitarbeiter[118]. Ob sie für ihre Leistungen, im Regelfall Arbeitsvermögen und/oder Fähigkeiten und Kenntnisse, die erwartete Gegenleistung in vollem Umfang erhalten, ist ungewiß. Die Bereitschaft, dieses Risiko einzugehen, hängt von verfügbaren Alternativen ab und von möglichen Kompensationsangeboten des Inhabers. Kompensationsangebote des Inhabers werden in der Regel implizite oder explizite Langfristangebote sein, die an das Wachstum des korporativen Akteurs insgesamt gebunden sind, d.h. implizite oder explizite Karriereangebote für den Fall des Wachstums. Solche Langfristangebote fördern die Etablierung von internen Normen, die das 'Allgemeinwohl' in den Vordergrund stellen. Wenn Langfristangebote nicht gemacht werden oder für den individuellen Akteur unglaubwürdig erscheinen, kann ein Selektionsprozeß in Gang gesetzt werden. Mitarbeiter, die über vertrauenswürdigere Alternativen verfügen, werden diese vorziehen. Mitarbeiter, denen diese Alternativen nicht zur Verfügung stehen, haben kaum eine andere Wahl, als das Risiko zu akzeptieren. Die Verfügbarkeit von Alternativen hängt wiederum von allgemeinen wirtschaftlichen und sozialen Faktoren ab. Daß konjunkturelle und strukturelle Faktoren die Nachfrage nach Arbeitskräften beeinflussen, ist eine Selbstverständlichkeit. Aber auch soziale Faktoren, wie z.B. Mobilitätsaspekte, beeinflussen die Verfügbarkeit von Alternativen. Geringe Mobilität schränkt den Suchradius von Alternativen ein.

Ein weiterer Faktor für die Wichtigkeit von Vertrauen in Gründungsphasen ist der Ressourcenverbrauch, der mit dieser Gründung verbunden ist. Unabhängig von der Höhe des Korporationsertrages müssen zunächst Ressourcen eingesetzt werden, damit Austauschbeziehungen zur Umwelt überhaupt initiiert werden können. Ein gewerblicher Ressourcenpool benötigt Produktionsstätten, Kommunikationsmittel, Maschinen und Anlagen etc., die zumindest in einem funktionstüchtigen Zustand erhalten werden müssen. Sie sind nicht nur zur Zahlung ertragsabhängiger Steuern, sondern auch ertragsunabhängiger Abgaben und Steuern verpflichtet. Ressourcen werden auch verbraucht, wenn sie nicht für die Erfüllung direkt-produktiver Leistungen verwendet werden. Wie oben erläutert, stellen Vertrauen und Kontrolle alternative Wege der Unsicherheitsbewältigung dar. Während Vertrauen ein relativ kostengünstiger Weg der Unsicherheitsbewältigung ist, stellt Kontrolle immer eine Form des Ressourcenverbrauchs dar. Die Höhe des Ressourcenverbrauchs ist jedoch von der konkreten Kontrollform abhängig. Je detaillierter und vollständiger die Kontrollform ist, desto höher ist ihr Ressourcenverbrauch. Unter den Bedingungen einer Neugründung, die Probleme hat, Austauschbeziehungen mit Externen zu etablieren, ist der Anreiz, eine besonders

---

118 So berichten beispielsweise Domeyer/Funder (1991), daß eines der zentralen Probleme für Neugründungen die Gewinnung von qualifizierten Mitarbeitern ist.

kostengünstige Form der Unsicherheitsbewältigung zu wählen, stark ausgeprägt. Es ist sinnvoll, eine (implizite) Konstitution zu etablieren, deren Einhaltung im Interesse eines größeren Teils der Mitarbeiter liegt, wenn auch die Interessen des Initiators dabei in besonderer Weise berücksichtigt werden. Eine solche (implizite) Konstitution ergibt sich beispielsweise aus der Art und Weise, wie und welche Routinen etabliert werden. Die Konstitution entlastet den Gründer von Kontrollaufgaben, da abweichendes Verhalten nicht nur von ihm, sondern auch von anderen Mitarbeitern sanktioniert wird. Die typischen Bedingungen von Neugründungen erleichtern diese Aufgabe. Der Kreis von Mitarbeitern ist klein, im Regelfall ist eine räumliche Konzentration gegeben, und intensive Kommunikationsmöglichkeiten untereinander lassen eindeutige Abgrenzungen zu. Wo die Etablierung dieser Konstitution nicht ausreicht, weil die Risiken zu hoch sind, wird die kostengünstigste Form der Kontrolle gewählt, z.B. die sporadische persönliche Anwesenheit des Gründers. Wie Coleman (1990, S.348f.) ausführt, ist diese Form der Etablierung von Vertrauenswürdigkeit an Personen gebunden. Ob diese Vertrauenswürdigkeit im internen Verhältnis von Personen auf Funktionen übertragen werden kann, hängt in erster Linie von Kontextfaktoren ab.

Der Anreiz zu möglichst kostengünstigen Kontrollformen wird noch durch einen weiteren Mechanismus verstärkt. Korporative Akteure, die ihre Vertrauenswürdigkeit im Verhältnis zu Externen noch nicht nachgewiesen haben, müssen eher Preiszugeständnisse machen, d.h. ihre Fähigkeit, Ressourcen zu akkumulieren, ist geringer. Geringere Ressourcenakkumulation bedeutet einen geringeren Kollektivertrag, der unter den Mitgliedern des Ressourcenpools verteilt werden kann. Ein geringerer Kollektivertrag verschärft tendenziell das Verteilungsproblem zwischen Gründern und anderen Mitgliedern des Ressourcenpools. Ein höherer Anteil des Gesamtertrages für den Initiator geht notwendigerweise zu Lasten des Anteils von anderen Mitarbeitern. Kosten für ein umfassendes und detailliertes Kontrollsystem verschärfen diesen Konflikt. Eine kostengünstige Strategie der Bewältigung von Unsicherheit ist so ein Mittel, um den Konflikt zu begrenzen.

Damit ist eine Neuinterpretation der Ergebnisse von Woodward und der Aston-Gruppe (vgl. Kapitel 4.1) möglich. Woodward hatte den Einsatz personaler Kontrolle als Resultat der Anforderungen der Seriengröße gesehen, während die Aston-Gruppe Größe als zentrale Determinante bestimmt hatte. Anlehnend an Coleman wird hier personale Kontrolle als eine Folge des Bedürfnisses nach einer sehr kostengünstigen Form der Bewältigung von Unsicherheit gesehen. Konstellationen, wie sie für Neugründungen (und damit in der Regel für kleinere Organisationen) typisch sind, erzeugen diesen Anreiz. Die Beziehung zu Größe ist nur indirekt gegeben, da Neugründungen durchschnittlich wesentlich kleiner sind als etablierte Organisationen. Neben diesem indirekten Effekt von Größe gibt es aber auch direkte Effekte. Personale Kontrollsysteme verlieren mit wachsender Mitarbeiterzahl an Effektivität. Eine verhaltenssteuernde Wirkung haben Kontrollsysteme nur dann, wenn damit eine gewisse Häufigkeit der Kontrolle und eine echte Sanktionsdrohung verbunden ist. Da auch Gründer nur eine begrenzte Arbeitskapazität haben, ist ihre Kapazität, persönliche Kontrollen durchzuführen, begrenzt. Je mehr Mitarbeiter beschäftigt werden, desto unwahrscheinlicher wird eine persönliche Kontrolle durch den Initiator. Je unwahrscheinlicher die Kontrolle wird, desto geringer ist ihre Effektivität. Das Wachstum von Organisationen führt also dazu, daß persönliche Kontrolle an Effektivität verliert. Die Auswahl eines Kontrollsystems erfolgt natürlich auch unter Kosten-Nutzen-Überlegungen.

Wie Woodward (1965) und Reeves/Woodward (1970) argumentieren, hängen die Kontrollkosten stark vom Gegenstand der Kontrolle ab. Kontrolle läßt sich als ein Meßvorgang begreifen, bei dem ein Sollergebnis mit einem tatsächlichen Ergebnis verglichen werden soll. Dabei gibt es Sachverhalte, für die einfache Meßverfahren vorhanden sind und Sachverhalte, die nur sehr schwierig zu messen sind. Schwierige Messungen sind im Regelfall mit dem Problem verbunden, einen geeigneten Vergleichsmaßstab festzulegen. Einfach zu messen ist beispielsweise die Anwesenheitsdauer. Die Einteilung in Stunden und Minuten ist ein genormter Vergleichsmaßstab, der alltäglich ist. Schwierig zu messen ist beispielsweise die Arbeitsleistung. Arbeitsleistung ist zwar ein gebräuchlicher Begriff, setzt sich aber aus vielen Facetten zusammen, deren Bewertung stark subjektiv ist. Grundsätzlich sind physische Gegenstände leichter zu bewerten als geistige Leistungen. Für physische Gegenstände existieren genormte Beschreibungs- und Meßverfahren, während die Bewertung geistiger Leistungen außerordentlich komplex ist. Weiterhin gilt, je einfacher der Gegenstand ist, d.h. je geringer die Zahl der zu berücksichtigenden Dimensionen ist, desto einfacher ist seine Messung.[119]

Reeves/Woodward (1970) führen noch weitere kostenrelevante Dimensionen an, etwa ob die Soll- und Istdaten erst erzeugt werden müssen, oder ob sie sozusagen als Nebenprodukt des normalen Produktionsvorgangs anfallen. Damit wird die technische Ausstattung zu einem Faktor, der die Höhe der Kontrollkosten beeinflußt. Im Unterschied zu konventioneller Technik fallen beim Einsatz rechnergesteuerter Techniken viele Informationen quasi neben-

---

119 Manske u.a. (1987) weisen auf zwei weitere kostenrelevante Faktoren hin: Die Genauigkeit und die Häufigkeit. Je genauer ein Gegenstand gemessen werden soll, desto höher werden die Kosten, und je häufiger gemessen werden soll, desto höher sind die Kontrollkosten.

bei an, die prinzipiell auch automatisch weiterverarbeitet werden können.[120] Wie damit angedeutet, wird die Höhe der Kontrollkosten auch dadurch beeinflußt, ob Kontrolle standardisiert ist und wer die Kontrolle durchführt. Dies bezieht sich auf die Strukturierung von Abläufen. Abläufe können in diskreten Schritten, kontinuierlich oder in Regelkreisläufen konzipiert werden. Dabei sind mögliche Kontrollkosten gegen andere Vor- und Nachteile abzuwägen. Abläufe in diskreten Schritten weisen nur eine geringe Verbindung zu vor- und nachgelagerten Schritten auf. Diese relative Abgekoppeltheit schützt vor Störungen, erlaubt eine flexible Nutzung, führt tendenziell zur lokalen Optimierung aber nicht zur Gesamtoptimierung und erhöht potentiell die Kontrollkosten, weil eine Bewertung an jeder Stelle erfolgen muß; andererseits sind die Kosten bei Defektion gering, weil die Auswirkungen lokal bleiben.

Kontinuierliche Prozesse weisen eine starke Verbindung zu vor- und nachgelagerten Bereichen auf. Ihre Flexibilität ist geringer und ihre Störanfälligkeit höher, dafür können Prozesse insgesamt optimiert werden. Tendenziell sinken die Kontrollkosten, da die enge Verbindung von vor- und nachgelagerten Schritten eine gesamte Input-/Outputkontrolle ermöglicht. Die Kosten bei Defektion sind allerdings hoch, da dann der gesamte Prozeß gestört werden kann. Hier besteht auch eine Verbindung zu Größe. Je mehr Stellen in einen solchen kontinuierlichen Ablauf eingebunden sind, desto höher ist seine Störanfälligkeit.

Regelkreisläufe nehmen eine mittlere Position ein. Sie weisen eine lose bzw. gepufferte Verbindung zwischen vor- und nachgelagerten Stellen auf, sind deshalb in Maßen flexibel, weisen eine mittlere Störanfälligkeit auf. Mittleren Kontrollkosten stehen auch nur mittlere Kosten bei Defektion gegenüber.[121]

Die Entscheidung über die Etablierung von Kontrollsystemen und deren Gestaltung erweist sich so als außerordentlich komplexer Abwägungsprozeß. Unter der Annahme begrenzter subjektiver Rationalität ist zu erwarten, daß eine vollständige Abwägung aller Aspekte und deren spezifischer Vor- und Nachteile im Regelfall nicht erfolgt. Wie die verhaltenstheoretischen Ansätze

---

120 Der Einsatz von MDE/BDE-Terminals (Maschinendatenerfassung/Betriebsdatenerfassung) wäre in dieser Sichtweise nicht Ausdruck eines gestiegenen Kontrollbedürfnisses des Managements, sondern eine Reaktion auf die Senkung der Kontrollkosten durch den Einsatz rechnergesteuerter Maschinen.

121 Wie die Industriesoziologie (z.B. Hildebrandt/Seltz 1989, Dörr 1991 oder insbesondere Manske 1991) in ihren Fallstudien zeigt, weisen Kontrollsysteme auch unterschiedliche indirekte Kosten auf. Je umfassender der Kontrollanspruch ist, desto höher werden Widerstände bei Mitarbeitern.

nahelegen und Chandler (1977) bei einer historischen Betrachtung von Strukturierungsprozessen schildert, ist bei so komplexen Aufgaben ein iterativer 'trial and error'-Prozeß wahrscheinlich, der entweder zur Auflösung der Unternehmung führt, weil zu viele Ressourcen bei dem Versuch, eine Lösung zu finden, verbraucht wurden, oder zu einer Struktur, die zumindest befriedigende Leistungen verspricht. Dabei spielen 'erfolgreiche' Musterlösungen in anderen Unternehmen eine wichtige Rolle. Wie Chandler zeigt, war die 'erfolgreiche' Implementierung der divisionalen Struktur durch DuPont auch für zahlreiche andere Unternehmen mit ähnlichen Problemlagen Anlaß, diese Form zu kopieren. Die M-Form wurde dabei als Grundlage genommen, die dann in einem Anpassungsprozeß so lange modifiziert wurde, bis zumindest eine befriedigende Situation erreicht wurde.

Die Komplexität des Abwägungsprozesses wird durch Größe beeinflußt. Mit der Zahl der Mitarbeiter wachsen einerseits die zu berücksichtigenden Aspekte, andererseits wachsen auch die möglichen Gestaltungsoptionen.

6.3. Organisationsgröße, Vertrauen und Kontrolle

Mit zunehmender Größe wächst die Komplexität der Aufgabe und der Bedarf an Kontrollsystemen. Der Bedarf an Kontrollsystemen wird durch zwei Parameter beeinflußt, die nicht größenneutral sind: Die Höhe der Kosten für 'falsches' Vertrauen und die Wahrscheinlichkeit, daß Vertrauen enttäuscht wird.

Der Zusammenhang zwischen Größe und der Wahrscheinlichkeit, daß Vertrauen enttäuscht wird, wurde implizit von Williamson (1975) unter Rückgriff auf Olson formuliert. Wie Olson (1968) gezeigt hat, besteht bei öffentlichen Gütern (public goods) keine direkte Verbindung zwischen dem Beitrag eines einzelnen zur Produktion dieses Gutes und der Nutzung durch den einzelnen. Je stärker diese Entkopplung ist, desto wahrscheinlicher wird es, daß einzelne keinen Beitrag zur Produktion dieser Güter leisten, aber von der Nutzung nicht ausgeschlossen werden können. Ein Weg zur Lösung dieses Problems besteht nach Olson (1968) in der Schaffung von Organisationen. Organisationen beinhalten für Olson (1968) Anreizmechanismen, die eine Verknüpfung des Beitrags des einzelnen zur Produktion eines öffentlichen Gutes (in diesem Fall des Korporationsertrages) und der Nutzung herstellen. Williamson (1975) argumentiert nun, daß sich Organisationen u.a. dadurch auszeichnen, daß sie nur schwache Anreize geben können und so das 'large number dilemma' auch in Organisationen gegeben ist. In Anlehnung an Coleman kann gesagt werden, daß die Möglichkeiten zu spezifischen Anreizen innerhalb von Organisationen an die Wirksamkeit von Vertrauen bzw. Kontrolle gebunden sind, d.h. Organisationen weisen nicht - wie Olson annimmt - per se gute oder - wie Williamson (1975) unterstellt - per se schlechte Anreizmöglichkeiten auf, sondern ihre Möglichkeiten, spezifische Anreize zu setzen, basieren auf der Wirksamkeit von Vertrauens- bzw. Kontrollmechanismen. Die Wirksamkeit von Vertrauen und Kontrolle beruht auf Sanktionsmöglichkeiten.

Vertrauen stellt gleichsam eine Übertragung von Sanktionsmöglichkeiten dar. Vertrauen ist dann rational, wenn der Trustor davon ausgehen kann, daß unerwünschtes Verhalten sanktioniert werden kann. Die Sanktionierung muß nicht durch den Trustor direkt vorgenommen werden, sondern kann auch von Personen ausgeführt werden, mit denen sowohl der Trustor als auch der Trustee in intensiven Kommunikationsbeziehungen stehen. Die Wahrscheinlichkeit zukünftiger Sanktionierung wird durch eine Reihe von Faktoren gefördert, wie z.B. Etablierung von Normen, räumliche Nähe, Abgegrenztheit der Interaktionsbeziehungen etc.. Kontrolle läßt sich dadurch kennzeichnen, daß der Trustor versucht, Defektion unmittelbar mit Sanktionen zu verbinden. Zur Vereinfachung des Arguments wurde angenommen, daß Defektion offensichtlich ist und keine Maßnahmen getroffen werden müssen, um Defektion erkennen zu können. Wenn es gelingt, Normen zu etablieren, dann ist damit nicht nur eine Ausweitung der Sanktionsmöglichkeiten verbunden, sondern auch eine Ausweitung der Möglichkeiten, Defektion zu erkennen. Denn 'Fehlverhalten' muß dann nicht mehr vom Trustor selbst entdeckt werden, sondern kann von Dritten festgestellt werden. Im Falle von Kontrolle muß der Trustor selbst oder eine eigens von ihm damit beauftragte Person 'Fehlverhalten' feststellen.

Zwischen Vertrauen und der Größe einer Organisation bestehen Beziehungen. Organisationen sind nach Coleman [122] ein Weg, um die Zahl der Interaktionsbeziehungen zu reduzieren, die zur Erstellung eines Gutes notwendig sind. Mit der Zahl der Mitarbeiter, oder genauer mit der Zahl und der Heterogenität der Aufgaben, wächst die Zahl der notwendigen Interaktionsbeziehungen. Aus der Definition der notwendigen Interaktionsbeziehungen und der Dispositionsrechte ergibt sich die formale Struktur einer Organisation. Anders ausgedrückt besteht eine formale Organisation aus der Definition von Positionen und den Beziehungen zwischen Positionen.

Die (implizite) Konstitution einer Organisation besteht aus allgemeinverbindlichen Normen, wie die Positionen und die Interaktionen zwischen den Positionen auszufüllen sind. Mit der Zahl der Positionen und Interaktionen steigt entweder die Zahl der Normen oder der Abstraktionsgrad der Normen nimmt zu. Beides führt tendenziell dazu, daß die verhaltenssteuernde Wirkung abnimmt. Wenn mit steigender Positions- bzw. Interaktionszahl die Zahl

---

122 Vgl. Coleman (1990, S.425ff.).

der Normen zunimmt, wird die Wahrscheinlichkeit, daß der Allgemeinheitsgrad abnimmt, größer. Die Erhöhung der Zahl der Normen bedeutet nicht nur, daß die Zahl der Normen für die Ausfüllung einer Position und deren Interaktionen zunimmt, sondern auch, daß die Zahl der Normen, die für die Ausfüllung einer bestimmten Position irrelevant sind, zunimmt. Es ist wenig wahrscheinlich, daß der einzelne für ihn irrelevante Normen auf Dauer memoriert. Damit sind aber auch Verstöße gegen diese Normen für ihn nicht mehr erkennbar und somit auch nicht sanktionierbar. Mit zunehmender Zahl von Positionen und Interaktionen sinkt bei einer zunehmenden Zahl von Normen die Möglichkeit der selbständigen Sanktionierung durch Dritte.

Die andere Alternative, die Steigerung des Abstraktionsgrades der Normen, führt - auf einem anderen Weg - zu einem ähnlichen Ergebnis. Ein zunehmender Abstraktionsgrad bedeutet eine Zunahme der inhaltlichen Unbestimmtheit der Normen. Der Grad der Unbestimmtheit ist - wie die verhaltenstheoretische Schule und die Transaktionskostentheorie zeigen - ein Synonym für die Größe von Interpretationsspielräumen. Je größer die Interpretationsspielräume, desto unklarer werden die Grenzen für Defektion. Auf Dauer führen diese unklaren Grenzziehungen entweder zu erratischem Sanktionsverhalten, das die Legitimität der Normen in Frage stellt, oder zu einer Konkretisierung der Normen mit der Konsequenz, daß die Zahl der Normen und damit ihr Allgemeinheitsgrad abnimmt. Mit der Zahl der Positionen bzw. der Zahl der Interaktionsbeziehungen - und damit mit zunehmender Größe - sinkt die Möglichkeit, mit Hilfe von allgemeingültigen Normen - und damit über Vertrauen - spezifisch verhaltenssteuernd zu wirken.[123]

Der skizzierte Prozeß zwischen Größe und der Abnahme der Verhaltenssteuerung über Vertrauen ist die Beschreibung einer Tendenz. In konkreten Organisationen wird diese Tendenz nicht kontinuierlich nachvollzogen werden, sondern mit Brüchen verbunden sein. Dieser Argumentation liegt die Annahme einer begrenzten Rationalität zugrunde, die sich aus individuellen Kapazitätsgrenzen ergibt. Individuelle Kapazitätsgrenzen verweisen auf mehr oder weniger eindeutige Schwellenwerte. In diesem Fall bedeutet dies, daß die Zunahme von Normen aufgrund steigender Positions- und Interaktionszahl in ei-

---

123 Damit soll nicht bestritten werden, daß auch in sehr großen Organisationen Normen beispielsweise in Form einer Unternehmenskultur relevant sein können. Die ausgeführte These ist, daß ihre Steuerungsleistung nicht ausreicht, um systematisch Verhalten in unterschiedlichen Situationen zu beeinflussen. Einen umfassenden Überblick zu unterschiedlichen Konzepten der Unternehmenskultur in der Organisationsforschung gibt Smircich (1983). Vgl. dazu auch Hofbauer (1991). Aldrich (1992, S.24) bemerkt zum Konzept der Unternehmenskultur: "Culture is not the island of clarity within a jungle of meaninglessness - it is the jungle itself."(Hervorhebung im Orginal).

nem großen Bereich keinerlei Auswirkungen zeigt, während geringfügige Zunahmen in einem kritischen Bereich Konsequenzen haben. Bei der Betrachtung einer Organisation sind deshalb in mehr oder weniger großen Abständen Brüche zu verzeichnen. Da die Bruchstellen aber keine eindeutigen Schwellen haben, finden die Brüche in einem mehr oder weniger stark eingegrenzten Bereich statt. Nur bzw. erst bei der Aggregation dieser Brüche scheint es sich um ein kontinuierliches Phänomen zu handeln. Der stufenförmige Verlauf der Beziehung zwischen Positionen und deren Interaktionsbeziehungen und der Wirksamkeit von Normen als Steuerungsinstrument ist noch in einem weiteren Zusammenhang, insbesondere bei Klein- und Kleinstbetrieben, von Bedeutung.

6.3.1. Strukturierung und Größe

Strukturierung, d.h. die Schaffung von Positionen und die Bestimmung der notwendigen Interaktionsbeziehungen zwischen ihnen, ist ein kostenintensiver Vorgang. Einerseits werden durch sie Transaktionskosten drastisch gesenkt, weil für den Produktionsprozeß nicht notwendige Interaktionen vermieden werden, andererseits ist die Strukturierung selbst mit erheblichem Aufwand verbunden, da sowohl die Art als auch die wahrscheinliche Häufigkeit von Aufgaben bestimmt werden müssen, um Positionen (Stellen) definieren zu können; Zuständigkeiten müssen umfassend geklärt werden, und Über- und Unterstellungsverhältnisse sind festzulegen. Strukturierung verlangt eine systematische Analyse der Aufgaben und Abläufe, die in einem nächsten Schritt in dauerhafte Planvorstellungen zu überführen sind.

Bei kleinen Organisationen ist es rational, diesen Aufwand zu scheuen und nur eine äußerst grobe Aufgabenverteilung vorzunehmen. Bei wenigen Mitarbeitern sind die Interaktionsbeziehungen zwischen den Mitarbeitern noch leicht überschaubar. Eine Reduktion der Interaktionsbeziehungen brächte kaum Vorteile, aber erhebliche Nachteile, insbesondere für die Inhaber bzw. Geschäftsführer dieser Unternehmen. Strukturierung heißt auch, wie Weber gezeigt hat, daß Dispositionsbefugnisse genau definiert werden und zumindest teilweise delegiert werden müssen. Die Schaffung von Hierarchiestufen und eines Instanzenweges bedeutet nicht nur eine Einschränkung von Aufgaben und Befugnissen der untersten Hierarchieebene, sondern auch eine Einschränkung der Befugnisse der obersten Hierarchieebene.

Solange die individuellen Kapazitätsgrenzen des Inhabers bzw. Geschäftsführers zur Koordination und Kontrolle noch nicht erreicht sind, führt Strukturierung zu einem Ressourcenverbrauch und zum Verlust an Dispositionsrechten, ohne daß dadurch eine Steigerung des Korporationsertrags erzielt wird. Wie Coleman (1990) gezeigt hat, war die Herausbildung formaler Organisationsstrukturen ein langer historischer Prozeß, in dem es darum ging, die nachlassende verhaltenssteuernde Wirkung von Normen durch andere Instrumente zu ersetzen.[124] Coleman (1993, S.10) zeichnet ein Bild von durch Normen gesteuerten Gemeinschaften, das nicht besonders positiv ausfällt: "They operate more via constraints and coercion than via incentives and rewards. They are inegalitarian, giving those with most power in the community freedoms that are denied others. They discriminate, particulary against the young, enforcing norms that are in the interest of elders; they inhibit innovation and creativity".

6.3.2. Wachstumsfolgen

Die Mächtigen in einer kleinen und abgegrenzten Gemeinschaft - hier in Klein- und Kleinstunternehmen - haben kein Interesse an der Auflösung dieser Situation, weil sie einhergeht mit dem Verlust von Dispositionsrechten. Wenn die Wirksamkeit der effektiven Verhaltenssteuerung durch Normen nachläßt, geraten diese Gemeinschaften in Krisen, die zur Auflösung führen können. Da, wie gezeigt, die Wirksamkeit von Normen u.a. mit der Größe der 'Gemeinschaft' zusammenhängt, entstehen Wachstumskrisen. Das skizzierte Szenario wird in den Wirtschaftswissenschaften unter dem Stichwort 'Delegationskrise' behandelt.[125] Durch den Versuch, die Delegationskrise zu vermeiden, indem das Wachstum begrenzt wird, kann eine 'Alterskrise' entstehen. "Diese Alterskrise steht in einem teilweisen Zusammenhang mit der kritischen Wachstumsschwelle, wenn diese nicht überwunden wurde und es zu einer langfristigen Stagnation des Unternehmens kommt. Insbesondere der Wunsch von Führungspersonen gerade kleiner Unternehmen, keine Größenveränderung mehr vorzunehmen, um die damit verbundenen Strukturveränderungen, wie z.B. eine Änderung der Rechtsform und der Eigentumsverhältnis-

---

124 Allerdings liefert er keine Erklärung, wie dieser Prozeß der Entwicklung zu einem konkreten korporativen Akteur abläuft. Der historische Prozeß der Entstehung der Idee des korporativen Akteurs eignet sich nur bedingt zur Erklärung, warum und unter welchen Bedingungen sich ein konkreter Ressourcenpool zu einem korporativen Akteur entwickelt und unter welchen Bedingungen nicht. Auch bei der Beschreibung der Entwicklung von einfachen zu komplexen Herrschaftssystemen (Coleman 1990, S.162ff.) werden generelle Bedingungen genannt, die die Schaffung komplexer Herrschaftssysteme ermöglichen. Beispielsweise die Definition von Rollen und die Trennung von Eigentums- und Verfügungsrechten. Offen bleibt, warum nach der Erfindung der zur Schaffung eines korporativen Akteurs benötigten Instrumente diese nicht immer genutzt werden.
125 Vgl. (Albach u. a. 1985, S.13ff.).

se, zu vermeiden, ist hierfür als Ursache anzuführen." (Albach u.a. 1985, S.11f.).

Nach Coleman (1979) war es die Herausbildung korporativer Akteure, die es erst ermöglichte, diese Krisen zu überwinden, weil damit für die Besitzer von Organisationen ein Anreiz geschaffen wurde, Dispositionsrechte einzutauschen. Der Anreiz für den Verzicht auf die direkte Ausübung von Dispositionsrechten besteht in der Verminderung von Risiken. Die Erfindung der juristischen Person und die Übertragung von Verfügungsrechten auf diese begrenzt auch das Risiko bei Mißerfolg. War vorher eine Unternehmenskrise für die Inhaber immer auch eine Existenzkrise, weil die Inhaber mit ihrem gesamten Vermögen haftbar waren, so wurde dieses Risiko jetzt begrenzt. Auch der Prozeß der Strukturierung selbst kann als Instrument zur Begrenzung von Risiken verstanden werden. Die Übertragung von Verfügungsrechten auf eine juristische Person bedeutet ja nicht, daß alle Verfügungsrechte einer anderen Person übertragen werden, sondern daß ein abgestufter Prozeß der Übertragung von einzelnen Dispositionsrechten auf Positionen stattfindet. Die Trennung von Eigentums- und Verfügungsrechten begrenzt zugleich die Möglichkeiten, übertragene Rechte zu persönlichen Zwecken zu nutzen.[126]

Wie Chandler (1977, S.207ff.) gezeigt hat, ist die Verteilung von Dispositionsrechten auf Positionen ein Problem, für das erst in langwierigen und kostspieligen Versuchen Modellösungen entwickelt wurden. Die Schaffung von korporativen Akteuren bedeutet nicht, daß damit Prozesse der spontanen Strukturierung ausgeschlossen werden. "The natural process of spontaneous social organization, with its informal relations, social norms, and status systems, does not die as the primordial institutions (...) are replaced by constructed organization: The process reasserts itself wherever there is sufficient closure and continuity to provide the social capital that sustains it. In modern society, this occurs primarily within constructed organization.(...) This of course makes the problem of optimal organizational design both more interesting and more difficult." (Coleman 1993, S.12).

6.3.3. Professionalisierung

Wenn Organisationen also eine 'kritische' Wachstumsschwelle erreicht haben, müssen neue institutionelle Arrangements entwickelt werden, wenn die Exi-

---

126 Wie die Agency-Theorie zeigt, können natürlich auch übertragenene Dispositionsrechte für persönliche Zwecke ausgenutzt werden. Vgl dazu z. B. Jensen/Meckling (1976).

stenz der Organisation dauerhaft gesichert werden soll. Chandler (1977)[127] betont die Bedeutung der Erfindung des Managements für diesen Prozeß. Mit der Schaffung von Positionen, die mit Dispositionsrechten ausgestattet sind, und der Besetzung dieser Positionen mit bezahlten Angestellten wurden die Grundlagen für die moderne Unternehmensführung geschaffen. Für die Wahrnehmung dieser Positionen war nicht mehr die Einbringung von Ressourcen in Form von Kapital notwendig, sondern die Einbringung von personengebundenen Ressourcen in Form von Qualifikationen. Mit der Übertragung von Dispositionsrechten auf Angestellte ging eine Professionalisierung einher, die auch die Ansätze zu einer systematischen, 'rationalen' Unternehmensführung förderte und zugleich die Inhaber in eine eher passive Rolle drängte.

Weitreichende Entscheidungen von Managern müssen prinzipiell gegenüber den Eigentümern begründbar sein. In 'Profit-Organisationen' bedeutet Begründbarkeit, daß der tatsächliche oder vermeintliche 'Nachweis' möglich sein muß, daß diese Entscheidung einen Beitrag zur Erzielung des Korporationsertrags darstellt. Die Notwendigkeit, Entscheidungen gegenüber Dritten zu rechtfertigen, entsteht erst mit der Etablierung des Managements. Mit dieser Notwendigkeit gewinnt auch die Quantifizierbarkeit von Kosten-Nutzen-Rechnungen an Bedeutung. Entscheidungen sind leichter zu begründen, wenn ihre voraussichtlichen Konsequenzen in Geldbeträgen bewertbar sind. Damit ist nicht gesagt, daß Entscheidungen damit korrekter oder 'rationaler' werden[128].

Wie die verhaltenstheoretische Schule zeigt, gibt es in Organisationen Aufgabenstellungen, die so komplex sind, daß sie innerhalb eines begrenzten Zeitraums nicht rational im Sinne einer vollständigen Erfassung und Bewertung von Alternativen bewältigt werden können. Aber auch Entscheidungen in diesen Situationen müssen 'gerechtfertigt' werden können. Die Quantifizierbarkeit von Alternativen ist in diesem Sinne ein Kriterium, um den Such- und Bewertungsprozeß zu verkürzen und so entscheidungsfähig zu bleiben. Ob die angegebenen Größen korrekt sind, kann i.d.R. - wenn überhaupt - so nur nach umfänglichen Recherchen beurteilt werden. Die Detailliertheit von Kosten-Nutzen-Analysen ist eher ein Indiz dafür, wie intensiv über eine be-

---

127 Vgl. dazu auch Alchian/Demetz (1972). Sie beschreiben die Entwicklung von einem inhabergeführten zu einem managergeführten Unternehmen als eine Verlagerung von Eigentums- und Dispositionsrechten.

128 Damit wird ein Phänomen verständlich, das Weltz (1991, S.89) so beschreibt: "Wirtschaftlichkeitsrechnungen, von denen jeder weiß, daß sie mit der Realität nichts zu tun haben und die dann in innerbetrieblichen Aushandlungsprozessen doch als ernst genommen werden".

grenzte Zahl von Alternativen nachgedacht wurde, als dafür, daß die Berechnungen korrekt sind.

Diese Form der Entscheidungsabsicherung durch quantifizierte Kosten-Nutzen-Berechnungen ist ein Resultat der Professionalisierung der Unternehmensführung. Ein weiteres ist die Institutionalisierung der strategischen Unternehmensplanung.[129] Mit der erfolgreichen Bewältigung von Wachstumskrisen nimmt die Professionalisierung der Unternehmensführung und damit auch die systematische Strukturierung von Organisationen zu.

Wie oben dargestellt, ist die Auswahl eines Kontrollsystems eine so komplexe Aufgabe, daß kaum sämtliche Aspekte und Alternativen in einer Entscheidung gleichzeitig berücksichtigt werden können. Während Klein- und Kleinstunternehmen häufig die Bedingungen einer abgegrenzten und überschaubaren Gemeinschaft erfüllen, und so eine Situation kreiert werden kann, in der Verhaltenssteuerung über Vertrauen möglich ist, wird mit steigender Größe ein Punkt erreicht, an dem solche Steuerung an Wirksamkeit verliert. Die Bewältigung von Wachstumskrisen geht im Regelfall mit einer Professionalisierung der Unternehmensführung einher, die die Tendenz zu einer systematischen Strukturierung der internen Organisation fördert. Erst mit dieser Strukturierung wird ein Status erreicht, der sich als moderne Organisation beschreiben läßt.

Begrenzte Rationalität aufgrund individueller Kapazitätsgrenzen ist letztlich sowohl für die mit steigender Größe abnehmende Steuerungsfähigkeit durch Normen als auch für die steigende Komplexität bei der Bestimmung möglicher Kontrollformen rational zu bewältigen. Wie gesehen, bestimmen folgende Eigenschaften die Kontrollkosten: Verfügbarkeit von genormten Meßinstrumenten; Genauigkeit, Vollständigkeit und Häufigkeit der Kontrolle; die Art der Kontrolldatenerzeugung sowie die Autonomie der einzelnen Arbeitsgänge. Aus der Kombination dieser Elemente entstehen Kontrollformen. Kontrollformen sind in dieser Sichtweise Arrangements, um Defektion zu erkennen und in der Folge sanktionieren zu können.

Da Kontrolle immer einen Ressourcenverbrauch darstellt, dessen Höhe von den Eigenschaften der Kontrollform beeinflußt wird, ist die Etablierung von Kontrollformen immer eine Abwägung unter Kostenaspekten. Unter den Bedingungen begrenzter subjektiver Rationalität ist die Entwicklung von Kontrollformen kein kontinuierlicher Prozeß, sondern es wechseln Phasen großer Umbrüche mit Phasen eher geringerer Modifikationen. Umbruchphasen sind, wie angedeutet, mit strukturellen Krisen verbunden, während Modifikationen in den Phasen zwischen den Krisen vorherrschen. Strukturelle Kri-

---

129 Vgl. Schreyögg (1984, S.63).

sen können sich - wie Albach u. a. (1985) zeigen - durch Wachstum ergeben oder können sich - wie die augenblickliche Diskussion um den Maschinenbau, die Autoindustrie oder die Automobilzulieferer zeigt - durch strukturelle Veränderungen der Nachfrage ergeben.

Nach March/Simon werden komplexe Probleme in betrieblichen Entscheidungskontexten i.d.R. nicht in ihrer Gesamtheit analysiert, sondern jeweils aktuelle Teilaspekte betrachtet. Bei den Lösungen für diese Teilaspekte werden innerbetrieblich bekannte Musterlösungen verwendet. Diese Strategie der Behandlung komplexer Probleme reduziert die Kosten für den Such- und Entscheidungsprozeß. Erst wenn die Musterlösungen versagen, beginnt ein Suchprozeß nach anderen Lösungsvorstellungen. Krisensituationen zeichnen sich u.a. dadurch aus, daß die innerbetrieblich bekannten Lösungsansätze nicht zu den gewünschten Ergebnissen führen. Erst wenn die Strategie der Vereinfachung der Such- und Entscheidungsprozesse nicht erfolgreich ist, werden erweiterte Suchprozesse begonnen und andere außerbetriebliche Musterlösungen behandelt bzw. neue Lösungen entwickelt. Tatsächliche oder vermeintlich erfolgreiche Musterlösungen aus anderen Betrieben mit ähnlichen Problemen entlasten den Such- und Entscheidungsprozeß. Die Neigung, aus Gründen der Vereinfachung immer nur Teilaspekte komplexer Probleme zu betrachten und diese Teilaspekte mit innerbetrieblich bekannten Lösungsvarianten zu verbinden, führt zu Phasen inkrementalistischer Veränderungen. Bei Versagen der bekannten Lösungsansätze werden innerbetrieblich neue Lösungsansätze gesucht und ausprobiert, und dies führt zu strukturellen Umbrüchen.

Für den Einsatz von Vertrauen und Kontrollsystemen bedeutet dies, daß schubweise größere strukturelle Veränderungen in Ausnahmesituationen durchgeführt werden, während in Normalsituationen inkrementalistische Veränderungen zu verzeichnen sind. Nach Simon (1976) wird in betrieblichen Kontexten nicht systematisch eine Strategie der Optimierung verfolgt. Such- und Bewertungsprozesse werden begonnen, wenn Zielvorstellungen nicht erreicht werden. Ob bei Erreichung von Zielvorgaben andere Alternativen bessere Ergebnisse bringen würden, wird nicht untersucht. Die Übertragung dieser Argumentation auf Kontrollsysteme führt zu der hier vertretenen These, daß Kontrollsysteme die Funktion haben, Defektion auf ein bestimmtes Ausmaß zu begrenzen. Kontrollsysteme werden nicht geschaffen, um ein Maximum an Kontrolle ausüben zu können, wie dies in der 'labour process'-Debatte, beispielsweise von Braverman (1977) und Edwards (1981), unterstellt wurde.[130]

---

130 Die in dieser Arbeit vertretene Argumentation weist Ähnlichkeiten mit Friedmans (1987) Konzeption unterschiedlicher Kontrollstrategien auf. Während dort allerdings 'verantwort-

Defektionsmöglichkeiten von Mitarbeitern bestehen nicht nur in einer reduzierten Leistungsbereitschaft, sondern auch in der Nutzung von Ressourcen bzw. der Nutzung von Verfügungsrechten zu persönlichen Zwecken (z.B. Unterschlagung, Veruntreuung, Bestechlichkeit, Weitergabe von Unternehmensinterna etc.). Nur bei Mitarbeitern, die als alleinige Ressource das Arbeitsvermögen einbringen, beschränken sich die Möglichkeiten der Defektion auf die Nichteinbringung des Arbeitsvermögens. Der Versuch, sämtliche Möglichkeiten zur Defektion durch entsprechende Kontrollmaßnahmen zu verhindern, führt zu einem Ressourcenverbrauch, der zumindest den Korporationsertrag erheblich vermindert, wenn er nicht den Vorrat akkumulierter Ressourcen ganz erschöpft. Analog zu Colemans Argumentation bei bilateralen Interaktionsbeziehungen ist die Höhe eines möglichen Defektionsverlustes dafür entscheidend, ob überhaupt Kontrollmechanismen etabliert werden sollen. Bei Bagatellbeträgen ist Vertrauen immer die günstigere Strategie. Bei multilateralen Beziehungen ist es die kumulierte Höhe eines mögliches Verlustes durch Defektion, die darüber entscheidet, ob Kontrollmechanismen überhaupt in Betracht gezogen werden. Die Höhe der möglichen kumulierten Verluste durch Defektion ergibt sich aus der Häufigkeit der Defektion und den Kosten der Defektion. Sehr kostspielige einzelne Defektionen, wie auch massenhafte Defektion, machen die Etablierung von Kontrollmechanismen wahrscheinlich. Weil Kontrolle immer eine Form des Ressourcenverbrauchs darstellt, werden bei der Bewertung von Alternativen die Kosten von Kontrollmechanismen in Beziehung gesetzt zu der kumulierten Höhe des möglichen Defektionsverlustes. Sehr kostspielige Defektionen rechtfertigen höhere Kontrollaufwendungen als vergleichsweise geringe Defektionsverluste. Da es viele unterschiedliche Defektionsmöglichkeiten gibt, werden Kontrollmechanismen jeweils unter Aktualitätsgesichtspunkten diskutiert und implementiert. Einmal etablierte Kontrollmechanismen werden so lange nicht in Frage gestellt, bis Defektionsverluste eine kritische Schwelle überschreiten. Wenn diese überschritten wird, erfolgen Modifikationen. Solange Modifikationen ausreichen, um die kumulierte Höhe von Defektionsverlusten in den akzeptierten Grenzen zu halten, erfolgt keine grundsätzliche Änderung des Kontrollsystems. Wenn Modifikationen nicht mehr ausreichen, wird über grundsätzlich neue Formen nachgedacht.

---

liche Autonomie' und 'direkte Kontrolle' als zwei sich gegenseitig ausschließende strategische Alternativen betrachtet werden, wird hier betont, daß die Entscheidung über Vertrauen und Kontrolle und die Auswahl von Kontrollmaßnahmen abhängig von Randbedingungen ist, so daß in einer Organisation gleichzeitig Vertrauen und unterschiedliche Kontrollformen bestehen können.

Die Komplexität der Aufgabe der Etablierung von Kontrollmechanismen ergibt sich nicht nur aus der Vielzahl gleichzeitig zu berücksichtigender Aspekte und ihrer Beziehungen zueinander, sondern auch daraus, daß Zielkonflikte bestehen, so daß eindeutige Lösungen nicht gefunden werden können.

6.3.4. Zielkonflikte bei der Etablierung von Kontrollsystemen

Wie Manske u.a. (1987) zeigen, besteht ein solcher Zielkonflikt beispielsweise zwischen der Optimierung und der Kontrolle einzelner Arbeitsplätze und der Optimierung des gesamten Produktionsprozesses. Das klassische Instrument zur Anreizsteuerung ist die direkte Verbindung zwischen der Arbeitsleistung eines Mitarbeiters und der Entlohnung durch Akkordlohn. Bei einer solchen Koppelung reduziert sich die Kontrolle auf einen relativ einfachen Gegenstand, nämlich die Anzahl der hergestellten Teile. Wie sich jedoch im Laufe der Zeit herausstellte, war diese einfache und kostengünstige Form der Kontrolle nicht zur Optimierung des gesamten Produktionsprozesses geeignet, weil die einfache Addition lokaler Optima nicht zu einem Gesamtoptimum führen muß. Akkordlöhne setzen Anreize, an jeder Arbeitsstelle (innerhalb einer gewissen Bandbreite) möglichst viele Teile herzustellen oder zu montieren. Wenn aber für die Herstellung von Produkten Teile in unterschiedlicher Häufigkeit benötigt werden, werden immer wieder zu viele momentan nicht benötigte bzw. zu wenige momentan benötigte Teile hergestellt bzw. montiert, d.h. es entstehen Lager für zuviel hergestellte Teile, während andererseits das Fehlen benötigter Teile zu Störungen des Ablaufes führt. Für einen optimierten Gesamtprozeß sind lokale Suboptima notwendig.

Die Vorstellung von betrieblichen Zielkonflikten ist auch Kern des Konzeptes der Zeitökonomie, mit dem latenten Konflikt zwischen Zeitökonomie und Marktökonomie. Zeitökonomie als Tendenz zu zeit- und kostengünstigeren Produktionsverfahren durch voranschreitende Technisierung und einem immer geringeren Anteil menschlicher Arbeit führt zu einer Erhöhung des Anteils der Fixkosten und setzt damit Anreize, vorhandene technische Kapazitäten möglichst optimal auszulasten. Marktökonomie verweist auf die Abhängigkeit der Unternehmen von einer schwankenden Nachfrage und setzt so Anreize zu einer möglichst variablen Kapazitätsauslastung. Wie Bergmann u.a. (1986) betonen, bedeutet die Existenz dieses Zielkonfliktes, daß Handlungsspielräume bestehen, so daß unterschiedliche Lösungen zur Bewältigung dieses Konfliktes etabliert werden können und nicht, daß nur eindeutige Lösungen bestehen, wie im Konzept der Zeitökonomie angenommen.

Granovetter (1985) und Bechtle/Lutz (1989) führen eine weitere Komplikation an, indem sie auf die Relevanz von wirtschaftlichen, sozialen und politischen Rahmenbedingungen hinweisen. Die Bedeutung betrieblicher Zielkonflikte ist nicht über alle Zeiten stabil, sondern verändert sich durch äußere Faktoren. Wie Bechtle/Lutz demonstrieren, können historische Bedingungen bestehen, die es erlauben, bestimmte Aspekte zumindest eine Zeitlang auszublenden. Im latenten Konflikt zwischen Zeitökonomie und Marktökonomie konnte die Marktökonomie in der Ausnahmesituation nach dem 2. Weltkrieg weitgehend vernachlässigt werden. Es bestand ein enormer Bedarf an einfachen, standardisierten Gütern, der sowohl in quantitativer wie in qualitativer Hinsicht relativ gut abschätzbar war. Das Problem, diesen Bedarf in eine kaufkraftfähige Nachfrage umzuwandeln, wurde durch gesellschafts- und wirtschaftspolitische Maßnahmen angegangen. Unternehmen konnten sich so darauf konzentrieren, ihren Output zu erhöhen. Für die Steigerung des Outputs mußte zumindest teilweise auf ungelernte Hilfskräfte zurückgegriffen werden. Für die Bewältigung der Aufgabe, den Output durch Einsatz ungelernter Kräfte zu steigern, gab es organisatorische Musterlösungen, die umgesetzt werden konnten. In dem Maße, in dem der Bedarf an einfachen und standardisierten Gütern gedeckt wurde, nahm die Bedeutung der Marktökonomie zu und die früher bewährten organisatorischen Musterlösungen gerieten in eine Krise. Das Besondere an der Situation nach dem 2. Weltkrieg war, daß für die überwiegende Zahl der Unternehmen eine nahezu identische Ausgangssituation gegeben war und sie deshalb auch zu ähnlichen Lösungen kamen. Mit dem Erfolg löste sich die Uniformität der Ausgangsbedingungen zunehmend auf.

6.3.5. Strategien zur Reduktion von Komplexität

Bechtle/Lutz (1989) zeigen, daß Kontextfaktoren die betriebliche Aufgabe der Gestaltung interner Organisationsstrukturen und Kontrollformen beeinflussen können. Der Mechanismus, wie diese Kontextfaktoren individuelle Entscheidungen in Unternehmen beeinflussen, wird von ihnen nicht thematisiert. Unter Rückgriff auf Coleman und die verhaltenstheoretische Schule können die inhaltlichen Aussagen von Bechtle/Lutz über allgemeine Tendenzen so rekonstruiert werden, daß sie auf Entscheidungen in und von Organisationen zurückgeführt werden können. Die Aufgabe der organisatorischen Strukturierung ist so komplex, daß eine vollständige, 'objektive' Lösung dafür nicht möglich ist, weil gleichzeitig eine große Zahl von Parametern betrachtet werden muß und Zielkonflikte bestehen. Begrenzte subjektive Rationalität führt zu einer Reduktion von Komplexität. Es werden nicht alle Aspekte simultan betrachtet, sondern es findet nach March/Simon eine Beschränkung auf jeweils besonders aktuelle Aspekte statt. Aktuell war nach der Analyse von Bechtle/Lutz auf betrieblicher Ebene das Problem der Outputsteigerung durch ungelernte Kräfte. Andere Aspekte, wie z.b. die Optimierung des Gesamtprozesses oder schnelle Reaktionsmöglichkeiten auf veränderte Nachfrage, mußten in der Mehrzahl der Fälle nicht berücksichtigt werden. Die politischen, sozialen und wirtschaftlichen Rahmenbedingungen waren so, daß die Vernachlässigung anderer Ziele keine gravierenden negativen Folgen für die Bestandssicherung der Unternehmen hatte. Vereinfacht ausgedrückt ist das Treffen von organisatorischen Maßnahmen, um möglichst schnell Anpassungen an veränderte Nachfragesituationen vornehmen zu können, in Zeiten, in denen das Auftreten dieser Schwankungen eher unwahrscheinlich ist, ein überflüssiger Luxus. In einer Situation, in der der wirtschaftliche Erfolg maßgeblich davon beeinflußt wird, ob eine möglichst große Zahl von Gütern mit einem akzeptablen Preis-Leistungs-Verhältnis hergestellt werden kann, erhöht die Berücksichtigung von Flexibilitätserfordernissen nur unnötig die Komplexität der Aufgabe. Im Sinne einer begrenzten Rationalität ist es deshalb sinnvoll, diese Aspekte von vornherein auszublenden.

Ein weiterer Weg, um die Entscheidungskomplexität zu reduzieren, wird implizit von Bechtle/Lutz angesprochen und weist Übereinstimmung mit den Argumentationen von Simon/March und Chandler oder auch Kieser (1993d) auf. Tatsächlich oder scheinbar erfolgreiche Musterlösungen haben eine entlastende Funktion bei der Bewältigung komplexer Aufgaben.[131] Kieser (1993d) führt die breite Resonanz tayloristischer Formen der Arbeitsorganisation nicht auf deren tatsächliche ökonomische Überlegenheit gegenüber anderen Prinzipien der Organisationsgestaltung zurück. "Der Taylorismus war eine Ideologie, die sich durch praktischen Erfolg bestätigte" (Kieser 1993d, S.87). Anders formuliert: Taylorismus war eine theoretisch nicht fundierte Vorgehensweise, mit der befriedigende wirtschaftliche Ergebnisse erzielt werden konnten. Ob andere Möglichkeiten der organisatorischen Strukturierung nicht effektiver gewesen wären, ist eine in betrieblichen Entscheidungskontexten müßige Fragestellung. Der Taylorismus bot zwar eine in der Umsetzung aufwendige, aber von den Prinzipien her einfache und insbesondere einfach adaptierbare Lösung, die Erfolge in der beabsichtigten Richtung zeigte.

---

131 Ortmann u. a. (1990, S.60ff.) benutzten in einem ähnliche Sinne den Begriff Leitbilder. Mit Leitbildern wird dort allerdings die Vorstellung von mehr oder weniger geschlossenen, umfassenden, individuellen und kollektiven Orientierungsmustern verbunden. Mit dem Begriff Musterlösung sind eher routinierte Entscheidungs- und Handlungsmuster verbunden. In der Terminologie von Esser (1990) bezeichnen Leitbilder eher 'frames', während Musterlösungen eher 'habits' darstellen.

Kieser (1993d) weist außerdem darauf hin, daß ein Zusammenhang zwischen der Professionalisierung der Unternehmensführung und der Etablierung von tayloristischen Formen besteht. Taylorismus ist eine Vorgehensweise, die quantifizierbare Kosten-Nutzen-Angaben liefert. Wie oben ausgeführt, ist es für den Entscheidungsprozeß weniger relevant, ob die vorgestellten Kalkulationen tatsächlich korrekt sind, sondern daß ein Regelsystem existiert, das Zahlenwerte liefern kann. Zahlenwerte ermöglichen eine tatsächliche oder scheinbar 'objektive' Entscheidungsgrundlage, mit der Entscheidungen gegenüber Dritten begründet werden können. Taylorismus als Methode ist somit ein Instrument, das die mit der Professionalisierung des Managements verbundene Notwendigkeit, Entscheidungen begründen zu können, stützt. Darüber hinaus leistet Taylorismus einer weiteren Professionalisierung der Unternehmensführung Vorschub, weil er durch die Trennung von ausführenden und planenden Tätigkeiten weitere Positionen mit Dispositionsrechten schafft, die von bezahlten Angestellten auszufüllen sind.

Ein weiterer Effekt tayloristischer Organisationsformen ist, wie insbesondere von Braverman (1977) und Edwards (1981) betont wurde, daß der Taylorismus auf der ausführenden Ebene Arbeitsplätze schafft, bei denen eine relativ einfache Form der Kontrolle, nämlich die Feststellung der Outputmenge, möglich ist. Im Unterschied zu diesen Autoren wird hier aber die These vertreten, daß tayloristische Formen der Aufbau- und Ablauforganisation nicht eingeführt wurden, weil sie eine weitreichende und kostengünstige Form der Kontrolle der Mitarbeiter auf der ausführenden Ebene ermöglichten, sondern weil tayloristische Methoden Eigenschaften aufweisen, die sie in managieriellen Entscheidungsprozessen besonders gut handhabbar machen, und weil mit ihnen Produktivitätsfortschritte erzielt wurden. Daß die Anwendung tayloristischer Methoden darüber hinaus Strukturen schafft, die unter bestimmten Bedingungen eine relativ kostengünstige Form von Kontrolle ermöglichten, war ein begrüßter Nebeneffekt. Wie Manske (1991) demonstriert, sind kostengünstige Kontrollformen nicht an tayloristische Aufbau- und Ablaufstrukturen gebunden.

Die Gestaltung von Kontrollsystemen und von Aufbau- und Ablaufstrukturen ist in der Konzeption dieser Arbeit ein iterativer Entscheidungsprozeß, der den Bedingungen einer begrenzten subjektiven Rationalität unterliegt. Die Konsequenz daraus ist, daß größere strukturelle Veränderungen schubweise erfolgen und in Zeiten zwischen diesen Umbrüchen nur Modifikationen erfolgen. Externe Faktoren bestimmen, welche Aspekte in diesen Entscheidungsprozessen ohne Bestandsgefährdung zumindest zeitweilig ignoriert werden können und welchen Aspekten besondere Aufmerksamkeit zu schenken ist. Betriebliche Akteure, die die Gestaltungsentscheidungen treffen, folgen bei ihren Entscheidungen bewährten innerbetrieblichen Lösungen. Falls diese nicht erfolgreich sind, gerät das Unternehmen in eine Krisensituation, und der Such- und Bewertungsprozeß wird um 'bewährte' Lösungen anderer Betriebe erweitert. Falls 'bewährte' Lösungen anderer Betriebe sich als nicht übertragbar erweisen oder Alternativlösungen durch innerbetriebliche Interessengruppen (hauptsächlich Eigentümer) blockiert werden, droht die Auflösung der Organisation. Wie Alternativen bewertet werden, hängt von dem Professionalisierungsgrad der Unternehmensführung und mittelbar von den Eigentumsverhältnissen ab. In professionell geführten Unternehmen ist die Quantifizierbarkeit von Alternativen eine wichtige Voraussetzung, um in den Bewertungsprozeß einbezogen zu werden.

6.4. Wachstum und Unternehmenskrisen

Konsequenzen hat diese Argumentation auch für die Bedeutung des Faktors Größe. Wie oben kurz angedeutet, geraten Unternehmen u.a. durch Wachstum in Krisensituationen, in denen bisherige innerbetriebliche Lösungen die Grenzen ihrer Leistungsfähigkeit erreichen. Die Vorstellung einer schubweisen Veränderung betrieblicher Strukturen liegt auch der Theorie der formalen Differenzierung zugrunde. Aber auch in betriebswirtschaftlichen Modellen zum Unternehmenswachstum ist dies eine verbreitete Annahme. Albach u. a. (1985, S.21) fassen die Literatur dazu wie folgt zusammen: "Aus all diesen Arbeiten läßt sich die Schlußfolgerung ziehen, daß die Annahme eines diskontinuierlichen Wachstums mit der Möglichkeit des Auftretens einer Wachstumsschwelle theoretisch wohl begründet ist, allerdings noch einer endgültigen Ausformulierung harrt." Und: "Im Kern gehen diese Modelle davon aus, daß das Wachstum ein Ergebnis der wechselseitigen Wirkung von Wachstumsimpulsen und Wachstumshemmnissen ist. Das Wachstum verläuft ungleichgewichtig, da sich Impulse und Hemmnisse nicht immer ausgleichen" (Albach u. a. 1985, S.21).

Wachstumsimpulse lassen sich vereinfachend als Faktoren beschreiben, die eine kontinuierliche Steigerung des Absatzvolumens bei konstanter Zusammensetzung der Produktpalette fördern. Hemmnisse treten auf, a) wenn diese kontinuierliche Entwicklung nicht gegeben ist, und b) wenn die interne Strukturierung und die Ressourcenausstattung das Wachstum nicht bewältigen kann. Während a) neben allgemeinen wirtschaftlichen Rahmenbedingungen auf Seriengröße verweist, führt b) neben den Grenzen der Leistungsfähigkeit interner Koordinierungs- und Kontrollmechanismen durch den Verweis auf die Ressourcenausstattung auch zu Problemen der Finanzausstattung und Personalbeschaffungsproblemen. Probleme der Finanzausstattung beziehen sich hier auf die Eigenkapitalausstattung, die Möglichkeiten der Fremdfinanzierung und die Aufstockung der Kapitalbasis durch Aufnahme neuer Anteilseigner. Die Wachstumskrise, die durch begrenzte Eigenkapitalausstattung, erschöpfte Möglichkeiten der Fremdfinanzierung und die Weigerung, neue Anteilseigner in den Ressourcenpool aufzunehmen ,entsteht, weist Ähnlichkeiten mit der sog. Delegationskrise auf.

Die Aufnahme neuer Anteilseigner ist mit der Neuverteilung von Dispositionsrechten verbunden. Eigentums- und Dispositionsrechte werden gegen eine Aufstockung der finanziellen Ressourcen, die weiteres Wachstum ermöglichen, getauscht. Die Aufnahme neuer Anteilseigner ist mit der formellen Zuordnung von Dispositionsrechten verbunden und fördert so die Tendenz zur Strukturierung. Weiterhin fördert die Aufnahme neuer Anteilseigner die Tendenz zur Professionalisierung der Unternehmensführung, weil nun Entscheidungen über die Ressourcenverwendung gegenüber Dritten gerechtfertigt werden müssen. Die Art und Weise, wie innerhalb einer Organisation strategische Entscheidungen getroffen werden, verändert sich.

Die Bereitschaft zur Aufgabe eines Teils der Verfügungsgewalt über Ressourcen ist wiederum eine subjektiv rationale Entscheidung, bei der externe Faktoren und auch Persönlichkeitsmerkmale eine Rolle spielen. Voraussetzung für die Einbringung und die Aufnahme von Ressourcen in einen Ressourcenpool ist die Erwartung, daß langfristig durch die Hereinnahme bzw. die Einbringung von Ressourcen ein höherer Nutzen entsteht, als wenn die Ressourcen separat genutzt würden. Ob durch die Aufnahme neuer Anteilseigner dieser Nutzen entsteht, ist ungewiß, denn die Kapitalaufstockung kann eine Voraussetzung für weiteres Wachstum sein, sie ist aber keine Garantie dafür, daß dieses Wachstum auch eintritt. Sicher ist zunächst nur eine Beschränkung bisheriger Eigentums- und Dispositionsrechte. Die Wahrscheinlichkeit, daß dieses Wachstum erreicht werden kann, ist zunächst eine Frage der Bedingungen auf den Absatzmärkten. Wie Albach u. a. (1985, S.20) zusammenfassen, ist es die Stabilität des Zuwachses, die Wachstum fördert. Starke Schwankungen der Absatzmarktbedingungen erhöhen die Risiken. Je stabiler die Absatzmarktbedingungen, desto geringer wird das Risiko von Fehleinschätzungen. Die Bereitschaft, Risiken einzugehen, ist u.a. auch eine Frage von Persönlichkeitsmerkmalen. Der Verzicht auf Wachstum mag so in vielen Situationen subjektiv rational erscheinen.

Durch den Verzicht auf Wachstum können langfristig neue Risiken entstehen, auch wenn diese nicht so offensichtlich sind. Der Verzicht auf Wachstum kann in eine lange Phase der Stagnation der Unternehmensentwicklung führen, die auch ohne formale Organisation in stabilen internen Strukturen mündet. Bei Veränderungen der Bedingungen auf den Absatzmärkten sind solche Unternehmen extrem gefährdet, da sie nur in begrenztem Maß Ressourcen akkumuliert haben, ihre Marktbeziehungen eingeschränkt sind, sie nur in geringem Maße ihre Unternehmensführung professionalisiert haben und nur eine sehr geringe Flexibilität aufweisen.[132] Für die Bewältigung von Veränderungen der Absatzmarktbedingungen besitzen sie nur begrenzte Ressourcen, sowohl finanzieller Art als auch bezüglich der Fähigkeiten und Kenntnisse der Mitglieder des Ressourcenpools (i.d.R. inklusive des Inhabers). Weiterhin bedroht eine Veränderung der verfestigten informellen Organisation den bisherigen Konsens. Einerseits führen veränderte Absatzmarktbedingungen ohne Veränderungen zu einem Niedergang des Unternehmens, andererseits sind Veränderungen unter ungünstigen Rahmenbedingungen mit erheblichen Risiken für den Bestand verbunden.

Nicht nur die Vermeidung von Wachstum ist langfristig risikoreich, sondern auch ein ungezügeltes Wachstumsstreben ohne strukturelle Veränderungen führt zu Krisen. Neben den bereits angesprochenen Krisenphänomenen durch Leistungsgrenzen interner Kontroll- und Koordinationsmechanismen sowie der finanziellen Ressourcenausstattung entstehen Krisen durch das Management der Außenbeziehungen und die Synchronisation zwischen Außenbeziehungen und interner Strukturierung. Mit dem Wachstum des Unternehmens ist im Regelfall eine Ausdehnung des Abnehmerkreises und eine Erweiterung der Produktpalette verbunden. Die Ausdehnung des Abnehmerkreises hat Konsequenzen für die räumliche Dimension, die Homogenität der Abnehmerwünsche und die Konkurrenzsituation. In einem gegebenen räumlichen Einzugsbereich ist nur eine begrenzte Zahl von Abnehmern vorhanden. Weiteres Wachstum erfordert die räumliche Erweiterung des Einzugsbereichs. Mit zunehmender Zahl der Abnehmer werden die Unterschiede zwischen den Abnehmern größer, z.B. was Absatzvolumen, Produktspezifikationen, Preisvorstellungen, Form der Kontaktaufnahme etc. angeht. Mit der Erweiterung des Abnehmerkreises geht potentiell auch eine Vermehrung der Zahl von Konkurrenzunternehmen einher.

Wenn Wachstum nicht nur über eine Ausdehnung des Abnehmerkreises erreicht werden soll, sondern auch eine Erweiterung der Produktpalette vorgenommen wird, so verschärft sich das Problem der Komplexität der Außenbeziehungen erheblich. Um die gestiegene Komplexität der Außenbeziehungen zu bewältigen, ist eine Bereitstellung von weiteren Ressourcen erforderlich. Ähnlich wie Kontrolle verbraucht Wachstum zunächst Ressourcen. Ob der erhöhte Ressourcenverbrauch auch zu einer Steigerung des Korporationsertrages führt, ist dabei ungewiß. Wie Albach u. a. (1985, S.67f.) unter Verweis auf Schilling (1979) ausführen, ist die einfache Bereitstellung von Ressourcen aber nicht ausreichend, sondern die Form der Bewältigung ist

---

132 Albach u. a. (1985, S. 410) bemerken zu dieser Art von Unternehmen:" Mittelfristig sind hier die künftigen Krisenunternehmen zu finden".

entscheidend dafür, ob Wachstum zu einer existenzbedrohenden Krise führt. Schilling (1979) hat anhand von Simulationsmodellen demonstriert, daß bei der Bewältigung des Wachstums die strategischen Entscheidungen der Unternehmensleitung in den Bereichen Absatz, Produkt, Personal und Finanzen aufeinander abgestimmt sein müssen. Ohne diese Abstimmung führt Wachstum in eine existenzbedrohende Krise.

Wie Albach u. a. (1985, S.404ff.) zeigen, existiert nun eine Reihe von Schwellenwerten für Wachstumskrisen. Typische Wachstumsschwellen scheinen bei Betrieben mit 300-400 Mitarbeitern, mit 500-850 und bei Betrieben mit 1.250-2.500 Mitarbeitern zu bestehen. Unternehmen mit weniger als 100 Mitarbeitern wurden empirisch nicht untersucht. Albach (1985, S.356ff.) stellt weiterhin fest, daß dies keine universell gültigen Schwellenwerte sind, sondern daß externe Faktoren, wie Branche oder Konjunkturverlauf, Schwellenwerte verschieben können.

Größe ist somit auch ein Indikator dafür, ob Wachstumskrisen überwunden wurden und welche Wachstumskrisen noch zu überwinden sind. Wann diese Wachstumskrisen eintreten, wird durch externe Faktoren und durch den Grad der Professionalisierung der Unternehmensführung beeinflußt. In diesen betriebswirtschaftlichen Überlegungen lassen sich unschwer Dimensionen wiedererkennen, die in der klassischen Kontingenztheorie eine große Bedeutung haben. Die wachstumsfördernden Faktoren sind eine detaillierte Spezifikation dessen, was z.B. Lawrence/Lorsch (1967) unter 'Stabilität der Umweltbedingungen' fassen. Implizit wird auch die Dimension Seriengröße, die in den Woodwardschen Überlegungen und in der klassischen Industriesoziologie zentral ist, aufgegriffen. Auch die Dimension 'munificence', die aus den populationsökologischen Ansätzen bekannt ist, wird in den Ansätzen zu Wachstumsschwellen behandelt. Allerdings wird in diesen Modellen dem 'strategic choice'-Gedanken von Child (1972) größerer Raum gegeben. Wachstum hat für Unternehmen externe und interne Aspekte. Wachstum bedeutet eine Steigerung der Interaktionen mit externen Akteuren. Diese Zunahmen wirken sich auf die internen Interaktionen aus. Unstrukturierte Klein- und Kleinstunternehmen, wie sie für Neugründungen typisch sind, können nur eine begrenzte Zahl von Interaktionen bewältigen. Mit der internen Strukturierung wird die Zahl der internen Interaktionen begrenzt und so die Kapazität für die Bewältigung externer Interaktionen erhöht. Interne Interaktionen können Externalitäten aufweisen, d.h. sie können Auswirkungen auf andere interne oder externe Interaktionen haben. Strukturierung läßt sich als der Versuch begreifen, die Zahl der Interaktionen so zu begrenzen, daß nur noch Interaktionen mit Externalitäten stattfinden, so daß 'überflüssige' Interaktionen vermieden werden.

Eine Begrenzung interner Interaktionen setzt Kenntnisse über unmittelbare und mittelbare Folgewirkungen voraus. Wie stark die Begrenzung der Zahl der Interaktionen ist, hängt davon ab, in welchem Umfang externe Transaktionen zu gleichartigen internen Interaktionen umgewandelt werden können. Anders ausgedrückt: sie hängt davon ab, in welchem Umfang Routinen für die Bewältigung externer Transaktionen entwickelt werden können. Wie viele interne Interaktionen aus einer externen Transaktion resultieren, hängt neben der internen Strukturierung auch von den Eigenschaften der herzustellenden Güter oder Dienstleistungen ab.

Eine Voraussetzung für die Entwicklung von Routinen ist, daß gleiche Abläufe häufig wiederholt werden. Hier spielt die Seriengröße die Rolle einer intervenierenden Variablen. Große Serien bedeuten häufige Wiederholung gleicher Abläufe. Der Aufwand, um die nicht notwendigen Interaktionen zu erkennen, nimmt relativ ab. Bei kleinen Serien ist es eine Frage der Strukturierung von Produkten und Abläufen, ob es zu häufigen Wiederholungen kommt.

Je häufiger eine Transaktion wiederholt wird, desto höher wird der Nutzen durch eine Begrenzung der Zahl der Interaktionen. Die Häufigkeit der Transaktionen mit Externen wird natürlich von der Nachfrage nach den produzierten Gütern und Dienstleistungen beeinflußt. Je häufiger gleiche Transaktionen mit Externen durchgeführt werden, desto größer sind die Vorteile der Reduktion der internen Interaktionen. Wie die Theorie der formalen Differenzierung zeigt, führt die Steigerung der Zahl externer Transaktionen zu einer ungleichen Steigerung interner Interaktionen. D.h., mit einer externen Transaktion sind unterschiedliche Häufigkeiten interner Interaktionen verbunden. Unter sonst gleichen Bedingungen steigt die Zahl der Interaktionen im Produktionsbereich schneller als die Zahl der Interaktionen im administrativen Bereich.

Die Analyse der Beziehungen zwischen internen Interaktionen verbraucht Ressourcen und schafft neue Interaktionsbeziehungen. Je genauer und detaillierter die Analyse ist, desto höher ist der Ressourcenverbrauch. Für die Feststellung der notwendigen Interaktionsbeziehungen ist es wesentlich, welche technischen Zwangsläufigkeiten des Produktionsverfahrens bestehen. Je geringer die Zahl der Zwangsläufigkeiten, desto zahlreicher werden die Alternativen zur Reduktion von Interaktionsbeziehungen, desto schwieriger wird andererseits die Aufgabe, insbesondere mittelbare Beziehungen zu erkennen.

Die Reduktion der internen Interaktionsbeziehungen erfolgt sowohl kontinuierlich als auch diskontinuierlich. Diskontinuierliche Veränderungen treten auf, wenn die bisherigen Ansätze zur Reduktion der internen Interaktionen die Grenzen ihrer Leistungsfähigkeit erreicht haben. Wann diese Leistungsgrenzen erreicht sind, hängt u.a. von Art und Umfang der externen Transaktionen ab sowie von den Eigenschaften der herzustellenden Güter oder Dienstleistungen. Die Leistungsgrenzen lassen sich nicht exakt bestimmen und sind den betrieblichen Akteuren im Regelfall auch nicht bekannt. Wenn Leistungsgrenzen überschritten werden, so führt dies zunächst zu einer Verringerung des Korporationsertrags. Welche Maßnahmen dann ergriffen werden, bestimmt die weiteren Überlebenschancen des Unternehmens. Bei der Auswahl der Maßnahmen findet eine Orientierung an 'bekannten' Musterlösungen statt. Zeigt eine solche Musterlösung Erfolge in der gewünschten Richtung, wird sie beibehalten und ihre betriebliche Anwendung ausgedehnt. Es setzt eine Phase der kontinuierlichen Modifikationen ein.

7. Auf dem Weg zu einem Modell von Größe

7.1. Die Teildimensionen von Größe

In den vorhergehenden Kapiteln wurden theoretische Ansätze behandelt, die explizit oder implizit auf die Dimension Größe eingehen. Obwohl in dieser Arbeit der Begriff Größe zentral ist, wurde bisher darauf verzichtet, den Begriff und seinen Bedeutungsinhalt in den verschiedenen Ansätzen näher zu betrachten.

Der Größenbegriff wird hauptsächlich in drei verschiedenen Varianten benutzt:

- Größe als Synonym für die Zahl der Mitarbeiter,
- Größe als Synonym für den Ressourcenumfang und
- Größe als Synonym für die Anzahl von Tätigkeiten bzw. Interaktionen.

Die Größe als Zahl der Mitarbeiter ist die gebräuchlichste Betrachtungsweise.[133] Wie Kimberly (1976) feststellt, wird Größe als Zahl der Mitarbeiter häufig als eine Art organisationsdemographischer Variable genutzt, ohne sich über theoretische Implikationen im klaren zu sein. Die Zahl der Mitarbeiter

---

133 Kimberly (1976, S.582) stellt dazu fest: "By far the most common measure of size found in the literature is the number of employees. Sixty-five of the 80 articles reviewed - more than 80 percent - used this measure. Few researches, however, bother to justify using this particular measure".
Slater (1985, S.166) sieht die Ursache für die häufige Nutzung von Größe als Zahl von Individuen in einer Tradition, in der zwischen Gruppen und Organisationen nicht differenziert wird. "That the concept of 'size' was, in the preorganizational theory era, discussed in terms of 'group size' -and thus in terms of numbers of individuals - is important because most structuralists have tended to rely mainly upon a behavioral conception of size in the analysis of structural variation. For them the term 'size' has also meant 'group size' or the number of individuals."

spielt besonders in theoretischen Konzepten eine Rolle, bei denen es um Austauschprozesse und daraus resultierende Kommunikations- und Koordinationsprobleme geht, z.b. Olson (1968). Kernthese ist hier: Durch die sich ändernde Zahl der Austauschpartner verändern sich die Bedingungen und die Resultate von Austauschprozessen.

Größe als Dimension, die den Ressourcenumfang und die -zusammensetzung beschreibt, wird stärker in wirtschaftswissenschaftlichen Konzepten und in einigen organisationstheoretischen Ansätzen betrachtet, z.b. Pfeffer/Salancik (1978), Aldrich (1979), Hannan/Freeman (1989). Im Regelfall handelt es sich dabei um den Umfang unterschiedlicher Ressourcen (z.b. spezifische Fähigkeiten und Kenntnisse, aber auch Eigenkapital oder cashflow), die zur Bewältigung von Aufgaben benötigt werden. Kernthese ist hier: Durch die sich ändernde Verfügbarkeit von Ressourcen ändert sich die Fähigkeit, Probleme zu bewältigen.

Größe als Synonym für die Anzahl von Tätigkeiten und Interaktionen ist die Dimension, die in theoretischen Beiträgen zur Formalisierung implizit oder explizit verwendet wird, z.b. Blau/Schoenherr (1971), Williamson (1990), Coleman (1990). Scott (1986) spricht so bezeichnenderweise vom Organisationsumfang. Kernthese ist hier: Durch die Anzahl der Interaktionen bzw. Tätigkeiten ändern sich die Bedingungen und die Resultate von Interaktionen.

In dieser Zuspitzung wird deutlich, daß die dritte Variante die erste umfaßt, aber noch mehr beinhaltet und prinzipiell kompatibel zur zweiten ist. Nicht allein die Zahl der Interaktionspartner, sondern auch die Häufigkeit, mit der Interaktionen stattfinden, verändert die Bedingungen für Interaktionen. Da Interaktionen nicht kostenlos sind, hängt das Zustandekommen von Interaktionen auch davon ab, in welchem Umfang Ressourcen eingesetzt werden können. Die Größe einer Organisation läßt sich also analytisch in drei Teildimensionen aufteilen:

- Zahl der Interaktionsteilnehmer,
- Interaktionshäufigkeit sowie
- Ressourcenumfang- und zusammensetzung.

7.2. Die Teildimensionen von Größe im Modell des Ressourcenpools

In einem nächsten Schritt soll nun versucht werden, die Beziehungen zwischen diesen drei Teildimensionen näher zu beschreiben. Da es hier um die Diskussion von Größeneffekten in Organisationen bzw. die Auswirkungen von Größeneffekten auf die Beziehungen zwischen Organisation und Umwelt geht, ist der Kontext explizit zu berücksichtigen. Als Grundlage wird dazu das Modell der Ressourcenzusammenlegung von Coleman (1979) benutzt, in das die Randbedingungen integriert werden, die in den verschiedenen betrachteten Ansätzen identifiziert wurden.

7.2.1. Außenbeziehungen und Wachstum

Das Modell der Ressourcenzusammenlegung geht davon aus, daß mehrere individuelle Akteure ihre Ressourcen zusammenlegen, um so einen höheren Ertrag zu erzielen als bei separater Nutzung. Mit der Zusammenlegung der Ressourcen ist die Unterstellung unter eine Zentralinstanz verbunden, die die Verfügungsrechte erhält. In 'Profit-Organisationen' unter Wettbewerbsbedingungen sind die Verfügungsrechte an Eigentum, d.h. an die Einbringung finanzieller Ressourcen gebunden. Die Erwartung, daß jedes Mitglied einen höheren Ertrag als bei separater Nutzung der eigenen Ressourcen erhält, setzt Austauschprozesse mit anderen Ressourcenpools oder individuellen Akteuren voraus. Güter oder Dienstleistungen, die durch Zusammenarbeit der Mitglieder erstellt werden, werden gegen Ressourcen aus der Umwelt - i.d.R. Geld - getauscht.

Die Eigenschaften der herzustellenden Güter oder Dienstleistungen stellen Anforderungen, welche Ressourcen in welchem Umfang zu ihrer Herstellung benötigt werden.[134] Da es personengebundene Ressourcen (wie Fähigkeiten, Kenntnisse und Arbeitsvermögen) und nicht personengebundene Ressourcen (Gebäude, Maschinen, Roh- und Betriebsstoffe etc.) gibt, bestimmen die Eigenschaften der herzustellenden Güter, welche personengebundenen Ressourcen und welche nicht personengebundene Ressourcen in welchem Umfang benötigt werden. Mittelbar besteht eine Beziehung zwischen den Eigenschaften des herzustellenden Gutes oder der Dienstleistung und der Zahl der Interaktionsteilnehmer, der Heterogenität der Interaktionsteilnehmer bezüglich ihrer eingebrachten Ressourcen und der Interaktionshäufigkeit. Produkte, zu deren Herstellung nur geringe Kenntnisse und Fähigkeiten benötigt werden, stellen andere Anforderungen an die Zusammensetzung des Ressourcenpools als Produkte, die zahlreiche unterschiedliche Fähigkeiten und Kenntnisse erfordern. Einfache Produkte erfordern hauptsächlich Arbeitsvermögen, komplexe Produkte erfordern neben Arbeitsvermögen auch Fähigkeiten und Kenntnisse. Je unterschiedlicher die geforderten personengebundenen

---

134 Dies ist die verkürzte und reformulierte Fassung des industriesoziologischen Begriffs der Stofflichkeit.

Kenntnisse und Fähigkeiten sind, desto häufiger sind auch Interaktionen zwischen unterschiedlichen Personen notwendig.

Austauschprozesse mit der Umwelt sind Voraussetzung für die Erwirtschaftung des Korporationsertrages. Zahl der Interaktionsteilnehmer, Häufigkeit der Interaktion und die Verfügbarkeit von Ressourcen sind nicht nur interne Merkmale einer Organisation, sondern sind auch Merkmale der Austauschprozesse einer Organisation mit der Umwelt. Wiederum sind es Eigenschaften des herzustellenden Gutes, die Auswirkungen auf die Zahl der Interaktionspartner und die Häufigkeit der Interaktionsbeziehungen haben. Standardisierte Produkte oder - in der Sprache der Transaktionskostentheorie - Produkte mit einer niedrigen Faktorspezifität führen - unter sonst gleichen Bedingungen - zu einer höheren Zahl von Interaktionspartnern, allerdings mit einer verringerten Interaktionshäufigkeit. Standardprodukte erfordern keine umfangreichen Kontakte, in denen die Einzelheiten des Austauschprozesses spezifiziert werden. Im Extremfall genügt eine kurze Interaktion, in der der Austausch vollzogen wird. Komplexere Produkte - darauf weist die Transaktionskostentheorie ausdrücklich hin - benötigen intensive Kontakte im Vorfeld und nach Abschluß des Austauschprozesses.

Bei der Gründung eines Ressourcenpools werden die Dispositionsrechte für Ressourcen einer Zentralinstanz unterstellt. Soweit es sich bei dem Ressourcenpool um eine Gründung durch individuelle Akteure handelt, werden die Dispositionsrechte auf den Eigentümer übertragen Dieser Eigentümer ist - unabhängig von der juristischen Konstruktion - zunächst eine natürliche Person.[135] Eine eindeutige Differenzierung zwischen Person und Rolle findet noch nicht statt. Die Grenzziehung zwischen Akteuren und Agenten ist zunächst noch sehr unklar. Die Zentralinstanz ist personalisiert. Die Person, die über alle Verfügungsrechte des Ressourcenpools verfügt, mithin die Koordination des Ressourceneinsatzes übernimmt, bedarf möglichst vollständiger und aktueller Informationen über die Austauschprozesse mit Externen, da diese über den Ressourcenbedarf und -verbrauch bestimmen. Da Personen nur über eine begrenzte Kapazität zur Bewältigung von Interaktionen verfügen, müssen ab einer individuell verschiedenen Häufigkeit der Interaktionen Me-

---

135 Dieser Sachverhalt wird von Coleman (1979, 1990) nicht thematisiert, obwohl sich an verschiedenen Stellen Hinweise auf die Relevanz des Status des Eigentümers eines korporativen Akteurs finden. Chandler (1977) liefert eine Begründung für die Bedeutung des Unterschiedes und zeigt Konsequenzen auf, die sich aus dem Status des Eigentümers ergeben. Die Grundstruktur seiner Argumentation läßt sich m.E. nahtlos in das Modell des Ressourcenpools integrieren. Aus dem Umfeld der „neuen institutionellen Ökonomie" liegen zahlreiche Studien vor, die sich mit Folgeproblemen der Trennung von Eigentums- und Verfügungsrechten auseinandersetzen. Empirische Indizien für die Relevanz des Eigentümerstatus finden sich z.B. bei Zündorf u.a. (1993).

chanismen entwickelt werden, um eine Überlastung zu vermeiden. Wie Coleman (1990) ausführt, ist ein Weg, um die Überlastung zu vermeiden, die Strukturierung der internen Interaktionsbeziehungen. Durch die Strukturierung der internen Interaktionsbeziehungen wird versucht, für die Erstellung des Produktes überflüssige Interaktionen zu vermeiden und so nur noch notwendige interne Interaktionsbeziehungen zuzulassen. Dies setzt allerdings voraus, daß sämtliche Externalitäten der internen Interaktionen bekannt sind. Wie aufwendig und risikoreich dieser Prozeß ist, hängt wiederum von den Eigenschaften des Produktes und vom Grad der Arbeitsteilung ab.[136]

Implizit geht das Modell der Ressourcenzusammenlegung von einer zumindest rudimentären Arbeitsteilung aus. Wenn alle Mitglieder eines Ressourcenpools jeweils die gleichen Ressourcen einbringen, gibt es keinen Grund anzunehmen, daß damit ein höherer Ertrag verbunden sein sollte als bei einer separaten Nutzung. Erst die Kombination unterschiedlicher Ressourcen rechtfertigt diese Erwartung.[137] Dies bedeutet nicht, daß nicht einzelne Ressourcen in einem größeren Umfang in den Ressourcenpool eingebracht werden können. Aber erst die arbeitsteilige Vorgehensweise ermöglicht Produktivitätsvorteile. Diese wiederum sind die Voraussetzung dafür, daß jeder einen höheren Beitrag als bei individueller Nutzung erzielen kann. Arbeitsteilung senkt für den einzelnen die Zahl der Interaktionen, die er durchführen muß, um einen Ertrag zu erzielen. Andererseits erhöht Arbeitsteilung die Zahl der Interaktionen, die von der Zentralinstanz - also in diesem Fall vom Inhaber - zu koordinieren sind. Je stärker Aufgaben differenziert werden, desto höher wird die Interaktionszahl.

---

136 Diese so einfach klingende Beschreibung kann in der betrieblichen Realität zu einer extrem aufwendigen Recherchearbeit führen. Wie die Erfahrungen in den technischen Projekten des Sonderforschungsbereichs 187, die sich um eine modellhafte Abbildung von Produktionsprozessen bemühen, zeigen, ist dies auch keine Aufgabe, die immer zu eindeutigen Ergebnissen führt. Da sich die Beziehungen zwischen einzelnen Aufgaben und Interaktionen dynamisch verändern können, zeigen sich Relationen u.U. nur bei bestimmten Konstellationen. Auch sind die Beziehungen nicht von vornherein widerspruchsfrei. Widersprüche müssen dabei auch nicht offensichtlich auftreten, sondern können auch nur unter bestimmten Konstellationen sichtbar werden. Mit der Zahl unterschiedlicher Aufgaben und Interaktionsprozesse steigt die Komplexität dieser Aufgabe. Vgl. dazu Dahlke (1993), Heumann (1993), Heumann/Heuvens (1992).
137 Eine Ausnahme hiervon stellen Organisationen zum Zwecke der Gründung eines Monopols bzw. Oligopols dar. Dieser Sonderfall soll allerdings hier nicht weiter behandelt werden.

7.2.2. Außenbeziehungen, Koordination und Wachstum

Die Kapazität zur Koordinierung von Interaktionen ist unterschiedlich für gleichartige und ungleiche Interaktionen [138], wie die umfangreiche organisationstheoretische Literatur zur 'Leitungsspanne' zeigt.[139] Gleichartige Interaktionen erfordern einen geringeren Koordinierungsaufwand, da eine identische Musterlösung häufiger ohne Prüfung der Umstände angewendet werden kann. Bei ungleichen Interaktionen ist jedesmal erneut zu prüfen, welche Externalitäten sich daraus ergeben. Eigenschaften des Produktes sind nun relevant für die Verteilung von gleichartigen und ungleichartigen Interaktionen, d.h. in welchem Umfang zur Herstellung häufig gleiche oder ähnliche Arbeitsschritte benötigt werden.

Diese Bedingungen gelten im Prinzip auch für die Interaktionen mit Externen. Unter sonst gleichen Bedingungen kann ein höheres Maß an gleichartigen Transaktionen mit Externen abgewickelt werden - ohne die Kapazitätsgrenzen zu erreichen - als von ungleichartigen Transaktionen. Da Kapazitätsgrenzen zur Bewältigung von Interaktionen zudem individuell verschieden sind, ist eine eindeutige Bestimmung nicht möglich, und es ist davon auszugehen, daß sie den betrieblichen Akteuren zunächst auch nicht bekannt sind.

Die Häufigkeit externer Transaktionen hängt natürlich nicht nur von den individuellen Kapazitätsgrenzen ab, sondern wesentlich von der Fähigkeit und Bereitschaft externer Partner, in Austauschbeziehungen mit dem Ressourcenpool zu treten. Wenn diese Fähigkeit und Bereitschaft gegeben ist, steigt die Zahl externer Austauschprozesse. Diese Austauschprozesse verlangen Ressourceneinsatz, wobei Art und Umfang der benötigten Ressourcen von den Eigenschaften des herzustellenden Produktes abhängen. Diese bestimmen mit, in welchen Umfang die Zahl der internen Interaktionen und die Zahl interner Interaktionspartner steigen. Irgendwann ist der Punkt erreicht, an dem die gestiegene Interaktionshäufigkeit sowohl intern als auch extern nicht mehr durch den Inhaber effektiv koordiniert werden kann. Es treten vermehrt Koordinationsprobleme auf. Koordinationsprobleme verursachen zusätzliche Kosten, die den Korporationsertrag mindern. Wenn Koordinationsprobleme ignoriert werden und weiteres Wachstum durch Erhöhung der Austauschprozesse stattfindet, können die durch Koordinationsprobleme ent-

---

138 An dieser Stelle wird die Argumentation von Blau/Schoenherr (1971) aufgenommen und in das Konzept des Ressourcenpools integriert.
139 So resümiert z.B. Wollnick (1980, S.609) nach einem Vergleich von ca. 80 empirischen Studien: "Für die Leitungsintensität zeigt sich z.B. eine Steigerung mit zunehmendem Grad der Diversifikation".

standenen Kosten einen Ressourcenabfluß einleiten, der schließlich zur Auflösung des Ressourcenpools führt[140].

Koordinationsprobleme aufgrund mangelnder Kapazität können auf zwei Wegen - die miteinander kombinierbar sind - angegangen werden: 1. Durch eine Erhöhung der Koordinationskapazität, indem Ressourcen eingesetzt werden, und 2. durch eine Verringerung des Koordinationsbedarfs, indem die Zahl interner und/oder externer Interaktionen reduziert wird. Die Verringerung des Koordinierungsbedarfs bedeutet eine Einschränkung der erlaubten internen Interaktionen bzw. der Interaktionen mit Externen. Der Verzicht auf eine Steigerung der Austauschprozesse mit Externen bzw. die Reduzierung der Austauschprozesse ist dabei keine unübliche Variante.[141] Andere Maßnahmen zur Reduktion der Koordinationsprobleme verursachen Kosten, wobei ungewiß ist, ob die erhöhten Kosten durch Wachstum kompensiert werden können.

Reduktion der Koordinationsprobleme durch Beschränkung der Interaktionsbeziehungen bedeutet die Definition von (jetzt noch personengebundenen) Zuständigkeiten und die Definition von Handlungsabläufen bei der Produkterstellung. Auch die Definition von Zuständigkeiten und Handlungsabläufen erzeugt Kosten, die um so höher ausfallen, je exakter Zuständigkeiten und Handlungsabläufe definiert werden sollen.[142] Je häufiger ungleiche Handlungsabläufe anfallen, desto höher werden die Kosten, die zur Definition der Handlungsabläufe anfallen. Deren Häufigkeit wird von den Eigenschaften des Produktes beeinflußt und von der Häufigkeit, mit der das gleiche Gut mit Externen getauscht wird. Je häufiger das gleiche Gut getauscht wird, desto häufiger fallen auch gleiche Interaktionen an. Anders ausgedrückt, neben der Komplexität des Gutes wirkt auch die Seriengröße auf die Kosten zur Definition von Zuständigkeiten und Handlungsabläufen. Geringe Komplexität und große Serien vermindern - unter sonst gleichen Bedingungen - die Definitionskosten, während hohe Komplexität und geringe Serien die Definitionskosten erhöhen.

Strukturierung der Handlungsabläufe ist nur eine vage Zielorientierung; welche Instrumente dazu eingesetzt werden und welche konkrete Form die Handlungsläufe erhalten sollen, kann aus dieser Orientierung nicht abgeleitet werden. Coleman (1990, S.435ff.) weist darauf hin, daß Strukturierung von

---

140 Starbuck/Hedberg (1977, S.249ff.) beispielsweise behandeln diesen Prozeß unter dem Motto: "How Success Can Ruin an Organization"
141 Die theoretische Begründung, welche Konstellation von Randbedingungen den Verzicht auf Wachstum subjektiv rational erscheinen läßt, wurde in Kapitel 6 entwickelt. Empirische Indizien finden sich z.B. bei Albach u. a. (1985), Zündorf u.a. (1993).
142 Dies ist eine Reformulierung der klassischen industriesoziologischen Begründung für nicht- tayloristische Formen der Arbeitsorganisationen im Maschinenbau.

Handlungsabläufen in einem Ressourcenpool wesentlich höhere Freiheitsgrade aufweist als marktvermittelte Interaktionen. In einem Ressourcenpool müssen weder alle Interaktionen einen Beitrag zur Entstehung des Korporationsertrags leisten, noch müssen die Interaktionen zwischen den Akteuren gleichgewichtige Vorteile erbringen. Es ist ausreichend, wenn nur einige Interaktionen einen Beitrag zu einem Korporationsertrag erzielen. Die direkt beitragsrelevanten Interaktionen müssen in der Summe eine Höhe erreichen, die die Bestandssicherung erlaubt. Anders ausgedrückt, durch die Strukturierung in Organisationen können erst nicht-produktive Aufgabenbereiche entstehen. Dies ermöglicht eine wesentlich flexiblere Gestaltung von Handlungsabläufen.

Diese Betrachtungsweise ist für die klassische industriesoziologische Argumentation sicherlich ungewöhnlich. Organisationen weisen danach per se ein hohes Maß an Gestaltungsfähigkeit auf. Nicht die Tatsache, daß es unterschiedliche Gestaltungsvarianten in Organisationen gibt, ist erklärungsbedürftig, sondern es stellt sich die Frage, warum es gleiche oder ähnliche Varianten gibt. Gleiche oder ähnliche Varianten resultieren - dies ist eine These dieser Arbeit - nicht unmittelbar aus gleichen oder ähnlichen Problemlagen, wie in der Kontingenztheorie unterstellt, sondern sind Resultat von Entscheidungshandeln. Wie die verhaltenstheoretische Schule zeigt, ist Entscheidungshandeln als zweckrationales Handeln zur Bestimmung des optimalen Zweck-Mittel-Einsatzes bezüglich des Ergebnisses für viele Entscheidungen in Organisationen eine unrealistische Annahme. Eine rein ergebnisorientierte Zweck-Mittel-Betrachtung vernachlässigt die Entscheidungskosten. Gerade im organisatorischen Kontext ist eine Reduzierung von Entscheidungskosten eine wesentliche Bedingung, um überhaupt handlungsfähig zu sein. Organisationen haben einen hohen Entscheidungsbedarf. Die Umsetzung globaler Zielvorstellungen (wie z.B. Bestandssicherung) erweist sich als Aufgabe, die mit zahlreichen Unsicherheiten und Widersprüchlichkeiten verbunden ist, und für manche Aufgaben erscheint es ungewiß, ob überhaupt eindeutige Lösungen existieren. Bei Entscheidungen in Organisationen - so die verhaltenstheoretische Schule, deren Argumentation hier gefolgt wird - werden Alternativen nicht danach ausgewählt, ob sie die beste Zweck-Mittel-Relation aufweisen, sondern ob sie geringe Entscheidungskosten verursachen und eine befriedigende Zweck-Mittel-Relation aufweisen. In diesem Zusammenhang gewinnen 'Musterlösungen' an Bedeutung. 'Musterlösungen' reduzieren die Entscheidungskosten erheblich und wenn sie zumindest befriedigende Ergebnisse aufweisen, werden sie grundsätzlich beibehalten. Dies gilt so lange, bis eine Situation eintritt, bei der die 'Musterlösung' versagt. Ähnliche Problemlagen wirken als Faktor, der bei Versagen betrieblicher Lösungsmuster Such- und Bewertungsprozesse erleichtert, also Entscheidungskosten reduziert.

Colemans Konzeption des Ressourcenpools bietet die Möglichkeit, die spezifischen Handlungsbedingungen in Organisationen mit der Entstehung von Problemlagen, möglichen Lösungsvarianten und den spezifischen Entscheidungsbedingungen in Organisationen zu verbinden. So lassen sich die prinzipielle gestalterische Offenheit von Organisationen und die Bedingungen, unter denen eine weitgehende oder nur beschränkte Nutzung dieser Offenheit auftritt, mit einer einheitlichen Theoriekonzeption erklären. Daß in Organisationen 'befriedigende' Lösungen ausreichen, bedeutet nicht, daß 'beliebige' Lösungen möglich sind, wenn die Bestandserhaltung gesichert werden soll. Das Prinzip des sparsamen Ressourceneinsatzes wird durch den Einbezug verhaltenstheoretischer Erkenntnisse nicht aufgegeben, sondern nur um einen weiteren Faktor ergänzt.[143]

Die Konzeption des Ressourcenpools verbindet mit Organisationen zugleich die Vorstellung gestalterischer Offenheit und die bewußte Einschränkung von Handlungsoptionen. Zugespitzt läßt sich formulieren, daß die Einschränkung von individuellen Handlungsoptionen Voraussetzung für gestalterische Offenheit ist. Je stärker individuelle Handlungsoptionen in Organisationen beschränkt werden, desto größer wird der Gestaltungsspielraum der Leitungsebene. Eine geringe Einschränkung von Handlungsoptionen läßt auch wenig Raum für die Gestaltung einer Aufbau- und Ablauforganisation. Da mittelbare Beziehungen zwischen Größe und der Einschränkung von Handlungsoptionen bestehen, bestehen auch mittelbare Beziehungen zwischen Größe und Gestaltungsoptionen. Tendenziell sind bei geringer Größe die Gestaltungsoptionen geringer als bei größeren Organisationen. Die Einschränkung von individuellen Handlungsoptionen nur auf Größe zu reduzieren, wäre allerdings zu kurz gegriffen.

7.3. Koordination durch Strukturierung und Wachstum

Bei der Strukturierung von Handlungsabläufen - was ja nur eine Form der Einschränkung von Handlungsalternativen darstellt - unterscheidet Coleman (1990, S.431ff.) zwischen zwei strategischen Vorgehensweisen: einer vorwärtsgerichteten und einer rückwärtsgerichteten. Bei einer vorwärtsgerichteten Strukturierung ist der Ausgangspunkt die höchste hierarchische Instanz, von der ausgehend alle Folgeinteraktionen angestoßen werden, die dann schrittweise von den nachgeordneten Instanzen abgearbeitet werden. Eine

---

143 Esser (1990) unterbreitet einen Vorschlag, wie die Annahme von bounded rationality in das rational choice Konzept integrierbar ist. Simon selbst betrachtet bounded rationality als Erweiterung der rational choice Verhaltensannahmen. Vgl. dazu z.B. Simon (1955).

Rückkopplungsschleife verbindet das Endprodukt mit dem Ausgangspunkt, der höchsten hierarchischen Instanz.

Bei einer rückwärtsgerichteten Strategie der Strukturierung ist der Ausgangspunkt der Strukturierung das Endprodukt. Von diesem ausgehend werden Interaktionen angestoßen, die (teilweise) über kurze Rückkopplungseffekte miteinander verbunden sind. Die Interaktionen finden vertikal und horizontal statt, erreichen vorgelagerte Produktionsabschnitte und hierarchisch höhere Stufen.

Der Feedbackprozeß läßt sich auch als eine spezifische Form der Verteilung von Rechten auffassen. "Nothing more - or less - is involved in the shift from forward to backward policing than a reallocation of rights and accountability in the organization" Coleman (1990, S.432). Während bei der vorwärtsgerichteten Strategie das Recht zur Verweigerung von Interaktionen an hierarchische Positionen gebunden ist und immer nur gegenüber untergeordneten Akteuren besteht, werden Rechte zur Verweigerung von Interaktionen bei einer rückwärtsgerichteten Strategie an Mitarbeiter gegenüber jeweils vorgelagerten Stationen verteilt. So wird bei der vorwärtsgerichteten Strategie zwar die Zahl der Interaktionen reduziert, aber es entsteht ein langer Rückkopplungsweg. Bei einer rückwärtsgerichteten Strategie werden zahlreiche kurze Rückkopplungsschleifen gebildet, die zwar tendenziell eine geringe Reduktion der Interaktionen bedeuten, aber die Zahl der Interaktionen, bei denen höhere hierarchische Instanzen eingreifen müssen, sinkt.

Die Erhöhung der Koordinationskapazität bedeutet zunächst einen erhöhten Ressourceneinsatz, entweder in der Form von Personen oder in Form technischer Hilfsmittel (z.B. Planungsprogramme). Koordination erzeugt keinen direkten Beitrag zum Korporationsertrag, kann aber die Kosten, die durch Koordinationsprobleme entstehen, senken. Zur Wahrnehmung von Koordinationsaufgaben werden Dispositionsrechte benötigt. Die Steigerung der Koordinationskapazität führt also zur Übertragung einzelner Dispositionsrechte, entweder an Personen oder an technische Hilfsmittel. Technische Hilfsmittel erhöhen die Koordinationskapazität, wenn Regeln für zulässige und unzulässige Interaktionen bestehen. Dies bedeutet aber nichts anderes, als daß die Handlungsabläufe bereits strukturiert sein müssen, wenn die Koordinationskapazität durch technische Hilfsmittel erhöht werden soll.[144] Ohne die Struk-

---

144 Dies ist häufig allerdings nicht der Fall. So stellt z.B. Dörr (1991, S.73) fest, daß ein wichtiger Grund für die Verzögerung des Einsatzes von PPS-Systemen in den untersuchten Betrieben darin bestand, daß "für ihren Einsatz erst eine Fülle von Organisations- und Ablaufwissen gesammelt und aufbereitet werden mußte, das in keiner objektivierten Form zur Verfügung stand". Die Verbindung von betrieblichen Strukturierungsmaßnahmen und der Einführung von PPS-Systemen besteht darin, daß für beide Maßnahmen Wissen über Externalitäten von Interaktionen benötigt wird.

turierung von Handlungsabläufen erfordert Erhöhung der Koordinationskapazität den Einsatz von Personal.

Nach der Gründung eines Ressourcenpools reicht die Kapazität des Inhabers aus, um eine gewisse Anzahl interner Interaktionen zu bewältigen. Mit der Gründung eines Ressourcenpools ist implizit ein gewisses Ausmaß an Arbeitsteilung verbunden, das durch eine Zentralinstanz koordiniert wird. Mit der Zunahme der Austauschprozesse mit externen Partnern wird ein Punkt erreicht, an dem die individuellen Koordinationsfähigkeiten ausgeschöpft sind und durch Koordinationsfehler Kosten entstehen. Die Reduktion der durch Koordinationsfehler entstehenden Kosten verlangt strukturelle Veränderungen durch die Übertragung von (einzelnen) Dispositionsrechten auf Dritte und/oder die Definition von Zuständigkeiten und Handlungsabläufen. Der Ressourcenpool entwickelt formale und/oder hierarchische Strukturen. Wie ausgeprägt die formalen und/oder hierarchischen Strukturen sind, hängt von den Kosten zur Etablierung dieser Strukturen ab. Diese sind höher bei kleinen Serien und hoher Produktkomplexität. Die erstmalige Etablierung formaler und/oder hierarchischer Strukturen stellt einen strukturellen Umbruch für die Beziehungen im Ressourcenpool dar.[145]

Das Problem, eine geeignete Form zur Lösung der Koordinationsprobleme des gewachsenen Ressourcenpools vor dem Hintergrund der Resultate spontaner Strukturierungsprozesse der Produkte und Produktionsabläufe zu finden, ist dabei keineswegs trivial. Wie Albach u. a. (1985) und der dortige Überblick über die Literatur zu Wachstumskrisen zeigen, ist zumindest in Gründungsphasen das Scheitern eher die Regel als die Ausnahme.[146] Dies zeigt, daß betriebliche Akteure häufig die Beziehungen zwischen ihren Koordinationsproblemen, den Möglichkeiten, diese zu lösen, den Kosten, die diese Lösungen verursachen, insbesondere vor dem Hintergrund ihrer Produktpalette, der Produktionsprozesse und der Beziehungen zu ihren Abnehmern, nicht kennen. Vielmehr ist vor dem Hintergrund einer begrenzten Rationalität zu erwarten, daß sie zunächst versuchen, nur jeweils aktuelle Koordinationsprobleme durch erneute Steuerungsanweisungen zu lösen. Erst wenn offensichtlich wird, daß die Korrektur von Koordinationsfehlern - die durch begrenzte Kapazität entstehen - durch neue Koordinationsmaßnahmen zu neuen Koordinationsfehlern führt, werden Alternativen gesucht. Dabei vereinfachen Musterlösungen in anderen bekannten Ressourcenpools den Such- und Bewertungsprozeß erheblich. Diese Musterlösungen werden kopiert, und

---

145 Vgl. dazu auch Pondy (1969).
146 Die 'liability of newness'-These von Stinchcombe (1965) wird auch von populationsökologischen Arbeiten, z.B. Hannan/Freeman (1989), gestützt.

wenn sie Erfolge in der gewünschten Richtung zeigen, nachträglich so lange modifiziert, bis die Erwartungen erfüllt sind.

7.3.1. Die Entwicklung vom Ressourcenpool zum korporativen Akteur

Mit einem Beispiel soll die Argumentation verdeutlicht werden. Bei der Gründung eines Unternehmens werden zunächst nur wenige Mitarbeiter beschäftigt. Wenn ein einfaches Produkt hergestellt und vertrieben werden soll - beispielsweise Schrauben -, werden einige fachspezifische Kenntnisse benötigt, aber für die Mehrzahl der Aufgaben sind Arbeitskräfte mit einer geringen Qualifikation erforderlich. Durch die Auswahl der Mitarbeiter und ihrer Qualifikation ist eine rudimentäre Arbeitsteilung, z.B. zwischen Mitarbeitern im Büro und Mitarbeitern in der Werkstatt, gegeben. Um Schrauben als einfache Standardprodukte abzusetzten, muß i.d.R. eine Vielzahl von Kunden gewonnen werden, die jeweils kleinere Mengen abnehmen. Die Aufnahme der Geschäftsbeziehungen zu Großabnehmern ist eher unwahrscheinlich. Das Eingehen von Geschäftsbeziehungen mit Großabnehmern ist langfristig risikoreich, denn es läßt auf seiten der Neugründung eine extreme Abhängigkeit entstehen. Großabnehmer können ihre Lieferanten bei Standardprodukten kurzfristig wechseln. Neugründungen dürften erheblich mehr Schwierigkeiten haben, Großabnehmer kurzfristig zu wechseln.

Mit steigender Kundenzahl und mit steigender Abnahmefrequenz durch Kunden nimmt die Interaktionshäufigkeit mit externen Partnern zu. Ein steigender Absatz führt dazu, daß die Ausnutzung interner Ressourcen zunimmt, bis schließlich der Bedarf an internen Ressourcen höher ist als die vorhandene Menge. Dies führt dann zur Einstellung neuer Mitarbeiter, Anschaffung neuer Maschinen etc.. Absatzsteigerung führt zu einem steigenden Informationsvolumen, das intern abgearbeitet werden muß. Beispielsweise müssen Informationen über die verkauften Produkte bezüglich Anzahl und Zusammensetzung in die Werkhalle gelangen, damit die richtigen Mengen in der benötigten Stückzahl zum vereinbarten Lieferzeitpunkt ausgeliefert werden können. Die Häufigkeit der internen Abstimmungen nimmt also zu. Schließlich ist der Punkt erreicht, an dem zunächst Koordinationsfehler auftreten und benötigte Sorten oder Mengen nicht rechtzeitig fertig sind, weil Störungen an Maschinen auftreten, weil Mitarbeiter krank werden oder Urlaub haben, weil Aufträge nicht weitergeleitet worden sind etc. Zuerst wird darauf mit Improvisation reagiert. Sorten, die eigentlich für einen anderen Auftrag vorgesehen waren, werden kurzfristig umgeleitet, Auslieferungen werden verzögert etc. Zu Beginn hat sich aus der rudimentären Arbeitsteilung durch spontane

Selbstorganisation eine 'natürliche' Aufgabenteilung ergeben: einige Mitarbeiter können besser mit einer bestimmten Maschine umgehen als andere, einige arbeiten ungern mit anderen zusammen, einige Mitarbeiter haben einen niedrigen Sozialstatus und werden in besonders unangenehme Aufgabenbereiche gedrängt etc. Durch unsystematische Eingriffe in diese 'natürliche' Aufgabenteilung, die durch die augenblicklichen Probleme motiviert sind, entstehen neue Probleme und werden Kosten verursacht, beispielsweise durch kurzfristige Ansetzung von Überstunden, durch Zukauf von Teilen bei anderen Herstellern etc. Weiteres Wachstum verschärft die Probleme, bis irgendwann die Probleme auf den Absatz durchschlagen. Kunden stornieren ihre Lieferungen, reduzieren die Liefermenge oder brechen die Geschäftsbeziehung ab. Erhöhten Kosten steht ein sinkender Ertrag gegenüber. Soll der Bestand des Unternehmens nicht gefährdet werden, müssen strukturelle Veränderungen erfolgen. Unter den Beispielbedingungen können relativ einfach Zuständigkeiten definiert werden, d.h. bestimmte Aufgaben werden bestimmten Personen zugewiesen: 'M. arbeitet in Zukunft nur noch an diesen Maschinen; Z. leitet die Aufträge in die Halle weiter.' Alternativ oder in Kombination dazu können einzelne Koordinierungsaufgaben bestimmten Personen übertragen werden: 'W. bestimmt darüber, welche Aufträge vorrangig zu behandeln sind.' Auch die Definition von Handlungsabläufen ist relativ einfach, da der Herstellungs- und Vertriebsprozeß nur wenige Stufen umfaßt: 'Sämtliche Aufträge werden in einer Liste erfaßt, diese Liste wird täglich weitergeleitet von Z. an W., etc.'.

Die Einführung dieser ersten Ansätze zur Formalisierung und Hierarchisierung bedeutet eine grundlegende Veränderung der Beziehungen der Mitglieder des Ressourcenpools. Die Beziehungen der Mitarbeiter untereinander werden nicht mehr nur ausschließlich durch informelle Beziehungen gekennzeichnet, sondern darüber hinaus durch formelle. Gleichwohl sind die formellen Beziehungen hochgradig personalisiert. Eine weitgehende Trennung von Funktion und Person hat noch nicht stattgefunden. Die Abgrenzung zwischen Aufgaben und Rechten als Person, und Aufgaben und Rechten als Rollenträger oder Agent, ist unklar.

Der Inhaber besitzt zunächst neben den Eigentümerrechten am Ressourcenpool das Verfügungsrecht über alle Ressourcen des Ressourcenpools. Aber eine klare Trennung zwischen den Ressourcen des Ressourcenpools und den persönlichen Ressourcen des Inhabers ist noch nicht vorhanden. Auch für die Mitarbeiter existieren keine exakten Rollenvorstellungen. Es ist unklar, welche Ressourcen in welchem Umfang genau von den Mitarbeitern eingebracht werden. Es sind keine Vereinbarungen darüber getroffen worden, welche Arten von Leistungen von den Mitarbeitern zu erbringen sind und welche Arten von Leistungen nicht dazu gehören. Vielleicht noch schwieriger abzugrenzen ist, welche vom Inhaber geforderten Leistungen für den Ressourcenpool erbracht werden und somit unmittelbar oder mittelbar der Erzielung des Korporationsertrags dienen und welche Leistungen für den Inhaber als Person erbracht werden. Die von Weber (1972, S.226ff.) beschriebene Trennung von Privatvermögen und Firmenvermögen als Voraussetzung für die Entstehung moderner Wirtschaftsorganisationen wird zwar häufig als juristische Konstruktion genutzt, ist aber für die Mitarbeiter nicht nachvollziehbar. Ob beispielsweise die Unternehmensgebäude Eigentum des Inhabers oder Eigentum des Unternehmens sind, ist für Mitarbeiter i.d.R. nicht zu erkennen.

Die genauen rechtlichen Konstruktionen sind üblicherweise den Mitarbeitern nicht bekannt. Erst wenn der Inhaber für sich selbst eine deutliche Unterscheidung zwischen Unternehmensressourcen und privaten Ressourcen trifft, werden für Mitarbeiter die Trennlinien überhaupt sichtbar. Diese unklare Grenzziehung ist durchaus im Interesse des Inhabers, weil so viel leichter Unternehmensressourcen für private Zwecke genutzt werden können. Beispielsweise durch die formale Anstellung mithelfender Familienangehöriger, die tatsächlich keinen Beitrag leisten und deren formales Beschäftigungsverhältnis den Mitarbeitern nicht bekannt ist. Erst mit der schubweisen Systematisierung der Interaktionsbeziehungen und der zunehmenden Formalisierung gewinnt die Grenzziehung zwischen Rolle und Person an Schärfe. Wie Weber (1972, S.551ff.) feststellt, ist es eine Errungenschaft der Formalisierung, daß sie festlegt, welche Aufgaben vom Stelleninhaber nicht ausgeübt werden müssen.

Hat das Beispielunternehmen die erste Wachstumskrise überstanden und lassen die Markbedingungen ein weiteres Wachstum zu, so tauchen bald erneut Koordinationsprobleme auf. Wenn sich die bisherigen Maßnahmen bewährt haben, werden diese Maßnahmen einfach erneut angewendet. Weitere Abläufe werden reguliert, weitere Zuständigkeiten definiert und weitere einzelne Dispositionsrechte werden übertragen. Auch hier ist irgendwann der Punkt erreicht, an dem die Koordinationsprobleme ein Ausmaß erreichen, daß Veränderungen durch inkrementalistische Veränderungen nicht mehr bewältigt werden können. Die Zahl der Abnehmer und ihre räumliche Verteilung weiten sich aus, Auftragslisten werden zu umfangreich, die Prioritätskonflikte zwischen Aufträgen nehmen zu, die Zahl der Finanztransaktionen steigt, Konflikte zwischen mehreren Personen mit einzelnen Dispositionsrechten häufen sich etc. Wiederum sind strukturelle Veränderungen notwendig, die auf eine Systematisierung der Interaktionsbeziehungen abzielen und damit eine neue Phase der Formalisierung und Hierarchisierung einleiten.

Dieser Prozeß läßt sich als die schubweise Entwicklung eines Ressourcenpools zu einem korporativen Akteur und damit zu einer modernen Organisation umschreiben. In diesem schubweisen Prozeß findet nicht nur eine schrittweise Systematisierung der Interaktionsbeziehungen statt, sondern es ändert sich auch die Stellung und Funktion des Inhabers. Bei jedem Veränderungsschub wird die Verteilung der Dispositionsrechte neu geregelt und es findet eine zunehmende Übertragung einzelner Dispositionsrechte an Mitarbeiter statt. Mit jedem Systematisierungsschub wird auch die Grenzziehung zwischen Person und Funktion deutlicher. Tendenziell wird der Kompetenzbereich des Inhabers zunehmend beschnitten. Wie Chandler (1977) zeigt, führt die Übertragung von Dispositionsrechten von Inhabern auf Mitarbeiter dazu, daß die Unternehmensleitung professionalisiert wird und die Inhaber in eine zunehmend passive Rolle bei der Unternehmensleitung gedrängt werden. Mitarbeiter mit Dispositionsrechten unterliegen einem Rechtfertigungszwang. Da sie keine Eigentumsrechte an den Ressourcen haben, müssen ihre Entscheidungen über den Ressourceneinsatz prinzipiell gegenüber Dritten begründbar sein. Dies verstärkt das Interesse an systematischen und planvollen Vorgehensweisen in der Unternehmensleitung.[147] Die Systematisierung von Vorgehensweisen führt nicht notwendigerweise zu einem zweckrationaleren Mitteleinsatz. Was sich verändert, sind die Bewertungskriterien für Alternativen. Professionelle Unternehmensführung zeichnet sich u.a. dadurch aus, daß i.d.R. quantifizierbare Erwartungen als Entscheidungsgrundlage dienen. Die Bedeutung von Kennziffern, wie z.B. *roi* (return of investment) bei der Bewertung von Entscheidungsalternativen, nimmt zu. Da es sich andererseits bei vielen unternehmerischen Problemstellungen um Optimierungsprobleme mit einer größeren Zahl von Unbekannten handelt, für die eindeutige Lösungen nicht bekannt sind, können auch Kennziffern das Risiko einer 'falschen' Entscheidung nicht vermeiden.

Die Beschneidung des Kompetenzbereichs des Inhabers schränkt zunehmend seine Möglichkeiten ein, Ressourcen des Unternehmens direkt für seine persönlichen Zwecke zu nutzen. Diese Einschränkung wird dann hingenommen, wenn langfristig die Aussicht besteht, daß durch Strukturierung und weiteres Wachstum der 'Restbetrag' des Korporationsertrags höher ist als der Ertrag, den er durch die Nutzung von Ressourcen des Unternehmens für private Zwecke erzielen kann. Weiterhin ist zu beachten, daß die sicherste Konsequenz von Strukturierung Ressourcenverbrauch zu Lasten des Korporationsertrags ist. Strukturierung stellt sich somit für den Inhaber als ein Kosten-Nutzen-Problem dar, wobei sichere kurzfristige Kosten gegen langfristige Nutzenerwartungen stehen. Im Prinzip handelt es sich um eine Investitionsentscheidung und alle Faktoren, die aus den Wirtschaftswissenschaften in diesem Zusammenhang bekannt sind, spielen eine Rolle, wie z.B. die Einschätzung der Absatzmarktsituation, die Einschätzung der Wettbewerbssituation,

---

147 Vgl. dazu z.B. Staehle (1991).

die Einschätzung der Abgabenbelastungen etc. Je niedriger und je unsicherer die Gewinnerwartung ist, desto wahrscheinlicher wird der Verzicht auf Wachstum.

Die Übertragung von Dispositionsrechten des Inhabers auf Mitarbeiter schafft die Voraussetzung für die Bildung des 'organizational slack'. Inhaber erhalten einen 'Restbetrag' des Korporationsertrags. Ihr Interesse besteht darin, entweder diesen 'Restertrag' zu steigern und/oder Ressourcen des Ressourcenpools für persönliche Zwecke zu nutzen. Mit der Übertragung der Dispositionsrechte auf Mitarbeiter werden diese - in Abhängigkeit von Art und Umfang der übertragenen Rechte - in die Lage versetzt, im begrenzten Umfang Ressourcen des Ressourcenpools für eigene Zwecke einzusetzen. Da Wachstum mit Strukturierung und Strukturierung mit der Übertragung von Dispositionsrechten verbunden ist, entstehen mit zunehmender Größe mehr Möglichkeiten der Ressourcennutzung durch Mitarbeiter für ihre persönlichen Zwecke. U.a. trägt dies zur Entstehung von 'structural inertia', dem strukturellen Beharrungsvermögen von Organisationen, bei. Veränderungen der Strukturierung bedeuten Veränderungen in der Verteilung von Dispositionsrechten. Da Dispositionsrechte (im begrenzten Umfang) die Möglichkeit schaffen, Ressourcen für eigene Zwecke zu nutzen, besteht auf seiten der Mitarbeiter, die diese Möglichkeiten haben, ein Interesse daran, diese Situation zu erhalten. Zudem sind sie in der Lage, nicht nur ihre eigenen Ressourcen, sondern auch einen Teil der Ressourcen, über deren Dispositionsrechte sie verfügen, für diesen Zweck einzusetzen. So kann beispielsweise ein Abteilungsleiter nicht nur seine eigenen Fähigkeiten und Kenntnisse einsetzen, um seine Position in Auseinandersetzungen zu stärken, sondern auch auf Fähigkeiten und Kenntnisse von Mitarbeitern seiner Abteilung zurückgreifen.

Ob und in welchem Umfang die prinzipielle Möglichkeit zur persönlichen Nutzung von Ressourcen durch Mitarbeiter auch tatsächlich genutzt wird, wird beeinflußt durch die Sanktionswahrscheinlichkeit, die Sanktionshöhe für dieses Verhalten und die Sicherheit des Anteils am Korporationsertrag. Da Dispositionsrechte und Eigentumsrechte im Ressourcenpool auseinanderfallen, sind mit der Übertragung von Dispositionsrechten keine Eigentumsrechte verbunden. So gestaltet sich der Transfer von Ressourcen ausgesprochen schwierig, insbesondere wenn nur Dispositionsrechte über personengebundene Ressourcen bestehen. Für persönliche Zwecke können also nur Ressourcen, wie Arbeitskraft, Fähigkeiten und Kenntnisse, zeitweilig benutzt werden. Der Hauptanreiz für die Mitgliedschaft in einem Ressourcenpool besteht in dem höheren Ertrag, der durch die Mitgliedschaft erzielt werden kann. Auch wenn die Höhe des Ertrags für Mitarbeiter nicht direkt an die Höhe des Korporationsertrags gebunden ist, ist die Erzielung eines Korporationsertrags Voraussetzung für den Ertrag des einzelnen. Wenn kein Korporationsertrag erzielt wird bzw. der akkumulierte Korporationsertrag aufgezehrt ist, löst sich der Ressourcenpool auf. Mitarbeiter haben - in Abhängigkeit von ihrer Fähigkeit, den Ertrag, den sie jetzt erhalten, auch anders zu erzielen - ein Interesse an dem Erhalt der Mitgliedschaft. Bei der Nutzung von Ressourcen des Ressourcenpools für persönliche Zwecke durch Mitarbeiter findet ein Abwägungsprozeß statt, inwieweit Ressourcenentfremdung die Mitgliedschaft gefährdet. Wenn der Korporationsertrag gefährdet ist, wird dieser Abwägungsprozeß häufiger zugunsten der Mitgliedschaft entschieden werden als für die Entfremdung der Ressourcennutzung. In wirtschaftlichen Krisen des Unternehmens vermindern sich so die Widerstände gegen die Neuverteilung von Dispositionsrechten und damit gegen strukturelle Veränderungen.

Sanktionswahrscheinlichkeit und Sanktionshöhe sind die zentralen Aspekte des Kontrollproblems. Kontrollprobleme resultieren aus der Lösung der direkten Verbindung zwischen Leistung und Gegenleistung. Zwischen dem Beitrag, den ein Akteur zum Korporationsertrag durch Einbringung seiner Ressourcen leistet, und dem Anteil am Korporationsertrag besteht nur eine mittelbare Beziehung. Dieser Aspekt gilt nicht nur für die Übertragung von Dispositionsrechten auf Mitarbeiter, sondern auch für den individuellen Ressourceneinsatz durch Mitarbeiter. Einfache Mitglieder des Ressourcenpools erhalten bis auf wenige Ausnahmen einen festgelegten Betrag des Korporationsertrages für die Bereitstellung ihrer Ressourcen in Form von Lohn oder Gehalt. Da der Arbeitsvertrag inhaltlich weitgehend unbestimmt ist, besteht für einfache Mitglieder ein Anreiz, ihren Ressourcenbeitrag zu reduzieren, ohne daß dies direkte Auswirkungen auf den Betrag hat, den sie für die Bereitstellung ihrer Ressourcen erhalten.

Um sicherzustellen, daß aus der Bereitstellung von Ressourcen auch Nutzung von Ressourcen wird, oder einfacher ausgedrückt, aus Arbeitsvermögen auch Arbeitsleistung resultiert, sind zusätzliche Maßnahmen erforderlich. Nach Coleman (1990) können dabei zwei Strategien unterschieden werden: Vertrauen und Kontrolle. Welche Strategie rational ist, hängt von den Rahmenbedingungen ab. Beide Strategien beruhen auf Sanktionen. Vertrauen ist nach Coleman immer dann eine geeignete Strategie, wenn der Verlust für falsches Vertrauen nur gering ist oder eine Situation geschaffen ist, in der 'falsches' Vertrauen mit an Sicherheit grenzender Wahrscheinlichkeit zu Sanktionen führt, auch wenn die Sanktionsmaßnahmen nicht von demjenigen durchgeführt werden, der vertraut hat. Coleman zeigt, daß die Existenz einer solchen Situation an besondere Bedingungen geknüpft ist, wie Abgegrenztheit, räumliche Nähe, eine begrenzte Zahl von Interaktionspartnern, häufige Kommunikation. In einer solchen Situation können Normen erfunden und zu einer (impliziten) Konstitution verdichtet werden. Eine solche (implizite)

Konstitution sorgt für eine massive Entlastung des 'Trustors'. Regelverstöße müssen nicht mehr unbedingt durch den Trustor selbst entdeckt und sanktioniert werden, sondern können auch von anderen Mitgliedern dieser Gemeinschaft entdeckt und sanktioniert werden. Sanktionen bestehen in der Verweigerung von Gütern, die für den 'Defektor' eine hohe Bedeutung haben. Die Überschaubarkeit und Abgegrenztheit sichert ab, daß der 'Defektor' zum Erhalt dieser Güter auf Mitglieder dieser Gemeinschaft angewiesen ist. Können diese Güter auch von Personen oder Akteuren bezogen werden, die nicht Mitglied dieser Gemeinschaft sind, nimmt das Sanktionspotential ab. Zur Wirksamkeit von Normen gehört die dauerhafte Einbindung in Sozialbeziehungen.

Die Randbedingungen für Situationen, in denen Vertrauen als Strategie rational ist, treffen auch für kleine Ressourcenpools zu.[148] Mit Wachstum erodieren diese Randbedingungen zunehmend. Die Zahl der Interaktionspartner steigt, durch Strukturierung wird die Kommunikation der Interaktionspartner eingeschränkt, die räumliche Ausdehnung nimmt zu. Wachstum führt andererseits dazu, daß die verhaltenssteuernde Wirkung von Normen abnimmt, weil entweder die Zahl der Normen zunimmt oder der Abstraktionsgrad. Allgemeingültige Normen als Steuerungsinstrumente, die für alle Mitglieder des Ressourcenpools gültig sind, werden abgelöst durch (informelle) Normen in kleineren Einheiten des Ressourcenpools, in dem die Bedingungen für vertrauenswürdige Situationen noch erfüllt sind. Mit zunehmendem Wachstum verliert die (implizite) Konstitution an Wirksamkeit. Vertrauen als Strategie bedeutet nicht, daß die Verhaltenseinschränkungen weniger rigoros wären als bei der Anwendung von Kontrolle. Eine (implizite) Konstitution eignet sich insbesondere zur Sicherung von Privilegien und zur Ausgrenzung einzelner Mitarbeiter oder Mitarbeitergruppen. Tendenziell sind die Verhaltensbeschränkungen für einzelne Mitarbeiter oder Mitarbeitergruppen wesentlich umfassender als bei der Anwendung von Kontrolle. Kontrolle bezieht sich im Regelfall auf genau spezifizierte Verhaltensaspekte, z.B. Anwesen-

---

148 Dies gilt natürlich nur für die Art von Ressourcenpools, in der langfristige Mitgliedschaft möglich ist. Ressourcenpools, bei denen ein erheblicher Teil der Mitglieder immer kurzfristig wechselt, z.B. durch Aushilfskräfte, stellen keine vertrauenswürdige Umgebung dar. Hier ist der Gebrauch von Kontrolle rational. Allerdings sind die Sanktionsmöglichkeiten asymmetrisch verteilt. Kurzfristig beschäftigte Mitarbeiter erbringen ihre Leistungen, bevor sie einen Ertrag als Gegenleistung erhalten. Das Risiko, daß sie nicht den vereinbarten Ertrag erhalten, ist größer als das Risiko, das der Ressourcenpool eingeht, weil sie nicht die erwartete Arbeitsleistung erbringen. Kurzfristig beschäftigte Mitarbeiter müssen bei Vertragsbruch durch den Ressourcenpool erhebliche Aufwendungen auf sich nehmen, um ihre Ansprüche durchzusetzen, während im anderen Fall eine Kürzung oder Einbehaltung des vereinbarten Ertrages durch den Ressourcenpool problemlos möglich ist.

heit, Produktionsvolumen, Genauigkeit etc. und Sanktionen werden nur bei Nichterfüllung dieser spezifischen Erwartungen verhängt.

Wie in Kapitel 6 ausgeführt, geht der Etablierung von Kontrollsystemen ein zweistufiger Abwägungsprozeß voraus. In der ersten Stufe gilt es, zwischen Kontrolle und Vertrauen abzuwägen und in der zweiten Stufe zwischen verschiedenen Kontrollformen. Kontrolle ist immer mit dem Einsatz von Ressourcen verbunden, die den Korporationsertrag belasten. Vertrauen ist dann eine rationale Strategie, wenn der Verlust durch 'falsches' Vertrauen gering ist. Kontrolle stellt immer eine Abwägung zwischen den Kontrollkosten und der Höhe der Verluste durch 'falsches' Vertrauen dar. Wenn die Höhe der Verluste gering ist, ist Vertrauen auch dann, wenn es häufig enttäuscht wird, rational. Inhaber eines Ressourcenpools bzw. Mitarbeiter mit weitreichenden Dispositionsrechten sind also nicht per se daran interessiert, um jeden Preis Kontrolle zu maximieren, sondern die Verluste durch 'falsches' Vertrauen zu minimieren. Wenn die Verluste gering sind, wird auch bei Versagen von Vertrauen keine Kontrolle erfolgen. Erst wenn die Verluste eine akzeptierte Höhe überschreiten, wird über die Etablierung von Kontrollsystemen nachgedacht. Da Kontrollsysteme immer Ressourcen verbrauchen, besteht ein Interesse an möglichst kostengünstigen Kontrollsystemen. Bei den Kosten der Kontrollsysteme sind neben den direkten Kosten, beispielsweise für Mitarbeiter mit Kontrollaufgaben und deren technische Ausstattung, immer auch indirekte Kosten zu berücksichtigen. Indirekte Kosten entstehen dann, wenn Mitarbeiter aufgrund der Kontrollmaßnahmen ihre Mitgliedschaft im Ressourcenpool aufgeben, weil die Einschränkung ihrer Möglichkeiten, Unternehmensressourcen für eigene Zwecke zu nutzen, ihren Ertrag mindert oder ihre Leistungsabgabe bei gleichem Ertrag höher ist als bei Mitgliedschaft in anderen Ressourcenpools. So läßt sich beispielsweise erklären, warum häufig toleriert wird, daß bestimmte Außendienstmitarbeiter die Unternehmensressourcen für eigene Zwecke nutzen können (z.B. durch 'Schwarzverkauf'), oder warum Vorgabezeiten nicht reduziert werden, obwohl den meisten Mitgliedern und auch der Leitungsebene bekannt ist, daß sie von den meisten Mitarbeitern mühelos unterschritten werden können.

Mit zusätzlichen Kontrollmaßnahmen könnten diese Handlungsweisen entdeckt und sanktioniert werden, aber diese Kontrollmaßnahmen verursachen direkte und indirekte Kosten. Nicht nur, daß Mitarbeiter und Ausrüstung benötigt werden, um die 'Defektion' feststellen und sanktionieren zu können, sondern bestimmte Mitarbeiter - häufig Leistungsträger - erhalten einen Anreiz, den Ressourcenpool zu verlassen. Wenn die Kotrollmaßnahmen insbesondere jene Mitarbeiter betreffen, denen die Einhaltung der üblichen Leistungserwartung leicht gelingt, kann ein negativer Selektionsprozeß in Gang gesetzt werden. Mitarbeiter, die die Leistungserwartungen leicht erfüllen können, wandern ab, während Mitarbeiter, die aufgrund ihrer Leistungsfähigkeit Probleme haben, die Leistungserwartungen zu erfüllen, im Ressourcenpool verbleiben.

Wie gezeigt, ist die Wahl einer optimalen Kontrollform in einer reinen Zweck-Mittel-Betrachtung von zu vielen Faktoren abhängig, als daß die Vorstellung realistisch erscheint, die Implementierung umfassender Kontrollsysteme beruhe auf umfassenden Situationsanalysen, bei der direkte und indirekte Wirkungen und alle beeinflussenden Querbeziehungen in Entscheidungsprozessen berücksichtigt werden. Realistischer erscheint vielmehr die Annahme, daß auch die Implementation von Kontrollsystemen dem von March/Simon beschriebenen Muster begrenzter Rationalität folgt. Kontrollmaßnahmen erfolgen dort, wo das Risiko für Vertrauen sehr hoch ist (z.B. in der Buchhaltung) und dort, wo die Verluste durch 'falsches' Vertrauen eine Akzeptanzgrenze überschreiten. In diesen Fällen wird nach kostengünstigen Möglichkeiten gesucht, die Verluste zu begrenzen. Kostengünstige Alternativen sind in der Regel nur für einfach meßbare Sachverhalte verfügbar, wie z.B. Arbeitsdauer, Produktionsmenge, geometrische Abmessungen etc. Kostenrelevant ist weiterhin, ob die zur Kontrolle benötigten Informationen erst mit zusätzlichem Kostenaufwand erhoben werden müssen oder ob die Kontrollinformationen während des Produktionsprozesses anfallen. In diesem Zusammenhang sind technologische Veränderungen, insbesondere der Einsatz von moderner Mikroelektronik, relevant. Durch mikroelektronische Steuerungen ist eine Vielzahl von Informationen verfügbar, deren Beschaffung zuvor einen erheblichen Mehraufwand bedeutet hätte. Mikroelektronik wirkt so tendenziell kontrollkostensenkend.[149]

Ein weiterer kostenrelevanter Gesichtspunkt ist die Strategie, mit der Handlungsabläufe strukturiert werden. Wie Coleman und auch Lawrence/Lorsch argumentieren, ist die Dauer zwischen dem Anstoß einer Aktion und der Meldung, daß die Interaktion ausgeführt wurde, kostenrelevant. Je länger der Weg zwischen Ausgangspunkt und Endpunkt und zurück zum Ausgangspunkt, desto höher werden die Kontrollkosten. Mit der Länge des Weges nimmt die Zahl der zu überprüfenden Handlungen zu. Zudem gilt es abzuwägen zwischen Maßnahmen, die die Wahrscheinlichkeit des Auftretens einzelner 'Defektionen' reduzieren, und solchen, die die durch eine einzelne Defektion entstehenden Kosten erhöhen. Beispielsweise könnte durch eine starre Verkettung von Handlungsabläufen die Wahrscheinlichkeit von Defektion ge-

---

149 Damit wird die z.B. von Behr u.a. (1991) beobachtete Diskrepanz zwischen der mit der Einführung neuer Technologien verbundenen Steigerung des Kontrollpotentials und dem wenig veränderten Ausmaß von Kontrolle verständlich. Durch technologische Veränderung sinken zwar die Kontrollkosten tendenziell, dieser Aspekt wird jedoch erst relevant, wenn sich aus aktuellem Anlaß ein Kontrollproblem ergibt.

senkt werden, da Defektionen sofort erkannt und eindeutig zugeordnent werden können. Andererseits, falls es trotzdem zu einer Defektion kommt, könnten die Produktionsverluste steigen, weil die Auswirkung der Defektion alle verketteten Handlungen stoppt. Wie diese kurzen Beispiele zeigen, sind bei der Gestaltung von Kontrollsystemen zu viele Aspekte zu berücksichtigen, als daß erwartet werden kann, daß betriebliche Entscheider, denen nur begrenzt Zeit und Ressourcen für diese Aufgaben zur Verfügung stehen, alle Aspekte systematisch prüfen und dann versuchen, eine optimale Kombination von Vertrauen und unterschiedlichen Kontrollmaßnahmen unter Berücksichtigung anderer für den Korporationsertrag relevanter Kosten zu treffen. Zudem kommt hinzu, daß sie nicht nur bereits bekannte 'Defektionsmöglichkeiten' zu berücksichtigen hätten, sondern auch potentielle.

Unter diesen Bedingungen erscheint es realistisch anzunehmen, daß sich die Auswahl einzelner Kontrollmaßnahmen auf die Bereiche beschränkt, in denen aktuell Kontrollprobleme bestehen, entweder weil Vertrauen als Strategie versagt hat oder bisherige Kontrollmaßnahmen nicht den gewünschten Erfolg gebracht haben. Die Auswahl der Kontrollformen orientiert sich - wie bei den Strukturierungsinitiativen - an bekannten Musterlösungen. Wenn die Musterlösungen Erfolge in der gewünschten Richtung zeigen, werden sie beibehalten. Bei den nächsten Kontrollproblemen wird zunächst versucht, die bekannten Musterlösungen auch auf neue Problembereiche zu übertragen. Erst wenn sich zeigt, daß Musterlösungen versagen, wird nach neuen Alternativen außerhalb des betrieblichen Kontextes gesucht.

Mit dem Wachstum des Ressourcenpools wächst tendenziell der Bedarf an Kontrollmaßnahmen, weil einerseits die Wirksamkeit von Normen nachläßt, und andererseits durch die Übertragung von Dispositionsrechten an Mitarbeiter die Möglichkeiten der Ressourcenentfremdung steigen. Obwohl eine Ähnlichkeit des Mechanismus zwischen dem Entstehen und der Lösung von Kontrollproblemen und Koordinationsproblemen besteht, kann nicht davon ausgegangen werden, daß Probleme jeweils bei gleichen Schwellen auftreten. Ressourcenpools können durch Wachstum durchaus eher in Koordinationsprobleme geraten als in Kontrollprobleme. Die Entstehung von Kontrollproblemen hängt nach der vorgestellten Argumentation vorwiegend von der Mitarbeiterzahl (als grober Indikator für die Existenz von vertrauenswürdigen Strukturen) und der Übertragung von Dispositionsrechten ab, die wiederum vom Grad der Strukturierung und der dabei verwendeten Strategie beeinflußt wird. Koordinationsprobleme entstehen vorwiegend durch die Zahl der Interaktionen, und diese wird maßgeblich durch Eigenschaften des herzustellenden Gutes beeinflußt.

7.3.2. Die Entwicklung vom Ressourcenpool zum korporativen Akteur unter veränderten Randbedingungen

Veränderte Bedingungen bei der Entstehung und Lösung von Koordinationsproblemen ergeben sich, wenn die Neugründung keine einfachen Standardprodukte herstellt, sondern komplexe Produkte, beispielsweise Spezialgetriebe. Komplexe Produkte verlangen zur Herstellung unterschiedliche Kombinationen von hochspezialisierten Kenntnissen und Ressourcen und einfachem Arbeitsvermögen. Hochspezialisierte Kenntnisse sind in der Regel personengebunden und werden im Produktionsprozeß in unterschiedlichem Umfang benötigt. Damit stellt sich in diesem Fall schon bei der Gründung das Problem der Teilbarkeit von Ressourcen und damit die Frage, welche Teile des Produktionsprozesses im Ressourcenpool erfolgen und welche Teile des Produktionsprozesses extern erfolgen sollen. Während im Fall der Einfachheit des Produktes 'make-or-buy'-Entscheidungen aus Vereinfachungsgründen - weitgehend konsequenzenlos - ignoriert werden können, ist dies ein konstitutives Merkmal von Unternehmensgründungen, die sich mit der Erstellung komplexer Produkte beschäftigen. Damit haben das Unternehmenswachstum, seine Voraussetzungen und seine Folgen eine weitere zusätzliche Dimension, nämlich unter welchen Bedingungen Wachstum internalisiert oder externalisiert wird. Die Transaktionskostentheorie besagt, daß bei hochspezifischen Prozessen kein normaler Marktaustausch stattfindet, sondern bei geringer Häufigkeit neoklassische Vertragsbeziehungen angestrebt werden und bei hoher Häufigkeit Internalisierung angestrebt wird. Hochspezifische Produkte haben hohe Transaktionskosten, die sowohl vor der Transaktion als auch nach der Transaktion anfallen. Sie bieten große Möglichkeiten zu opportunistischem Verhalten, da keine kostengünstigen Sanktionsmöglichkeiten gegeben sind. Durch die Internalisierung werden die Sanktionskosten nicht unbedingt geringer, aber zumindest ein Teil der Transaktionskosten kann eingespart werden.

Diese Aussage trifft für Produzenten hochspezifischer Produkte in doppelter Weise zu. Zum einen für ihre Außenbeziehungen zu Abnehmern, und zum anderen für die interne oder externe Nutzung hochspezifischer personengebundener Ressourcen. Für ihre Außenbeziehungen folgt aus der Transaktionskostentheorie, daß Abnehmer, die die hergestellten Produkte häufig benötigen, danach streben, die Produktion zu internalisieren. Sie stellen somit zumindest mittelfristig keinen Absatzmarkt dar. Hersteller komplexer Produkte sind deshalb auf Abnehmer beschränkt, die ihre Produkte gelegentlich benötigen. Genauso gilt, daß häufig benötigte hochspezifische Ressourcen internalisiert werden, während nur gelegentlich benötigte Ressourcen extern verbleiben, also bei Bedarf entweder von Unternehmen oder Personen eingekauft werden. Für den Herstellungsprozeß folgt daraus, daß vorwiegend kleine Serien hergestellt werden und die Existenzberechtigung des Unternehmens auf der Bereitschaft des Unternehmens beruht, kleine Serien herzustellen (sofern nicht das Produktprogramm verändert wird).

Für diese Unternehmen existieren zwei Arten von Außenbeziehungen: Beziehungen zu Abnehmern und Beziehungen zu externen Ressourcenlieferanten. Beide Arten von Außenbeziehungen erfordern häufige Interaktionen. Allerdings ist die Zahl der Abnehmer vergleichsweise geringer als bei einfachen Produkten. Der Produktionsprozeß erfordert die Koordinierung von internen und externen Interaktionen. Durch die Einbeziehung der externen sinkt tendenziell die Anzahl der internen Interaktionen. Wachstum bedeutet hier, daß tendenziell andere Koordinationsprobleme häufiger sind als rein interne Koordinationsfehler. Während Formalisierung - die Definition von Zuständigkeiten - noch vergleichsweise einfach anwendbar ist, gestalten sich Hierarchisierung und Strukturierung von Handlungsabläufen schwieriger.

Die Schaffung einer Hierarchiestufe löst das Problem der Koordination interner und externer Abläufe nicht. Sie stellt vielmehr den Transfer von einigen Dispositionsrechten des Inhabers auf einen Mitarbeiter dar. Dispositionsrechte betreffen aber nur interne Ressourcen. Mit dem Kauf eines Gutes oder einer Dienstleistung werden keine Dispositionsrechte über die zur Herstellung eingesetzten Ressourcen erworben. Die Einbindung von externen Ressourcen, über die keine Dispositionsrechte gehalten werden, in interne Abläufe läßt sich durch eine Neuverteilung von Verfügungsrechten nur begrenzt systematisieren. Wie die Transaktionskostentheorie beschreibt, ist die kostengünstigste Lösungsvariante für dieses Problem ein neoklassischer Vertrag. Da der Abschluß neoklassischer Verträge mit relativ hohen Transaktionskosten verbunden ist, besteht eine Tendenz zur Reduktion der Zahl der Partner, mit denen diese Verträge geschlossen werden.

Die dritte Option, die bei der Herstellung einfacher Güter angewendet werden kann, ist die Strukturierung von Handlungsabläufen. Diese ist an ein Mindestmaß von Wiederholungen gebunden. Strukturierung von Handlungsabläufen bedeutet die Beschränkung der Zahl von internen Interaktionen auf Interaktionen mit Externalität, also Folgewirkungen für andere interne Interaktionen. Bei wechselnden Produktionsabläufen ergeben sich wechselnde Externalitäten. Erst wenn es gelingt, verschiedene kleine Serien so zu aggregieren, daß zumindest ein Teil der Produktionsprozesse identisch ist, kann eine Strukturierung der Handlungsabläufe erfolgen.

Wachstum hat unter diesen Bedingungen u.a. zur Konsequenz, daß sich die Zahl der Transaktionen mit externen Ressourceninhabern erhöht, so daß ein Anreiz besteht, diese zu internalisieren. Die Heterogenität der internen Ressourcen nimmt zu. Die Probleme der internen Koordination nehmen zu, während die Probleme der Koordination zwischen externer und interner Ressourcennutzung abnehmen.

Durch die gestiegene Heterogenität der Ressourcen sind die individuellen Kapazitätsgrenzen zur Bewältigung von Koordinationsaufgaben eher erreicht als bei der Herstellung einfacher Produkte. Durch die Internalisierung von Ressourcen können Formalisierung - im Sinne der Definition von Zuständigkeiten - und Hierarchisierung als Instrumente genutzt werden, um Koordinationsprobleme zu bewältigen, während die Strukturierung der Handlungsabläufe daran gebunden ist, daß kleine Serien so aggregiert werden können, daß zumindest in Teilbereichen eine Wiederholung von Handlungsabläufen möglich ist. Die Rahmenbedingungen beeinflussen somit die Kostenstrukturen von Lösungsoptionen für mit Wachstum verbundene Probleme.

Wie Blau/Schoenherr (1971) demonstriert haben, führt Wachstum zu unterschiedlich schnellem Anstieg von gleichartigen und ungleichartigen Aufgaben. Wie die Gegenüberstellung der Wachstumsprozesse von Unternehmen mit einfachen Produkten und Unternehmen mit komplexen Produkten zeigt, ist das Verhältnis von gleichartigen und ungleichartigen Aufgaben jedoch nicht konstant. Während im ersten Falle ein relativ hoher Anteil von gleichartigen Aufgaben vorhanden ist, dessen Bedeutung mit dem Wachstum zunimmt, ist im zweiten Fall von vornherein eine größere Heterogenität der Aufgaben gegeben, die mit Wachstum zunächst noch zunimmt.[150] Erst wenn es diesen Unternehmen gelingt, durch Aggregation in beschränktem Umfang Routinen zu entwickeln, steigt der Anteil gleichartiger Aufgaben stärker. Diese Unternehmen benötigen also erst ein gewisses Maß an Wachstum, damit Ansätze von Strukturierung zur Einsparung von Produktionskosten überhaupt durchgeführt werden können.

Bereits angesprochen wurde, daß bei Strukturierungsprozessen - d.h. für die Verteilung von Dispositionsrechten - der Status und die Funktion des Inhabers eine wichtige Rolle spielen. Ist der Inhaber des Ressourcenpools - unabhängig von der juristischen Konstruktion - eine natürliche Person, so fallen die Entscheidungen über Form und Ausmaß von Strukturierungsprozessen unter anderen Bedingungen, als wenn der Inhaber ein korporativer Akteur ist. Ein korporativer Akteur als Inhaber eines Ressourcenpools ist gleichbedeutend mit einer anderen Verteilung von Rechten. Da der korporative Akteur zu Beginn alle Rechte hält, diese Rechte aber keiner natürlichen Person zugeordnet sind, sind alle Rechte, die natürliche Personen besitzen, ihnen zeitweilig übertragen worden. Die Grenzziehung zwischen Akteur und Agent ist für

---

150 Gunz (1988) zeigt, daß unterschiedliche Wachstumsarten auch Auswirkungen auf Karrieremuster von Managern haben und daß darüber strategische Orientierungen für Strukturierungsprozesse beeinflußt werden.

alle Mitglieder wesentlich leichter nachvollziehbar. Ein Hindernis für die Strukturierung besteht bei inhabergeführten Unternehmen in der unklaren Grenzziehung zwischen den persönlichen Interessen des Inhabers und den Interessen des Ressourcenpools. Diese Unklarheit ermöglicht Inhabern die Realisierung von Sondererträgen. Diese Möglichkeiten werden durch Strukturierungsprozesse eingeschränkt. Bei Wachstumskrisen stehen Inhaber vor einem Abwägungsproblem. Es gilt abzuschätzen, ob die Aussicht besteht, daß der Verzicht auf Sondererträge ausgeglichen wird durch einen höheren 'Restbetrag' des Korporationsertrages.

Bei Unternehmen im Besitz von korporativen Akteuren fehlen allen Mitgliedern diese Möglichkeiten. Sie können nur einen Teil der Ressourcen, über deren Dispositionsrechte sie verfügen, für ihre persönliche Zwecke nutzen, aber die Umwandlung dieser Nutzungsmöglichkeit in materielle Erträge ist zumindest wesentlich schwieriger. Der Anreiz, auf Strukturierungsmaßnahmen zu verzichten, um Sondererträge zu realisieren, entfällt weitgehend. Dies führt zur These, daß unter sonst gleichen Bedingungen inhabergeführte Unternehmen ein niedrigeres Maß an Strukturierung aufweisen. Weiterhin besteht bei Unternehmen mit korporativen Akteuren als Inhaber eine Tendenz zur Professionalisierung der Unternehmensführung. Bei inhabergeführten Unternehmen müssen Inhaber nur selten ihre Entscheidungen systematisch begründen. In managergeführten Unternehmen müssen Manager ihre Entscheidungen gegenüber Eigentümern rechtfertigen können. Manager, die ihre Entscheidungen nicht rechtfertigen können, bzw. mit ihren Entscheidungen nicht den erwarteten Korporationsertrag erzielt haben, können ausgetauscht werden. Nach Chandler (1977) führt dies dazu, daß Manager eine Strategie der Risikovermeidung betreiben und nicht mehr die Maximierung des Korporationsertrags im Vordergrund steht, sondern die Erzielung eines zur Existenzsicherung notwendigen Korporationsertrags.

Größe ist eine Dimension, die in drei Teildimensionen gegliedert werden kann: Zahl der Interaktionsteilnehmer, Interaktionshäufigkeit und Ressourcenumfang und -zusammensetzung. Das Verhältnis dieser drei Teildimensionen wird durch unterschiedliche Faktoren beeinflußt. Dabei sind Produktkomplexität und Seriengröße als intervenierende Faktoren zu betrachten, deren Wechselwirkungen Auswirkungen auf Strukturierungspozesse haben. Seriengröße beeinflußt bei hochspezifischen Produkten 'make-or-buy'-Entscheidungen, und bei einfachen Produkten stellt sie einen Faktor unter mehreren Faktoren dar, der die Interaktionshäufigkeit beeinflußt. Ein weiterer intervenierender Faktor besteht in den Eigentumsverhältnissen. Korporative Akteure erzeugen andere Anreizstrukturen für die Mitglieder eines Ressourcenpools als inhabergeführte Unternehmen. Tendenziell bestehen bei inhabergeführten Unternehmen größere Widerstände gegen Strukturierungsprozesse als bei managergeführten Unternehmen. [151]

Daraus ergibt sich, daß mit Größe sehr unterschiedliche Situationskonstellationen verbunden sein können, und es stellt sich ein Operationalisierungsproblem. Gängige Verfahren, wie z.b. Mitarbeiterzahl oder Umsatz, erfassen nur jeweils bestimmte Ausschnitte. Die theoretisch wichtige Dimension der Interaktionshäufigkeit wird i.d.R. nicht erfaßt, weil ihre Messung ungeheuer aufwendig ist und sie i.d.R. auch keinem betrieblichen Akteur bekannt ist. Intervernierende Variablen, wie Produktkomplexität, Seriengröße und Eigentümerstatus, werden selten systematisch erfaßt. Die im kontingenztheoretischen Umfeld geführten Diskussionen, ob Technologie (Seriengröße), Umweltkomplexität oder Größe zentrale Dimensionen zur Charakterisierung von Organisationen sind sowie über die Heterogenität der empirischen Ergebnisse, scheinen weitgehend Scheindiskussionen zu sein. Alle dort benannten Faktoren sind direkt oder indirekt mit den Teildimensionen von Größe verbunden.

---

151 In der vorgestellten Skizze ergibt sich ein Bild von Organisationen, das Ähnlichkeiten mit Konfigurationskonzepten von Mintzberg (1979), Miller/Friesen (1984) oder Greenwood/Hinnings (1988) aufweist. Nicht einzelne Aspekte der Umwelt oder der Organisation bestimmen die Form und das Ausmaß von Strukturierungen, sondern die Kombination von Faktoren unter Berücksichtigung von Ausprägungen führt bei Wachstumsprozessen zu typischen Problemlagen, für die begrenzt rational handelnde Akteure Lösungen entwickeln.

8. Zur spezifischen Größensyndromatik des deutschen Maschinenbau

Nach der Diskussion unterschiedlicher theoretischer Modelle über unterschiedliche Aspekte von Größe wird in diesem Kapitel aufgezeigt, warum für den deutschen Maschinenbau typische Formen der Arbeitsorganisation mit der Größenstruktur zusammenhängen und daß die mittelständische Struktur des Maschinenbaus wiederum Resultat einer auf Nischen ausgerichteten Vermarktungs- und Produktpolitik ist. Die Verbindung zwischen Arbeitsorganisation, Größenstruktur, Produktpolitik und Marktausrichtung wird über die Koordinations- und Kontrollkosten hergestellt. Koordinations- und Kontrollkosten werden nicht nur durch die Betriebsgröße beeinflußt, sondern auch durch die Form der Arbeitsorganisation, Produkteigenschaften und Vermarktungsstrategien. Zunächst soll aufgezeigt werden, daß implizit oder explizit auch in der klassischen industriesoziologischen Sichtweise der Zusammenhang von Arbeitsorganisation und Koordination und Kontrolle diskutiert wird. Durch den Rückgriff auf das in Kapitel 7 entwickelte Größenmodell können aber in industriesoziologischen Ansätzen vernachlässigte Aspekte integriert werden. Damit läßt sich dann auch die Relevanz neuer arbeitsorganisatorischer Modelle, wie lean production, Gruppenarbeit oder teilautonome flexible Fertigungsstrukturen, für Maschinenbaubetriebe analysieren.

In der deutschen Industriesoziologie gilt der Maschinenbau als einer der drei 'Kernsektoren', neben der Automobilindustrie und der chemischen Industrie (Syben 1992, S.7). Analytisch hatte der Maschinenbau insbesondere die Funktion eines Kontrastprogramms gegenüber der 'tayloristischen' Automobilindustrie und der 'automatisierten' Chemischen Industrie. Im Maschinenbau ließen sich Strukturen vorfinden, die anscheinend persistent gegenüber allen zeitökonomischen Durchdringungsversuchen waren. Mit der Entwicklung der neuen Informations- und Kommunikationstechnologien schienen zunächst geeignete Instrumente entwickelt worden zu sein, um auch im Maschinenbau

Rationalisierungs- und Reorganisationsmaßnahmen nach tayloristischem Muster durchzuführen. Es zeigte sich aber in einer Reihe von Studien (Hirsch-Kreinsen 1984, Kern/Schumann 1985, Bergmann u.a. 1986 etc.), daß auch mit den neuen Technologien keine tayloristische Durchdringung der Arbeitsorganisation stattfand. Einige Autoren, wie z.b. Brödner (1985), sahen in den neuen Technologien vielmehr eine Chance, tayloristische Gestaltungsprinzipien abzulösen und neue humanzentrierte Gestaltungsansätze umzusetzen. Die neuen Produktionskonzepte zeigten aber nur eine zögerliche Diffusion in die Praxis (Schumann u.a. 1990).

8.1. Die Größenstruktur des deutschen Maschinenbaus

Als besonderes Merkmal des deutschen Maschinenbaus gilt seine vorwiegend klein- und mittelständische Struktur. Etwa 2/3 der Betriebe im Maschinenbau beschäftigen weniger als 100 Mitarbeiter, und nur etwa jeder 14. Maschinenbaubetrieb hat mehr als 500 Mitarbeiter.

Größenverteilung deutscher Maschinenbaubetriebe 1992
(Alte Bundesländer)

Mitarbeiterzahl	Anteil in Prozent
unter 50	43,2
50 -99	22,0
100 - 199	15,9
200 - 499	12,0
500 - 999	4,1
1000 und mehr	2,8

(Quelle: Bundesanstalt für Arbeit 1992).

Es verwundert deshalb auch nicht, daß der Konzentrationsgrad[152] im deutschen Maschinenbau deutlich geringer ist als in anderen Branchen. Er betrug

---

152 Als Konzentrationsgrad wird der Marktanteil der größten Unternehmen einer Branche eines räumlich abgegrenzten Marktes bezeichnet. Die Zahl der Unternehmen, die in die Berechnung eines Konzentrationsgrades einbezogen wird, ist unterschiedlich. In dem hier

Mitte der 80er Jahre etwa 17 %, während er beispielsweise für die chemische Industrie oder die elektrotechnische Industrie bei ca. 45 % lag und Branchen, wie der Fahrzeugbau, der Schiffsbau oder die Luftfahrtindustrie, über 80 % erreichten.

Umsatzanteile der jeweils zehn größten Unternehmen nach zweistelligen Wirtschaftsgruppen 1954-1987

	1970	1975	1979	1983	1987
Automobilindustrie	77,8 %	79,5 %	71,3 %	73,7 %	74,9 %
Chemische Industrie	43,5 %	46,4 %	48,4 %	48,1 %	45,6 %
Maschinenbau	15,6 %	17,8 %	18,7 %	16,3 %	12,9 %

Quelle: Monopolkommission 1990:134f.

Seltz/Hildebrandt (1989) haben darauf hingewiesen, daß die Einschätzung einer vorwiegend klein- und mittelständischen Branche nur korrekt ist, wenn sie auf die Zahl der Betriebe bezogen ist. Bezogen auf die Zahl der Beschäftigten stellen sie fest, daß ein Großteil von ihnen in Großbetrieben tätig ist. Seltz/Hildebrandt (1989, S.28) geben an, daß etwa 52 % des Umsatzes der Branche auf Maschinenbaubetriebe mit mehr als 1000 Beschäftigen entfallen und ca. 45 % der Beschäftigten in ihnen tätig sind. Die klein- und mittelbetriebliche Struktur des deutschen Maschinenbaus trifft somit vor allem im Branchenvergleich und bezogen auf die Zahl der Betriebe zu. Innerhalb der Branche haben Großbetriebe aber unabhängig davon eine vergleichsweise hohe Bedeutung.

8.2. Arbeitsorganisation im Maschinenbau in industriesoziologischer Perspektive

Im Zuge der Diskussion um die Determinierung der Arbeitsorganisation durch die eingesetzte Technik war es bis etwa Ende der 70er/Anfang der 80er Jahre vornehmliches Anliegen der sozialwissenschaftlichen Forscher, die negativen Folgen des Technikeinsatzes nachzuweisen und ihre Entstehung aus den Entwicklungsgesetzen kapitalistischer Ökonomien herzuleiten. Der

---

gewählten Beispiel wird der Marktanteil der jeweils 10 größten Unternehmen angegeben. Vgl. dazu Monopolkommission (1990).

Nachweis negativer Folgen des Technikeinsatzes und der Determinierung der Arbeitsorganisation durch die Technik gelang am eindrucksvollsten bei der industriellen Massenproduktion mit Fließfertigung,[153] die als die am weitesten entwickelte Form tayloristischer Arbeitsorganisation angesehen wurde.

Als Gegenpol zu tayloristischen Formen der Arbeitsorganisation galt lange Zeit der Maschinenbau. Aufgrund der Produktionskomplexität, der geringen Möglichkeiten zur Produktstandardisierung und der geringen Losgrößen wurden die Durchsetzungschancen stark arbeitsteiliger Formen der Arbeitsorganisation gering eingeschätzt.

Die Arbeitsorganisation im Maschinenbau nahm - insbesondere in der 'klassischen' Industriesoziologie - immer eine Ausnahmestellung ein. Unter Arbeitsorganisation werden die Bündelung von Tätigkeiten zu Stellen (Aufbauorganisation) einerseits und die Formen der Steuerung und der Kontrolle des Arbeitshandelns (Ablauforganisation) andererseits verstanden. Wesentliches Merkmal der Arbeitsorganisation im Maschinenbau war, daß sich hier keine tayloristischen Formen der Arbeitsorganisation durchsetzen konnten. "Als besonderes Rationalisierungsdilemma galt den Betrieben des Werkzeugmaschinenbaus seit jeher der Sachverhalt, daß zur sowohl arbeitsintensiven wie auch facharbeiterabhängigen Maschinenherstellung keine Alternative existierte. Die Aufgabe, für den industriellen Sektor die technischen Medien der Rationalisierung zu entwickeln und zu produzieren, zwingt dem Werkzeugmaschinenbau als Herstellungsprämisse eine Dynamik auf - Produktinnovation in Perma-nenz, anpassungsfähige Lösungskompetenz für variierende Außenanforderungen und Problemkonstellationen -, die der Anwendung jener in der Massenfertigung bewährten Rationalisierungspraktiken der Arbeitsteilung, Standardisierung und Technisierung frontal entgegenstand" (Kern/Schumann 1984, S.137). Diese Ausgangssituation stellt die Arbeitsorganisation im Maschinenbau vor besondere Herausforderungen. Denn anders als in anderen Branchen "unterliegt der Produktionsprozeß im Maschinenbau keinem technisch bedingten Zwangslauf. Zwar gibt es eine Logik der Bearbeitungsreihenfolgen, die einzelnen Bearbeitungsschritte stehen aber in aller Regel in keiner zwingenden zeitlichen Kontinuität" (Hirsch-Kreinsen 1984, S.2). Die Verbindung von Einzel- und Kleinserienfertigung, die zeitliche Indetermination der einzelnen Bearbeitungsschritte und die hohe Komplexität der Produkte, die aus immer mehr Einzelteilen bestehen und zugleich höchsten Qualitätsanforderungen gerecht werden müssen, erwies sich lange Zeit als weitgehend resistent gegen umfassende Rationalisierungsbemühungen. Das spezifische Rationalisierungsdilemma des Maschinenbaus be-

---

153 Der Schwerpunkt der Untersuchungen wurde dabei auf die Automobilindustrie gelegt, vgl. dazu z.B. Kern/Schumann (1970).

steht darin, "daß die spezifische Produktionsorganisation des Maschinenbaus zwar über eine eigene, auf spezifische Marktanforderungen zugeschnittene Kreativität und Effektivität verfügt, diese aber ein relativ hohes Kostenniveau verursacht. Der Versuch aber, mit den üblichen Rationalisierungsstrategien diese Kosten zu senken und damit konkurrenzfähiger zu werden, würde genau diese spezifische Effektivität zerstören." (Seltz/Hildebrandt 1989, S.29).

Wesentliches Element der konventionellen Sichtweise der Industriesoziologie ist die Betonung des stofflichen Aspekts der Arbeitsorganisation. Trotz der Unterschiede der Argumentationen im Detail, besteht Übereinstimmung darüber, daß die spezifische Kombination von hoher Produktkomplexität und geringer Seriengröße im Maschinenbau die Anwendung tayloristischer Rationalisierungsstrategien verhindert und die Position der Facharbeiterschaft stärkt. Die stofflichen Eigenschaften von Produktionsprozessen im Maschinenbau steigern die Komplexität der vom Betrieb zu bewältigenden Planungs- und Koordinierungsaufgaben. Die gestiegene Komplexität läßt traditionelle tayloristische Gestaltungsansätze unwirtschaftlich werden. Wie Manske (1991) zeigt, bestehen aber durchaus nicht-tayloristische Alternativen zur Bewältigung der Komplexität. Komplexität der Koordinationsaufgaben ist - wie gezeigt - ein zentraler Aspekt von Größe.

Die Verbindung zwischen den Variablen Arbeitsteilung, Standardisierung, Technisierung, Seriengröße und Produktkomplexität wird in der Argumentation durch Annahmen über die Effizienz eines deterministischen Produktionsmodells hergestellt. In einem deterministischen Produktionsmodell wird der Produktionsprozeß in kleinere Arbeitsschritte zerlegt und es wird exakt festgelegt, welche Teilaufgaben von welchen Personen an welchen Maschinen zu welchen Zeitpunkten in welcher Reihenfolge ausgeübt werden. Durch die Zergliederung des Produktionsprozesses und die exakte Festlegung der Inhalte und der Reihenfolge von Bearbeitungsschritten soll die Effizienz und Effektivität des gesamten Produktionsprozesses optimiert werden. Die Optimierung des gesamten Produktionsprozesses macht es unumgänglich, daß die dispositiven Kompetenzen auf der ausführenden Ebene eingeschränkt werden, da selbst kleine Veränderungen unabsehbare Konsequenzen für den Gesamtprozeß haben können.

Je exakter und vollständiger der Produktionsprozeß geplant werden soll, desto größer ist der Aufwand zur Erstellung eines solchen Modells. Je unterschiedlicher die Produkte sind, die in einem Betrieb hergestellt werden, desto höher wird der Planungsaufwand. Je geringer die Seriengröße ist, desto häufiger muß der gesamte Planungsprozeß wiederholt werden. Je größer die Freiheitsgrade bei der Reihenfolge der einzelnen Bearbeitungsschritte sind, desto höher wird der Planungsaufwand. Je komplexer die Produkte sind, desto höher wird der notwendige Planungsaufwand.

Um die Dimensionen der Aufgabe, Tätigkeiten im Maschinenbau zu organisieren, zu verdeutlichen, sei kurz auf ein Beispiel von Hirsch-Kreinsen (1984, S.31) verwiesen. In einem der von ihm untersuchten Unternehmen besteht ein Produkt aus ca. 1.500 Teilen, die in Eigenfertigung erstellt werden. Durchschnittlich sind fünf Bearbeitungsschritte pro Einzelteil notwendig. Die Bearbeitungsschritte sind auf 154 Bearbeitungsmaschinen aufzuteilen. Insgesamt ergeben sich in diesem Beispiel ca. 20.000 Arbeitsgänge, die für die Herstellung einer Maschine permanent überwacht, koordiniert und gesteuert werden müssen.

Bei einer geringen Seriengröße vervielfacht sich rasch die Zahl der Arbeitsgänge, die in einem deterministischen Produktionsmodell zu integrieren sind. Hinzu kommen weitere Anforderungen, die die Entwicklung eines vollständig deterministischen Produktionsmodells erschweren. Dies ist zum einen die Forderung nach Zeitnähe. Sämtliche Fortschritte und Verzögerungen der Arbeitsgänge müssen zeitnah erfaßt werden, denn nur aufgrund der korrekten Beschreibung des Ausgangszustands können sinnvolle Planungsunterlagen erstellt werden. Die Erfassung und zentrale Zusammenführung sämtlicher Informationen über Arbeitsgänge stellt für die ausführenden Mitarbeiter eine zusätzliche Aufgabe dar, die zugleich eine höchst politische ist. Denn mit der zeitnahen Erfassung sämtlicher Arbeitsvorgänge werden die Voraussetzungen für 'gläserne Mitarbeiter' geschaffen. Zum anderen steigt mit der Komplexität des Planungsmodells auch seine Störanfälligkeit. Bei nicht miteinander verkoppelten Aufgaben bleiben Fehler oder Störungen i.d.R. auf die Fehler- oder Störquelle beschränkt. Bei verkoppelten Aufgaben haben Fehler oder Störungen unmittelbare oder mittelbare Auswirkungen zumindest auf alle nachgelagerten Tätigkeiten. So können selbst kleine Abweichungen das komplette Planungsmodell obsolet werden lassen.

Mit der Einführung neuer Informations- und Kommunikationstechnologien sollten die Schwierigkeiten, eine effiziente Struktur der Arbeitsorganisation im Maschinenbau zu etablieren, wenn auch nicht vollständig überwunden, so doch zumindest gemildert werden. Im Mittelpunkt des industriesoziologischen Interesses standen dabei die Produktionsplanungs- und -steuerungssysteme (kurz PPS-Systeme), weil in den ersten Generationen dieser Hard -und Softwaresysteme der deterministische Planungsansatz implementiert war. Die Einführung von PPS-Systemen wurde als der Versuch betrachtet, mit Hilfe technischer Unterstützung deterministische Planungsmodelle im Maschinenbau durchzusetzen.[154] Allerdings zeigten sich auch bei den PPS-Systemen, daß im Maschinenbau regelgeleitete Steuerungssysteme schwierig zu implementieren sind. Hildebrandt/Seltz (1989) fanden

---

154 Vgl. dazu z.B. Hildebrandt/Seltz (1989), Dörr (1991), Manske (1991).

in ihren Fallstudien vorwiegend „PPS-Ruinen", d.h. wesentliche Steuerungsleistungen wurden an dem technischen System vorbei konventionell durch Mitarbeiter erbracht.

8.3. Arbeitsorganisation und Größenstruktur

Aufgrund der vorangegangenen Überlegungen lassen sich einige Aspekte der Form der Arbeitsorganisation in einen Zusammenhang mit der Größenstruktur des Maschinenbaus bringen. Dazu ist es sinnvoll, Größe zunächst als Resultat zu betrachten. Wie ausgeführt, ist Größe unter anderem auch ein Indikator für Erfolge in der Vergangenheit und für die Bewältigung von Erfolgen. Eine dauerhaft durch Kleinbetriebe geprägte Struktur wäre demnach ein Zeichen für geringe Wachstumsfähigkeit bzw. für geringe Möglichkeiten, Wachstum organisatorisch zu bewältigen. Schwalbach/Winter (1993) und Leicht/Stockmann (1993) haben den Zusammenhang zwischen Wachstum und Größe in der BRD in der Zeit zwischen 1970 und 1987 untersucht. Übereinstimmend kommen sie zu dem Ergebnis, daß die vielzitierte Renaissance der Kleinbetriebe als Träger wirtschaftlichen Wachstums, vor allen Dingen eine Renaissance der Kleinbetriebe im Dienstleistungssektor ist, allerdings mit einer Einschränkung. "So betrachtet ist der 'kleinbetriebliche Überschuß' zwar wesentlich aus dem Tertialisierungsprozeß zu erklären. Allerdings zeichnet sich aus der sektoralen Differenzierung genauso ab, daß die (gesamtwirtschaftlich gesehen) hohen Zuwachsraten bei den Kleinbetrieben mit zwischen 5 und 19 Beschäftigten nicht allein auf die starke Expansion des tertiären Bereiches zurückzuführen sind." (Leicht/Stockmann 1993, S.256). Neben dem hohen Zuwachs von Kleinbetrieben im Dienstleistungssektor gibt es einen - wenn auch geringeren - Zuwachs von Kleinbetrieben im produzierenden Gewerbe. Bei einer differenzierteren Betrachtung des produzierenden Gewerbes stellen Leicht/Stockmann weiterhin fest, "daß das *absolute* Anwachsen der kleineren Betriebe am stärksten in einem vorwiegend bauwirtschaftlich und einem mechanisch-technisch geprägten Bereich zu verorten ist, dessen Gesamt-Umfeld und produktspezifisches Genre nicht allein dem Typus moderner technologieorientierter Branchen, sondern *größtenteils den Branchen mit eher im klassischen Sinne handwerklichen Produktionsformen* zuzuordnen ist. " (Leicht/Stockmann 1993, S.262) (Hervorhebungen im Original).

Die relativen Größenvor- und -nachteile werden bei Leicht/Stockmann (1993), ähnlich wie bei Haveman (1993) nicht als universelle Konstanten betrachtet,[155] sondern in Abhängigkeit von bestimmten Marktstrukturen gesehen. Marktstrukturen, in denen Kleinunternehmen relativ erfolgreich sind, zeichnen sich durch geringe Investitionskosten, räumliche Nähe zu den Abnehmern und individualisierte Nachfrage aus.[156] Demgegenüber werden Marktstrukturen, die durch hohe Investitionskosten, geographische Diversifikation der Abnehmer und Standardisierung der Nachfrage gekennzeichnet sind, als Großunternehmen begünstigende Faktoren angesehen.[157]

Die Heterogenität der Branche Maschinenbau macht eine eindeutige Zuordnung zu den größenrelevanten Dimensionen, wie Investitionskosten, räumliche Verteilung der Abnehmer oder Standardisierungsgrad der Nachfrage schwierig. Die Investitionskosten für Maschinenbaubetriebe sind höher als für reine Dienstleistungsunternehmen, allerdings sind deutliche Grenzen in Form einer Mindesthöhe der Investitionen nicht eindeutig zu bestimmen. Die geographische Diversifikation der Abnehmer ist für die Branche insgesamt auch nicht eindeutig festzulegen. Der hohe Exportanteil kann als Indiz für eine weite geographische Diversifikation der Abnehmer gedeutet werden; demgegenüber sind bestimmte Teilbranchen des Maschinenbaus eng mit lokalen Abnehmern verbunden, wie z.B. der Bergwerksmaschinenbau oder Zulieferer für die Automobilindustrie.

Die Individualität der Nachfrage, die lange als ein besonderes Kennzeichen des deutschen Maschinenbaus galt, drückt sich in einer geringen Seriengröße aus, die eine Standardisierung der Produkte - und noch wichtiger - der Produktionsabläufe verhinderte. Kleine Serien bedeuten nach Albach u. a. (1985) aber auch eine geringere Chance für Wachstum und machen es darüber hinaus risikoreicher. Die Individualität der Nachfrage ist so ein Hauptfaktor zur Begrenzung des Wachstum von Unternehmen im deutschen Maschinenbau. Die mittelständische Struktur des Maschinenbaus in der Bundesrepublik und die besondere Form der Arbeitsorganisation lassen sich so auf den gleichen Faktor zurückführen.

---

155 Sie unterscheiden sich damit von Auffassungen wie z.B. von Acs/Audretsch (1992), die in ihren Studien unabhängig von den Randbedingungen die allgemeine Vorteilhaftigkeit von Kleinbetrieben betonen.

156 Zu einem ähnlichen Ergebnis kommen Mills/Schumann (1985).

157 Einen Erklärungsansatz für diese spezifischen Randbedingungen bietet Dietrich (1994). Er führt aus, daß sich bei einer Kombination von transaktionskostentheoretischen Überlegungen mit neoklassischen Annahmen Vorteile für Großunternehmen auf den Gebieten Marketing, Forschung und Entwicklung sowie Finanzen ergeben. In Situationen, in denen diese Elemente für den Unternehmenserfolg besonders wichtig sind, haben Großunternehmen strategische Vorteile gegenüber Klein- und Mittelunternehmen.

8.4. Wachstumsbedingungen und arbeitsorganisatorische Strukturierung im deutschen Maschinenbau

Die Nischenpolitik hat, vermittelt über die Dimension Größe, nicht nur Auswirkungen auf die Austauschbeziehungen einer Organisation mit der Umwelt, sondern auch auf die Strukturierung interner Handlungsabläufe. Strukturierung umfaßt mehr als es der Begriff der Arbeitsorganisation tut, der im industriesoziologischen Kontext verwendet wird. Wie Rammert (1992, S.37f) zeigt, betont der Arbeitsbegriff in der klassischen Industriesoziologie vor allem die stofflichen und instrumentalistischen Aspekte von Arbeit, während Aspekte der Kommunikation und Interaktion weitgehend ausgeblendet werden. Arbeitsorganisation im klassischen industriesoziologischen Verständnis bezieht sich dementsprechend hauptsächlich auf die Organisation stofflicher Transformationsprozesse, während der Strukturierungsbegriff daneben auch die Interaktions- und Kommunikationsaspekte berücksichtigt.

Die Gestaltung der Arbeitsorganisation wird nach der in der Kapitel 7 entwickelten Argumentation durch Faktoren beeinflußt, die mit Wachstum und Wachstumsbedingungen verbunden sind. Generell steigen die Gestaltungsmöglichkeiten mit zunehmender Größe. Die drei Teildimensionen von Größe - die Zahl der Interaktionsteilnehmer, die Häufigkeit der Interaktion und schließlich Ressourcenumfang und -zusammensetzung - stellen wesentliche Randbedingungen einerseits für die Entstehung von Wachstumsproblemen und andererseits für Lösungsoptionen zur Überwindung von Wachstumsproblemen dar. Die spezifische Konfiguration dieser Teildimensionen wird beeinflußt durch Eigenschaften des Produktes, durch die Art und Häufigkeit der Außenbeziehung mit Abnehmern und Lieferanten, durch den Status der Unternehmensleitung (Entwicklung zum korporativen Akteur) sowie durch die 'Verwertungsbedingungen' von personengebundenen Ressourcen. 'Verwertungsbedingungen' von Ressourcen beziehen sich auf den Motivationsaspekt zur Mitgliedschaft in Ressourcenpools. Wenn sich durch die selbständige Nutzung von Ressourcen oder die Einbringung der Ressourcen in einen anderen Ressourcenpool ein wesentlich höherer Ertrag für einzelne Akteure bzw. für Gruppen von Akteuren erzielen läßt, dann bestehen starke Anreize, den Ressourcenpool zu verlassen. Während Eigenschaften des Produktes und die Art und Häufigkeit der Außenbeziehungen mit Abnehmern direkte Auswirkungen auf die Teildimensionen von Größe und damit einen Einfluß auf die Entstehung spezifischer Wachstumsprobleme haben, beeinflussen der Status der Unternehmensleitung und die 'Verwertungsbedingungen' von Ressourcen individuelle Nutzenkalküle, die wiederum relevant für die Effektivität von Lösungsvarianten sind. Die Auswahl spezifischer Lösungsvarianten erfolgt unter den Bedingungen begrenzter Rationalität.

8.4.1. Typische Ausgangskonstellationen im Maschinenbau

Wie oben angedeutet wurde, ist es problematisch, eine eindeutige Beschreibung der bisher identifizierten Dimensionen für die Branche Maschinenbau als Ganzes vorzunehmen. Die Produktpalette und damit auch die relevanten Produkteigenschaften sind sehr heterogen, und die klassischen Attribute zur Beschreibung von Art und Umfang der Außenbeziehungen (individuelle Leistungserstellung) sind in einigen Teilbereichen des Maschinenbaus in Auflösung begriffen. Trotzdem soll in einer stark vereinfachten Form gezeigt werden, wie die Ausgangsbedingungen und deren Veränderung durch Wachstum auf die Gestaltung der Arbeitsorganisation einwirken.

Eine Ausgangssituation, die klassischerweise mit dem Maschinenbau in Verbindung gebracht wird, zeichnet sich aus durch die Herstellung komplexer Produkte in kleinen Serien in einem inhabergeführten Kleinbetrieb. Wie oben argumentiert, ist mit dem Datum 'inhabergeführter Kleinbetrieb' - unabhängig von der juristischen Konstruktion - nicht der Status eines korporativen Akteurs verbunden. Eine eindeutige Trennung zwischen Person und Funktion ist noch nicht gegeben. Die Dispositionsrechte sind in dieser Phase weitgehend personengebunden. Die tatsächliche Übertragung der Dispositionsrechte auf eine juristische Person, und damit einhergehend die Etablierung von Rollen, die nur zeitweise von Personen besetzt werden, stellt einen strukturellen Umbruch dar. Der Umbruch ist i.d.R. verbunden mit der Beschäftigung bezahlter Angestellter, die über weitreichende Dispositionsrechte verfügen, kurz 'Manager' genannt. Erst nach diesen für das Unternehmen gravierenden Veränderungen kann sich ein korporativer Akteur im Sinne Colemans bilden[158]. Anders ausgedrückt: Viele Maschinenbaubetriebe, insbesondere kleine inhabergeführte Betriebe, sind keine moderne Organisation, sondern weisen Züge vororganisatorischer Formen der Kooperation auf.[159]

---

158 Die Trennung von Eigentums- und Verfügungsrechten, die mit der Einführung des „Managers" verbunden ist, schafft neue Probleme, da nicht von einer Interessenidentität zwischen den Eigentümern und der Leitungsebene ausgegangen werden kann. Insbesondere für Großunternehmen wird diese Problematik in der Agenturtheorie behandelt. vgl. dazu z.B. Furubotn/Richter (1991).

159 Weil viele kleine Maschinenbaubetriebe eben keine modernen Organisationen sind, weisen sie auch nicht die mit modernen Organisationen verbundenen Strukturierungen und Kontrollmechanismen auf, sondern ersetzen sie durch personengebundene Routinen und Autorität. Einerseits wird dadurch ein niedriger Ressourcenverbrauch erzielt und Mitarbeiter weisen ein relativ großes Aufgabenspektrum auf, andererseits sind dies - wie in Kapitel

Wie wichtig der Umbruch zu einer modernen Organisation für fast alle Unternehmensbereiche ist, zeigen Zündorf u.a. (1993, S.44ff.) in einer Untersuchung über Klein- und Mittelbetriebe des verarbeitenden Gewerbes in Niedersachsen. Wie nicht anders zu erwarten, steigt der Anteil managergeführter Betriebe kontinuierlich mit der Betriebsgröße an: von etwa 25 % bei Betrieben mit weniger als 50 Mitarbeitern bis hin zu 58 % bei Betrieben mit 100 bis 500 Mitarbeitern. Größe ist u.a. somit auch ein grober Indikator dafür, ob ein Unternehmen eine moderne Organisation ist oder ob es sich durch strukturelle Wandlungen auf dem Wege von vororganisatorischen Kooperationsformen hin zu einer modernen Organisation befindet.

Die von Zündorf u.a. (1993, S.44ff.) gefundenen Unterschiede beziehen sich

- auf die geographische Verteilung der Abnehmer,
- auf den Anteil von Beschäftigten mit Universitätsabschluß,
- auf den Grad der Institutionalisierung und Formalisierung von Forschung und Entwicklung,
- auf die Komplexität der eingesetzten Produktionstechnik und
- auf die Art der betrieblichen Probleme.

Managergeführte Unternehmen haben ein ausgedehnteres geographisches Absatzgebiet, weisen einen höheren Anteil Beschäftigter mit Universitätsabschlüssen auf, haben häufiger institutionalisierte und damit formalisierte Formen im Bereich Forschung und Entwicklung, setzen in der Produktion komplexere Techniken ein und haben häufiger mit Absatzproblemen zu kämpfen, während inhabergeführte Betriebe eher Organisations- oder EDV-Probleme haben.

Für die häufig angeführte These, daß Kleinunternehmen Entscheidungen schneller treffen und umsetzen können, fanden Zündorf u.a. (1993, S.78ff.) nur sehr begrenzt Unterstützung. Die Hälfte der untersuchten Klein- und Mittelbetriebe gab an, erhebliche Schwierigkeiten bei der Definition und der Entwicklung von Lösungen zu haben. Die Schwierigkeiten der Entscheidungsfindung resultierten ungefähr zu gleichen Teilen aus einer fehlenden strategischen Orientierung, organisatorischen Mängeln und personellen Engpässen (Zündorf u.a. 1993, S.79). Wenn bei der Suche nach Problemlösungen Dritte eingeschaltet wurden, so wurden sie vorwiegend nach dem persönlichen Bekanntheitsgrad ausgesucht. "*Personalismus* erweist sich als eine ver-

---

6 gezeigt - Bedingungen, die zu einer relativ geringeren Innovationsrate führen. Die von Manz (1993) geschilderten Innovationsdefizite kleiner und mittlerer Maschinenbauunternehmen sind in dieser Sichtweise nicht nur auf Ressourcenmangel zurückzuführen, sondern auch Resultat der Existenz von Sozialordnungen, statt organisatorischer Strukturen.

festigte Verhaltensdisposition, die nicht nur in den internen Beziehungen der Mitglieder untereinander, sondern auch in den Beziehungen zu externen Akteuren und Organisationen, bei der Selektion von Kooperationspartnern, zum Ausdruck kommt." (Zündorf u.a. 1993, S.83f., Hervorhebung im Original).

Die Ergebnisse von Zündorf u.a. 1993 lassen sich als Bestätigung der These der subjektiven, begrenzten Rationalität auch in Klein- und Mittelbetrieben auffassen. Auch in Klein- und Mittelbetrieben können Aufgaben so komplex sein, daß sie nicht systematisch analysiert werden, so daß vielmehr für jeweils aktuelle Teilaspekte ad-hoc-Lösungen nach bekannten Mustern entwickelt werden.[160] Die Neigung, Probleme nicht in ihrer Gesamtheit zu analysieren, sondern jeweils aktuelle Aspekte zu behandeln, ist dabei für das Maschinenbauunternehmen unter den skizzierten Randbedingungen (Herstellung komplexer Produkte, kleine Serien) von besonderer Relevanz. Produktkomplexität drückt sich u.a. in der Zahl der Interaktionen, die zur Herstellung eines Produktes benötigt werden, aus. Personen können nur eine begrenzte Anzahl von Interaktionen koordinieren und überwachen. Wieviele Interaktionen überwacht und koordiniert werden können, hängt neben Persönlichkeitsmerkmalen von den Eigenschaften der Interaktionen ab. Tendenziell kann bei gleichartigen Interaktionen eine höhere Anzahl bewältigt werden als bei unterschiedlichen Interaktionen. Die Erstellung komplexer Produkte wirkt tendenziell steigernd auf die Zahl der Interaktionen ein, wobei der Anteil unterschiedlicher Interaktionen wesentlich höher ist als bei einfachen Produkten. Wie oben gezeigt, stellt sich deshalb unter diesen Bedingungen schon relativ früh die Frage nach der Internalisierung oder Externalisierung von Produktionsfunktionen. Die Herstellung komplexer Produkte in einem Kleinbetrieb führt nach transaktionskostentheoretischen Überlegungen zunächst zu einer begrenzten Externalisierung von Produktionsfunktionen bei einer gleichzeitigen Beschränkung der Anzahl der Außenbeziehungen mit externen Erstellern von Gütern oder Dienstleistungen. Soweit es sich bei den extern erstellten Gütern oder Dienstleistungen um Produkte mit mittlerer oder hoher Faktorspezifität handelt, besteht bei Wachstum die Tendenz, diese zu

---

160 Interessanterweise führt die Einschaltung von Dritten bei betrieblichen Problemen aus der betrieblichen Sicht im Regelfall zu einer komplexeren Aufgabenstellung und geht damit in eine andere Richtung als die Befragten wünschten. Anstatt einer Komplexitätsreduktion, die die Handhabbarkeit der Probleme aus betrieblicher Sicht verbessert, tritt eine Komplexitätssteigerung ein, die die ohnehin vorhandenen Probleme noch vergrößert. Auch dies kann als eine Bestätigung der These der begrenzten Rationalität angesehen werden. Betriebliche Akteure neigen dazu, nur jeweils aktuelle Teilaspekte von Problemen zu betrachten, während Dritte - in der Untersuchung i.d.R. profitorientierte Beratungsunternehmen - eher weitere Aspekte von Problemen erkennen und versuchen, diese bei Lösungsvorstellungen mitzuberücksichtigen.

internalisieren, um die Möglichkeiten opportunistischen Verhaltens zu beschränken und das Sanktionspotential zu erhöhen. Damit steigt die Zahl ungleicher Interaktionen stärker als bei Standardprodukten. Dies hat zur Konsequenz, daß bei komplexen Produkten die individuellen Kapazitätsgrenzen zur Koordination eher erreicht sind.

Kapazitätsprobleme zur Lösung von Koordinationsproblemen lassen sich durch die Erhöhung der Koordinationskapazität und/oder durch die Senkung des Koordinationsaufwandes erzielen. Die Erhöhung der Koordinationskapazität kann durch den Einsatz technischer Hilfsmittel erfolgen und/oder durch die Erhöhung der personellen Ressourcen und eine damit verbundene Neuverteilung von Dispositionsrechten. Technische Hilfsmittel sind in dieser Situation nur begrenzt hilfreich. Ihre kapazitätssteigernde Wirkung beruht auf der Anwendung von Regeln und damit auf der Kenntnis von Externalitäten von Interaktionen. Die Koordinationsprobleme beruhen aber zu einem großen Teil darauf, daß diese Externalitäten nicht bekannt sind und nur unter großem Aufwand ermittelt werden können. Die Erhöhung der Koordinationskapazität durch verstärkten Einsatz personeller Ressourcen ist mit einer Neuverteilung von Dispositionsrechten verbunden. Wie gezeigt, bedeutet dies bei inhabergeführten Betrieben einen Abwägungsprozeß, in dem die Vorteile einer unklaren Grenzziehung zwischen den Ressourcen des Inhabers als Person und den Ressourcen des Ressourcenpools gegenüber einer möglichen Steigerung des 'Resterträges' abzuwägen sind.

Die Senkung des Koordinationsaufwandes durch Strukturierung der Handlungsabläufe berührt das gerade erwähnte Problem der Kenntnis von Externalitäten. Unter den skizzierten Rahmenbedingungen bestehen nur begrenzt Kenntnisse über Externalitäten; diese sind wiederum die Voraussetzung für eine sinnvolle Strukturierung. Strukturierung von Handlungsabläufen beschränkt sich so auf einfach zu ermittelnde oder mit geringem Aufwand zu bestimmende Externalitäten von Interaktionen, mit dem Ergebnis einer rudimentären Strukturierung von Handlungsabläufen. Da Hierarchisierung auch eine Neuverteilung von Dispositionsrechten darstellt, gelten die gleichen Erwägungen wie bei der Aufstockung personeller Kapazitäten zur Bewältigung von Koordinationsproblemen; ob diese Maßnahme ergriffen wird, hängt also davon ab, ob es sich um ein managergeführtes Unternehmen mit einem korporativen Akteur als Inhaber handelt oder ob es sich um ein inhabergeführtes Unternehmen handelt. Sollte letzteres der Fall sein, so hängt die Entscheidung von der Einschätzung der Wachstumschancen bzw. von der Gewinnerwartung des Inhabers ab.[161] Formalisierung hingegen - die Defintion von Zuständig-

---

161 Aus Vereinfachungsgründen sind nur diese beiden Alternativen der Kombination von Eigentum und Leitung berücksichtigt worden. Veränderte Situationskonstellationen ergeben

keiten - ist eine Option zur Reduktion des Koordinationsbedarfes, welche die Verteilung von Dispositionsrechten nicht berührt, nur begrenzte Kenntnisse der Externalitäten voraussetzt und geringe Kosten verursacht.

Die Strukturierungsprozesse verursachen Kosten, die desto höher sind, je umfassender und detaillierter die Strukturierung ist. Der Grad der Strukturierung ist eine Entscheidung, die unter einer Kosten-Nutzen-Abwägung zu treffen ist. Geringe Strukturierung senkt, unter der Bedingung der Herstellung komplexer Produkte in kleinen Serien, die Zahl der zu koordinierenden und zu überwachenden Interaktionen relativ stark und verursacht verhältnismäßig geringe Kosten. Diese Option ist allerdings an Voraussetzungen gebunden, nämlich an die Qualifikation der Mitarbeiter. Je höher die Vorkenntnisse sind, desto breiter ist das Aufgabenspektrum, das die Mitarbeiter wahrnehmen können, und desto geringer muß die Strukturierung sein. Ob die erhöhten Aufwendungen für eine starke Strukturierung sich langfristig in einer Steigerung des Korporationsertrages niederschlagen, hängt von den Wachstumschancen ab.

Unter den Bedingungen eines Angebotes an hochqualifizierten Fachkräften, komplexer und wechselnder Produkte bestehen also geringere Anreize für eine starke Strukturierung der Organisation zur Lösung von Wachstumsproblemen, während stärkere Anreize zur Formalisierung bestehen. Wie stark die Anreize zur Hierarchisierung sind, wird durch die Leistungsstruktur und die Wachstumschancen beeinflußt.

Wachstum führt - wie Albach u. a. (1985) ausführen - in der Regel zu einer Steigerung der Komplexität der Außenbeziehungen, die aber durch eine Strategie der Nischenpolitik vermindert werden kann. Wachstum führt andererseits, wie Blau/Schoenherr demonstrieren, zu einer ungleichen Zunahme gleichartiger und ungleichartiger Interaktionen. Weiterhin führt nach Coleman Wachstum zur Erosion der verhaltenssteuernden Wirksamkeit einer impliziten betrieblichen Konstitution. Mit zunehmendem Wachstum erschöpfen sich die Möglichkeiten der bisherigen Instrumente der Komplexitätsbegrenzung, wobei die Grenzen nicht scharf zu ziehen und den betrieblichen Akteuren auch nicht bewußt sind.

Die üblichen Problembeschreibungen des Maschinenbaus in den achtziger Jahren, wie beispielsweise hohe Durchlaufzeiten, Einhaltung von Lieferterminen, steigende Teilezahl etc., lassen sich als Indikatoren für massive Koordi-

---

sich z.B. bei Familienunternehmen. Ausführlich auf diese Unterschiede und die sich daraus ergebenden Konsequenzen ist Chandler (1977) eingegangen. Domeyer/Funder (1991) haben Hinweise gefunden, daß nicht nur der Eigentümerstatus, sondern auch die Zahl der Eigentümer Konsequenzen für Strukturierungsprozesse haben. Auch dieser Aspekt wird zur Vereinfachung der Argumentation nicht berücksichtigt.

nationsprobleme deuten. Wie gezeigt, sind dies auch Probleme, die mit Wachstum verbunden sind. Die Gestaltung der Arbeitsorganisation ist mit einer doppelten Problemstellung verbunden, nämlich mit der Lösung wachstumsbedingter Koordinationsprobleme sowie mit der Lösung durch Markt- und Produktstruktur bedingter Koordinationsprobleme. Wachstum erzeugt i.d.R. eher Koordinationsprobleme, die sich mit bekannten Musterlösungen der Formalisierung, Hierarchisierung und Strukturierung bewältigen lassen. Die Markt- und Produktstruktur schränkt die Effektivität dieser klassischen Lösungsvarianten ein. Davon sind mittelgroße Betriebe stärker betroffen als Klein- oder Großbetriebe. Kleinbetriebe mit ihren typischen Strategien - als da sind geringe Strukturierung, vergleichsweise geringe Hierarchiesierung bei den häufig inhabergeführten Betrieben (und damit relativ starke Zentralisierung der Dispositionsrechte) und eine breite formale Aufgabenzuweisung - können, wenn sie in Nischen agieren, ihre Koordinationsprobleme befriedigend lösen und durch Koordinationsprobleme verursachte Existenzkrisen vermeiden. Damit ist nicht gesagt, daß nicht andere Varianten effizientere Lösungsmöglichkeiten bieten würden. Die gefundenen Lösungen reichen aber i.d.R. aus, die Probleme zu begrenzen. Eine Strategie zur Vermeidung der Koordinationsprobleme, die Auswirkungen auf die Größenstruktur von Maschinenbaubetrieben hat, besteht in dem Verzicht auf Wachstum.

8.4.2. Wirkungen von Wachstumsprozessen

Mit Wachstum setzt ein Prozeß ein, in dem zunächst gleichzeitig nicht nur die internen Koordinationsprobleme zunehmen, sondern auch die markt- und produktstrukturspezifischen Koordinationsprobleme mit externen Austauschpartnern sowie die Probleme der Koordination externer und interner Leistungserstellung. Mit steigender Größe sind zwei Effekte verbunden, welche die beschränkte Nutzung üblicher Musterlösungen ermöglichen.

Zum einem führt Wachstum unter den Bedingungen komplexer Produkte und kleiner Serien nach einer Phase der stärkeren Zunahme ungleicher Interaktionen zu dem von Blau/Schoenherr (1971) beschriebenen Phänomen der stärkeren Zunahme gleichartiger Interaktionen. Damit steigen die Möglichkeiten relativ kostengünstiger Strukturierungen von Interaktionen. Ein ähnlicher Effekt gilt für die Seriengröße. Mit der Zunahme unterschiedlicher kleiner Serien ist zunächst ein Anstieg von Interaktionen verbunden, mit einem relativ hohen Anteil ungleicher Interaktionen. Eine weitere Zunahme steigert dagegen die Chance, daß kleine Serien so aggregiert werden können, daß der

Anteil ungleicher Interaktionen relativ gesehen sinkt[162]. Mit steigender Größe können, nach einer Phase der starken Zunahme der durch Markt- und Produktstruktur bedingten Koordinationsprobleme, diese Koordinationsprobleme durch Internalisierung und Aggregation zum Teil in die üblichen wachstumsbedingten Koordinationsprobleme überführt werden.

Damit ergibt sich für die arbeitsorganisatorische Struktur in Maschinenbaubetrieben die Situation, daß Kleinbetriebe durch ihre geringe Strukturierung bei einer strukturalistischen Betrachtung relativ große Ähnlichkeiten aufweisen. Die Betonung der Bedeutung, die die Persönlichkeitsaspekte der Unternehmensleitung auf das gesamte Betriebsgeschehen haben, beispielsweise in Fallstudien bei Kotthoff/Reindl (1990) oder Domeyer/Funder (1991), ist kein Widerspruch dazu. Beides ergibt sich nach der hier vertretenen Argumentation daraus, daß diese Betriebe keine modernen Organisationen sind.

Andererseits steigt aufgrund der Kombination unterschiedlicher Koordinationsprobleme, die mit Wachstum zunächst verbunden sind, die Komplexität stark an. Zur Bewältigung dieser Komplexität stehen aber nur in geringem Maße erfolgreiche Musterlösungen bereit. Während die kleinbetrieblichen Musterlösungen zunehmend versagen, sind die Voraussetzungen für die Anwendung großbetrieblicher Musterlösungen nur ansatzweise erfüllt. Die gleichzeitige Zunahme gestalterischer Freiheitsgrade, die mit Wachstum verbunden ist, führt unter den Bedingungen begrenzter Rationalität zu einem durch aktuelle Anlässe motivierten 'muddling through'. Wachstumskrisen führen zu keinem konsistenten strukturellen Umbruch, weil Musterlösungen nicht durchgängig anwendbar sind. Die Anwendungsvoraussetzungen für die 'erfolgreiche' Implementierung von Musterlösungen sind dagegen bei weiterem Wachstum gegeben. Diese Skizzierung von Zusammenhängen zwischen arbeitsorganisatorischen Varianten und Größe gilt nur bei Konstanz der Randbedingungen. Bei anderen Produktmerkmalen und/oder anderen Marktstrukturen ergeben sich veränderte Beziehungen. So sind bei einfachen Produkten wachstumsbedingte Koordinationsprobleme wesentlich relevanter, und hier ist ein schubweiser Prozeß der Systematisierung von Interaktionsbeziehungen durch die Anwendung von Musterlösungen viel eher möglich.

Somit sind die Vielfalt arbeitsorganisatorischer Formen im Maschinenbau, insbesondere im Bereich der mittelgroßen Betriebe, und zugleich deren Be-

---

162 Bei der Bildung von Teilefamilien, Fertigungssegmentierung oder auch bei der Modularisierung wird implizit oder explizit auf diesen Mechanismus Bezug genommen. Diese Strategien versuchen z.T. mit äußerst aufwendigen Verfahren, gleiche Interaktionen im Verlauf des Produktionsprozesses zu identifizieren. Vgl. dazu z.B. Wildemann (1988) oder Warnecke (1992).

sonderheiten verständlich. Arbeitsorganisatorische Formen im deutschen Maschinenbau weisen ein vergleichsweise hohes Maß an fachlichen Aufgaben auf der ausführenden Ebene auf, während die Dispositionsrechte weitgehend zentralisiert sind. Mit zunehmender Mitarbeiterzahl der Betriebe sinkt tendenziell das Aufgabenspektrum.[163]

Daß im deutschen Maschinenbau keine Polarisierung von Unternehmensgrößen stattgefunden hat, ist auf die segmentierte Marktstruktur und die Internalisierung von Maschinenbauaktivitäten in deutschen Großkonzernen zurückzuführen. Die Konkurrenzsituation zu Unternehmen, die i.d.R. die gleichen ungelösten Koordinationsprobleme aufweisen, läßt dies nicht zu einem Wettbewerbsnachteil werden. Wenn aber in einzelnen Bereichen Marktbegrenzungen entfallen, können daraus erhebliche Wettbewerbsnachteile entstehen, wie dies der deutsche Maschinenbau aktuell erfährt. Wachstum im Maschinenbau erweist sich unter den genannten Randbedingungen als ein schwieriger Prozeß, der besonders hohe Anforderungen an die Stabilität der Marktentwicklung stellt.

Neben den internen Bedingungen, die die Bewältigung von Wachstumsprozessen schwieriger gestalten als in anderen Branchen, ist es die Heterogenität der Marktbedingungen, die Wachstum erschwert. Die Heterogenität der Marktbedingungen war andererseits über lange Zeit auch ein Schutz gegen intensiven Wettbewerb. Mit der Auflösung von Nischengrenzen durch die technologische Entwicklung treten neue und vor allen Dingen andere Wettbewerbssituationen ein, für die die bisherige interne Strukturierung wenig geeignet ist. Im Gegensatz zu anderen Branchen, in denen zur Zeit allgemein eine Diversifikation der Produktstruktur stattfindet, ist in einigen Bereichen des Maschinenbaus eher eine Standardisierung der Produktstruktur zu verzeichnen. Insofern zeichnet sich eventuell eine beschränkte Annäherung von Rahmenbedingungen unterschiedlicher Branchen ab; ob dies tatsächlich zu einer Konvergenz industrieller Produktionsprozesse führt - wie von Pries u.a. (1990) angedeutet - erscheint eher zweifelhaft.

---

163 Vgl. Widmaier (1992).
Diese Tendenz setzt sich zusammen aus einer Vielzahl unterschiedlichster arbeitsorganisatorischer Lösungen. Dies zeigt sich u.a. bei den Versuchen, anhand der Daten zur Arbeitsorganisation im NIFA-Panel eine empirische Klassifikation durchzuführen. Konsistente Gruppen ergeben sich erst bei sehr großen Gruppenzahlen. Konsistent erwiesen sich nur Gruppen, die vornehmlich aus Kleinbetrieben oder aus Großbetrieben gebildet wurden. Im Mittelbereich führten selbst kleine Veränderungen bei der Berechnung zu unterschiedlichen Ergebnissen.

8.5. Neue Modelle der Arbeitsorganisation als Lösung betrieblicher Strukturprobleme

Während in den 60er und 70er Jahren neue Formen der Arbeitsorganisation hauptsächlich unter dem Gesichtspunkt der „Humanisierung des Arbeitslebens" diskutiert und propagiert wurden, wird seit den 80er Jahren die Organisation der innerbetrieblichen Arbeitsabläufe und der innerbetrieblichen Zuständigkeiten als Rationalisierungspotential aufgefaßt. War Rationalisierung zuvor weitgehend gleichbedeutend mit der technischen und organisatorischen Rationalisierung von Arbeitsplätzen in der Produktion, so rücken mit den neuen Modellen der Arbeitsorganisation die der Produktion vor-, neben- und nachgelagerten Bereiche ins Blickfeld. Der Erfolg der Rationalisierung in der Produktion führte zu einem Bedeutungsanstieg der sogenannten nichtdirektproduktiven Bereiche, die der Vorbereitung, der Ablaufsteuerung und der Kontrolle der eigentlichen Produktion dienen sowie der aus der Produktion ausgelagerten Dienstleistungsbereiche, wie z.B. Instandhaltung und Instandsetzung. Gemeinsames Ziel der neuen arbeitsorganisatorischen Modelle (wie Gruppenarbeit, teilautonome flexible Fertigungsstrukturen, aber auch lean production oder revers engineering[164]) ist es die Kontroll- und Koordinierungskosten zu senken und so die Effizienz der Organisation zu erhöhen.

Damit setzen die neuen Modelle der Arbeitsorganisation an einem zentralen Punkt der Wachstumsproblematik an. Wenn es gelingt, durch organisatorische Maßnahmen die Kontroll- und Koordinationskosten zu senken, sollte dies nach den bisherigen Überlegungen massive Auswirkungen auf die Größenstruktur des Maschinenbaus haben, insbesondere für Betriebe mittlerer Größenordnung. Während Kleinbetriebe mit ihrem personalisierten System der Koordination und Kontrolle kaum von den neuen Produktionskonzepten berührt werden, können insbesondere Großbetriebe von der Senkung der Kontroll- und Koordinationskosten profitieren. Für mittelgroße Betriebe eröffnen sich einerseits neue Chancen der organisatorischen Bewältigung des Wachstums, anderseits können die gestiegenen Wachstumschancen und die verbesserte Wettbewerbsfähigkeit größerer Betriebe zu einer Intensivierung der Konkurrenz führen.

Bei der Analyse der neuen arbeitsorganisatorischen Modelle erscheint es sinnvoll, zwischen Ansätzen zu unterscheiden, die auf Produktionsprozesse

---

164 Aus der Vielzahl der Veröffentlichungen, die sich mit den neuen Modellen der Arbeitsorganisation auseinandersetzen, werden hier nur einige herausgegriffen. Zu Gruppenarbeitskonzepten vgl. z.B. AWF 1990, zu teilautonomen flexiblen Fertigungsstrukturen vgl. z.B. Schmid/Stolte-Fürst 1992, zu lean production vgl. z.B. Womack u. a. 1992 und zu reverse engineering vgl. z.B. Wildemann 1991.

insgesamt ausgerichtet sind, wie z.B. lean production und reverse engineering, und Ansätzen, die eher auf Teilbereiche der Produktion zielen, wie Gruppenarbeit oder teilautonome flexible Fertigungsstrukturen. Letztere können Bestandteil umfassender Reorganisationskonzepte sein, sind prinzipiell aber auch ohne eine vollständige Neugliederung der gesamten Produktion anwendbar.

8.5.1. Die Reorganisation von Wertschöpfungsketten im Maschinenbau

Die neuen, die gesamte Wertschöpfungskette betrachtenden Produktionskonzepte beruhen auf einer - wie Coleman (1990) es nennt - rückwärtsgerichteten Integrationsstrategie, was besonders deutlich in der Beschreibung des reverse engineering wird (Wildemann 1991). Gedanklicher Ausgangspunkt für die Gestaltung der Arbeitsabläufe und der Aufbauorganisation ist das fertige Endprodukt. Von diesem ausgehend werden schrittweise die Prozesse geplant, die zur Herstellung von Teilkomponenten des Endproduktes notwendig sind. „Das Reverse Engineering-Konzept folgt dabei dem kundenorientierten, ganzheitlichen Organisationsansatz, bei dem die gesamte Leistungserstellung nach relevanten Teilergebnissen der Geschäftstätigkeit aufgesplittet wird und der Empfänger der Leistungen als Kunde anzusehen ist." (Wildemann 1991, S.42) Die Kundenorientierung bedeutet, daß der Abnehmer eines Teilproduktes über die Annahme oder die Verweigerung der Annahme selbständig entscheiden kann, wenn beispielsweise Qualitätsanforderungen nicht eingehalten werden. Dadurch entstehen kurze Rückkopplungsschleifen, die ein steuerndes oder kontrollierendes Eingreifen von „außen" überflüssig machen. Damit diese kurzen Rückkopplungsschleifen entstehen können, ist allerdings der gesamte Produktionsprozeß zu reorganisieren[165]. Der Vorteil kurzer Rückkopplungsschleifen liegt darin, daß nicht anforderungsgerechtes Verhalten direkt von der nachfolgenden Stelle sanktioniert werden kann, und damit die Schaffung zusätzlicher Hierarchiestufen bzw. zusätzlicher Stellen mit Steuerungs- und Kontrollbefugnissen vermieden werden kann und so ein Rationalisierungspotential in den der Produktion vor-, neben- und nachgelagerten Bereichen geschaffen wird.

Die Zielrichtung der Erschließung von Rationalisierungspotentialen in den produktionsnahen Bereichen erklärt auch die Indifferenz der neuen Produktionskonzepte gegenüber der Produktionstechnik. Wichtiger als die technische

---

165 Daß es sich bei den neuen arbeitsorganisatorischen Modellen um einen Prozeß der Reorganisation handelt, zeigt sich plastisch im Etikett „business reengineering", das als Schlagwort z.Z. "lean" ablöst.

Ausstattung bei der Realisierung dieser neuen Formen der Arbeitsorganisation ist die Diskontinuität des Produktionsprozesses. Besonders gut anwendbar sind die unterschiedlichsten Varianten neuer arbeitsorganisatorischer Modelle bei Produktionsprozessen, die aus einer größeren Zahl von gut abgrenzbaren Einzelschritten bestehen. Denn nur zwischen solchen abgegrenzten Schritten läßt sich das Anbieter-/Abnehmerprinzip realisieren. An solchen Einzelschritten lassen sich spezifische Leistungen des Anbieters definieren, die ein Abnehmer zu bewerten hat. Notwendigerweise muß dem Abnehmer das Recht zustehen, die Abnahme einer spezifischen Leistung zu verweigern. Ein in den unterschiedlichsten Varianten zu beobachtender Grundgedanke der neuen Produktionskonzepte besteht in der Einführung von Marktelementen in die Organisation, d.h. Anreiz- und Leistungsbewertungssysteme zu implemetieren, die zu einer weitgehenden Selbstkoordination unterschiedlicher Produktionseinheiten führen sollen. Da Marktsysteme über einen einfachen Indikator für die Nachfrage verfügen, nämlich den Preis, dieser jedoch in Organisationen nicht oder nur sehr begrenzt anwendbar ist, wird auf unterschiedlichen Wegen versucht, ein funktionales Äquivalent zum Preis zu finden. Preisbildung setzt (außer im Monopol- bzw. Oligopolfall) Wahlfreiheit auf Käufer- und Verkäuferseite voraus. Wenn ein funktionales Äquivalent zum Preis als Steuerungsmechanismus gefunden werden soll, ist die Mindestforderung die Möglichkeit zur Verweigerung der Annahme von Leistungen, die in Quantität oder Qualität nicht den Vereinbarungen entsprechen.[166]

Mit dem rückwärtigen Gestaltungsansatz werden Steuerungs- und Kontrollbefugnisse nicht abgeschafft, sondern nur auf andere Personen übertragen. Während dies in der Sichtweise von Coleman eine Verlagerung von

---

166 Bei genauerer Betrachtung wird in diesen Modellen fast immer der Fall eines Nachfragemonopols bzw. -oligopols simuliert. Während der Nachfrager mit spezifischen Rechten ausgestattet wird, werden dem Anbieter fast ausschließlich Verpflichtungen auferlegt. Aus diesem Grund ist m.E. ein scharfe analytische Trennung zwischen Produktionsverbünden und Produktionsnetzwerken notwendig. In Produktionsverbünden besteht immer eine Machtasymmetrie zwischen Anbietern und Abnehmern zugunsten des Herstellers des Endproduktes. Produktionsnetzwerke sind zumindest wenn man der Definition von Powell (1990) folgt, durch keine eindeutige Machtkonzentration gekennzeichnet. Während Produktionsverbünde nach meiner Einschätzung aufzeigen, daß für eine bewußte Kontrolle und Steuerung von Produktionsprozessen die Frage nach der rechtlichen Integration zweitrangig werden kann, stehen Produktionsnetzwerke für die Möglichkeit der Kooperation auf wechselnden Gebieten mit wechselnden Partnern unter Beibehaltung autonomer Produktionseinheiten. Produktionsverbünde sind durch eine weitgehende Entkopplung der Eigentumsrechte und Verfügungsrechte gekennzeichnet, wobei die Verfügungsrechte am Ende der Wertschöpfungskette konzentriert sind. In Produktionsnetzwerken findet keine dauerhafte Übertragung von Verfügungsrechten statt.

Rechten darstellt, wird dieses Phänomen in der Industriesoziologie z.B. von Manske (1991) als Formwandel der Kontrolle bezeichnet.

Wie bei allen betrieblichen Strukturierungsprozessen beruht auch die rückwärtige Integrationsstrategie auf der Wirksamkeit von Sanktionen. Die Rückmeldung über nicht anforderungsgerechte Leistungen durch die nachgelagerte Stelle muß für den Mitarbeiter an der vorgelagerten Stelle mit Konsequenzen verbunden sein. Sanktionsmöglichkeiten können beispielsweise in sozialem Druck (soziale Ausgrenzung nicht leistungsfähiger Mitarbeiter), (unbezahlter) Mehrarbeit, finanziellen Einbußen oder Verhinderung von Beförderung bestehen. Wie den Beschreibungen der japanischen Vorbilder für diese Modelle zu entnehmen ist (z.B. Aoki 1988, Jürgens u. a. 1989), sind solche Sanktionsmöglichkeiten integraler Bestandteil der dortigen arbeitsorganisatorischen Modelle. Die Kontroll- und Sanktionsmöglichkeiten in einem solchen System bedürfen der genauesten Spezifikation, um Ausgrenzungsprozesse nach anderen als Leistungskriterien[167] zu vermeiden, z.B. Diskriminierungen nach sozialer und ethnischer Herkunft oder Geschlecht. Diskriminierungen von erkennbaren Gruppen fordern Gegenstrategien heraus, die Produktivität der neuen Formen der Arbeitsorganisation nachhaltig stören können.

Wie bei den traditionellen Methoden zur Strukturierung von Handlungsabläufen setzen solche rückwärtigen Integrationsstrategien eine genaue Kenntnis der Externalitäten von Handlungen voraus, d.h. der Aufwand zur Implementation der neuen arbeitsorganisatorischen Modelle ist mindestens genauso hoch wie bei traditionellen Varianten. Weiterhin ist mit einer steigenden Störanfälligkeit der Produktionsprozesse zu rechnen. Die Verknüpfungen von Arbeitsprozessen nach dem Anbieter/Abnehmer Prinzip führen tendenziell zu einer Verringerung der Puffer zwischen einzelnen Arbeitsstationen. Die Vermeidung von Puffern ist dann eine ökonomisch sinnvolle Strategie, wenn Störungen des Produktionsprozesses eher selten und damit unwahrscheinlich sind. Steigt die Häufigkeit von Störungen, sind Puffer notwendig, damit auch

---

167 Wie am Beispiel Gruppenarbeit zu sehen, können auch bei der Anwendung des Leistungskriteriums betrieblich unerwünschte soziale Ausgrenzungsprozesse die Folge sein. Die „olympiareife" Belegschaft mag unter kurzfristigem Nutzenkalkül aus ökonomischer Sicht sinnvoll sein, kann sich aber unter langfristigen Perspektive als nachteilig erweisen. So führt beispielsweise die systematische Ausgrenzung älterer Mitarbeiter aufgrund ihrer nachlassenden physischen Leistungsfähigkeit langfristig zu einer Auflösung der Bindung zwischen Mitarbeiter und Betrieb. Die Strategie japanischer Unternehmen, um der Erosion der Bindung vorzubeugen, besteht in der Anwendung des Senioritätsprinzips bei Beförderungen, vgl. dazu z.B. Aoki 1988.

unter ungünstigen Umständen die Produktion fortgesetzt werden kann.[168] Die Größe der Puffer wiederum hat einen Einfluß darauf, ob kurze Rückkopplungsschleifen möglich sind. Bei sehr großen Puffern sind kurzfristige Rückmeldungen kaum möglich. Fehler im vorgelagerten Produktionsabschnitt werden i.d.R. erst spät erkennbar. Damit wird die direkte Zuordnung von Fehlern und Fehlerquelle erschwert[169]. Ohne die Möglichkeit der raschen Rückmeldung ist das angestrebte Ziel der Senkung der Koordinations- und Kontrollkosten nicht erreichbar.

Wie deutlich wird, bedürfen rückwärtige Integrationsprozesse einer umfassenden, vorausschauenden Planung und einer detaillierten Analyse der eigentlichen Arbeitsvorgänge, der Beziehungen zwischen den einzelnen Arbeitsschritten sowie der Befugnisse und Pflichten jeder Produktionseinheit. Eine Zunahme der Flexibilität entsteht auch nicht durch die alleinige Umstellung von einer vorwärtsgerichteten Ablaufplanungsstrategie zu einer rückwärtsgerichteten, sondern durch die Kombination einer rückwärtsgerichteten Strategie mit einer Modularisierung der Produkte. Eine Vielzahl an unterschiedlichen Produktionsfolgen, wie sie sich beispielsweise bei der Unikat- und Einzelfertigung komplexer Maschinen ergibt, wird durch eine Veränderung des Strukturierungsansatzes nicht vermindert. Wenn allerdings die Produkte modularisert werden bzw. einzelne Komponenten zu Teilefamilien zusammengefaßt werden, können durch eine rückwärtige Strukturierung und die Realisierung des Anbieter-/Abnehmerprinzips die Steuerungs- und Kontrollkosten zur organisatorischen Bewältigung einer Vielzahl unterschiedlicher Varianten eines Produktes in Grenzen gehalten werden.

---

168 Zur Veranschaulichung ein kurzes Beispiel. In Just-in Time Konzepten wird der Auftrag zur Lieferung benötigter Komponenten kurzfristig so erteilt, daß die Komponenten exakt zu dem Zeitpunkt geliefert werden, wo ihre Weiterverarbeitung stattfinden kann. So können kostspielige Lager vermieden werden. Ein Risiko für die Lieferung zum exakten Zeitpunkt stellt der Transport dar. Staus, Unfälle oder Witterungsbedingungen können zu unvorhersehbaren Verzögerungen führen, die dann eventuell die gesamte Produktion zum Stillstand bringen können. Treten solche unkalkulierbaren Störungen häufiger auf, kann der Verzicht auf eine Lagerhaltung kostspielige Störungen der Produktion erzeugen. Toyota, das lange Zeit als Musterunternehmen für die Vorteile einer lagerlosen Produktion galt, hat selbst wieder eine Lagerhaltung eingeführt Vgl dazu VDI-Nachrichten (1992, NR.10, S.18)

169 Die Bedeutung der Kopplung von Leistungen nach dem Anbieter-/Abnehmerprinzip verweist implizit auf die Notwendigkeit der Quantifizierbarkeit der zu bewertenden Leistungen. Nur Leistungen, für die ein einfacher Vergleichsmaßstab gegeben ist, können sinnvollerweise in eine rückwärtsgerichtete Integrationsstrategie eingebunden werden. Nur bei einfach und schnell zu bewertenden Gegenständen kann eine rasche Rückmeldung durch den Abnehmer an den Anbieter erfolgen.

Eine wichtige Voraussetzung für die Vorteile der neuen arbeitsorganisatorischen Modelle ist zumindest die Teilstandardisierung von Komponenten. Die Teilstandardisierung von Kompenenten setzt eine gewisse Mindestmasse an gleichen oder doch zumindest sehr ähnlichen Einzelteilen voraus, damit zu ihrer Herstellung Produktionseinheiten in Form einzelner Arbeitsplätze oder von Gruppen definiert werden können. Weiterhin ist eine gewisse Konstanz des Bedarfs an gleichen oder ähnlichen Teilen notwendig. Wenn der mengenmäßige Bedarf an einzelnen Komponenten auch kurzfristig stark schwankt, ist die Definition von Produktionseinheiten für diese Bestandteile wenig sinnvoll. Mit der Größe des Betriebes wächst die Chance, daß sowohl eine gewisse Mindestmasse als auch die relative Konstanz der Nachfrage nach bestimmten Einzelteilen gegeben. Größere Betriebe erfüllen so eher die Voraussetzungen für eine ökonomisch sinnvolle Anwendung der neuen Organisationsmodelle. Es ist kein Zufall, daß über die Reorganisation von Wertschöpfungsketten hauptsächlich aus Branchen mit weitgehend standardisierten Produkten und einer relativ hohen Bedeutung von Großbetrieben, wie der Automobilindustrie, berichtet wird. Produktionskonzepte, die auf Wertschöpfungsketten abzielen, sind für die Kombination dieser Betriebsgrößenklasse und dieser Produktstruktur besonders geeignet. Im Maschinenbau lassen sich solche Modelle nur dann (von Großbetrieben) sinnvoll realisieren, wenn die Produktstruktur grundlegend verändert wird.

Der Versuch, über den Rückkopplungsmechanismus eine weitgehende Selbststeuerung der Abläufe zu erreichen, begrenzt die Notwendigkeit von Steuerungs- und Kontrolleingreifen von „außen". Im Idealfall sind zusätzliche Steuerungsleistungen nicht notwendig, aber auch nicht mehr möglich. Direkte Eingriffe durch die Unternehmensleitung in den Produktionsprozeß sind nur bei Störungen vorgesehen. Für personalisierte Steuerungs- und Kontrollsysteme, wie sie in kleineren und mittleren Unternehmen des Maschinenbaus anzutreffen sind, bedeutet die Einführung neuer arbeitsorganisatorischer Modelle für die Leitungsebene den weitgehenden Verzicht auf Verfügungsrechte. In umfassenden Organisationsmodellen, wie lean production, werden Verfügungsrechte in zwei Richtungen transferiert: Zum einen in Richtung der einzelnen Produktionseinheiten, zum anderen auf den Hersteller des Endproduktes. Ein solch umfassender Verzicht auf angestammte Rechte erfordert Gegenleistungen, damit aus der Sicht der einzelnen Betriebe, die in solche Wertschöpfungsketten eingebunden werden sollen, ein Anreiz zur Realisierung besteht. In den japanischen Vorbildern für diese Modelle, insbesondere in der Automobilindustrie, ist dieser Anreiz durch langfristige Kooperation und die Chance, mit dem Hersteller (weitgehend geschützt vor Konkurrenz) zu wachsen gegeben. Ohne die Schaffung zusätzlicher Anreize besteht für Betriebe des Maschinenbaus kein Anlaß, sich an umfassenden Reorganisationsprozessen zu beteiligen.

8.5.2. Die Reorganisation einzelner Produktionseinheiten im Maschinenbau

Neben den umfassenden Reorganisationsmodellen sind Konzepte entwickelt worden, wie Teilbereiche der Produktion durch neue organisatorische Strukturen wie Gruppenarbeit oder teilautonome flexible Fertigungsstrukturen modernisiert werden können. Ähnlich wie bei beiden umfassenden Konzepten, beruht die Effizienzsteigerung dieser Modelle nicht primär auf der Rationalisierung der eigentlichen Bearbeitungsschritte, sondern auf der Verringerung der Koordinations- und Kontrollkosten. Hier wird im kleineren Maßstab versucht, Selbststeuerung durch Rückkopplung zu erreichen.

Die Wirksamkeit dieser Modelle beruht auf den gleichen Mechanismen wie bei den umfassenden Reorganisationskonzepten. Im Unterschied zu klassischen Konzepten werden keine Einzelleistungen definiert, koodiniert und gesteuert, sondern es werden Leistungsbündel definiert, deren Erfüllung in Quantität und Qualität kontrolliert wird. Die Koordination innerhalb eines Bündels wird durch die Gruppe selbst vorgenommen. Durch die Definition von Leistungsbündeln kann das Volumen der zu steuernden und zu kontrollierenden Bearbeitungsschritte drastisch gesenkt werden. Die Steuerung dieser dezentralen Einheiten innerhalb eines Betriebes erfolgt über eine, wie Manske (1991) es bezeichnet, Input-/Output-Kontrolle.

Durch die Input-/Outputkontrolle soll eine schnellere Rückmeldung über nicht eingehaltene Leistungen ermöglicht werden. Damit dieses System funktioniert, muß die Rückmeldung mit einem Sanktionspotential für die Gruppe versehen werden, z.B. über Gruppenprämien oder (unbezahlte) Mehrarbeit. Da von „außen" nicht eingehaltene Leistungsvereinbarungen nicht mehr direkt Personen zugeordnet werden, wird die Zuordnung zu einer gruppeninternen Aufgabe. Dazu sind allerdings gruppeninterne Sanktionsmöglichkeiten zu definieren. In den deutschen Gruppenarbeitsmodellen ist das Sanktionpotential innerhalb einer Gruppe i.d.R. auf sozialen Druck beschränkt.[170] Ob dieser Sanktionsmechanismus langfristig gesehen nicht dazu führt, daß betrieblich nicht erwünschte Ausgrenzungs- bzw. Verdrängungsprozesse in den Gruppen stattfinden, erscheint zumindest möglich.

Auch die neuen arbeitsorganisatorischen Modelle, die sich nur auf Teilbereiche der Produktion beziehen, setzen eine Strukturierung von Arbeitsabläu-

---

170 Vgl. dazu z.B. Auch 1989

fen voraus. Die von den Gruppen zu erbringenden Leistungen können zwar variieren, sind aber nicht beliebig. Das mögliche Aufgabenspektrum einer Gruppe ist bezüglich der quantitativen und qualitativen Zusammensetzung zu definieren, denn nur so lassen sich Vorgaben für das Gruppenergebnis spezifizieren, deren Einhaltung dann kontrolliert werden kann.

Da teilautonome flexible Fertigungsstrukturen vom Konzept her einen umfassenderen Anspruch haben als z.B. Fertigungsinseln, sind dementsprechend auch die Strukturierungsanforderungen für dieses Konzept höher als bei anderen Varianten. Teilautonome flexible Fertigungsstrukturen zielen auf eine weitgehende Segmentierung des Produktprogrammes in diskrete Aufgabenbündel, die zu Produktionseinheiten zusammengefaßt werden. Die Definition von Produktionseinheiten sollte so erfolgen, daß eine weitgehende Komplettbearbeitung in einer Produktionseinheit erfolgen kann. Damit wird die Zahl der Interaktionen zwischen verschiedenen Produktionseinheiten erheblich gesenkt und damit die Steuerung vereinfacht.[171] Es wird deutlich, daß auch in diesem Konzept eine Veränderung der Produktstruktur in Richtung Modularisierung bzw. zumindest Teilstandardisierung notwendig ist. Nur bei zumindest teilstandardisierten Komponenten läßt sich eine langfristig orientierte Definition von Aufgabenbündeln vornehmen, die zu Produktionseinheiten zusammengefaßt werden können.

Eine Strukturierung nach dem Prinzip der teilautonomen flexiblen Fertigungsstrukturen, setzt wiederum eine gewisse Mindestmasse an Leistungen voraus, die zu einer Produktionseinheit zusammengefaßt werden kann. Zudem sollte es nicht zu größen Schwankungen in der Belastung einzelner Produktionseinheiten kommen. Beide Bedingungen werden in größeren Betrieben eher erfüllt, weil mit der Betriebsgröße die Wahrscheinlichkeit für gleiche bzw. oder ähnliche Aufgaben steigt.

Wie auch schon bei den umfassenden Reorganisationsansätzen können größere Betriebe von diesen Konzepten eher profitieren. Kleinbetriebe können ihren Koordinations- und Kontrollbedarf weitgehend durch personalisierte Steuerungs- und Kontrollformen decken. Die Implementation neuer arbeitsorganisatorischer Modelle bedeutet für sie einen mit hohem Aufwand verbundenen Strukturierungsprozeß, der kaum direkt mit Vorteilen verbunden ist. Da diese Modelle auf Rationalisierungspotentiale in den produktionsnahen Bereichen, aber nicht auf die eigentliche Produktion zielen, tritt für Betriebe, in denen diese Bereiche nicht bzw. nur rudimentär vorhanden sind, keine Kostensenkung ein. Einsparungspotentiale sind naturgemäß dort beson-

---

171 Für das zentrale Problem der Koordination der dezentralen Einheiten untereinander ist keine eindeutige Lösung vorhanden.

ders hoch, wo der Ausbau der produktionsnahen Dienste besonders weit fortgeschritten ist.

Für Betriebe mittlerer Größenordnung stellen die neuen arbeitsorganisatorischen Modelle neue Musterlösungen dar, mit denen Wachstum organisatorisch bewältigt werden kann. Die Verringerung der Koordinations- und Kontrollkosten ermöglicht es zugleich mittelgroßen und größeren Betrieben, in Kombination mit einer veränderten Produktstruktur neue Marktbereiche zu erschließen, die von ihnen vorher nicht bearbeitet wurden. Für Betriebe mittlerer Größenordnung bieten so die neuen arbeitsorganisatorischen Modelle eine Option, deren positive Effekte erst bei weiterem Wachstum voll zum Tragen können kommen. Wachstum entsteht aber nicht durch eine andere Form der internen Organisation, sondern durch Erfolge in der Marktbearbeitung. Wie der scharfe konjunkturelle und strukturelle Einbruch des deutschen Maschinenbaus zu Beginn der 90er Jahre zeigt, kann z. Z. von günstigen Rahmenbedingungen für wirtschaftliches Wachstum im Maschinenbau nicht ausgegangen werden. Welche Konsequenzen die Veränderung der wirtschaftlichen Rahmendaten und der Wettbewerbsbedingungen für den Maschinenbau haben könnte, wird im nächsten Kapitel diskutiert.

9. Ausblick: Wege aus der Krise

9.1. Krisentendenzen im Maschinenbau

Die sich durch technologische Veränderungen und die Marktsituation ergebende Verschiebung von größenspezifischen Vor- und Nachteilen im Maschinenbau führt zu der Frage nach der zukünftigen Wettbewerbsfähigkeit mittelständischer Betriebe des deutschen (Werkzeug-) Maschinenbaus. Der starke ökonomische Einbruch zu Beginn der 90er Jahre hat dem Thema Wettbewerbsfähigkeit mehr Aufmerksamkeit verschafft, was sich an der steigenden Zahl von Veröffentlichungen ablesen läßt, die sich mit den Zukunftsaussichten des deutschen Maschinenbaus auseinandersetzen. Porter (1991) hat vor Beginn der Krise eine nachlassende internationale Wettbewerbsfähigkeit des deutschen Maschinenbaus konstatiert. In seiner Sicht ist es die schleichende Erosion von Standortfaktoren (Veränderung der industriellen Beziehungen, innovationsfeindliches politisches Klima, zunehmende Orientierung an kurzfristiger Gewinnmaximierung, zunehmendes Besitzstandsdenken sowie eine traditionelle Schwäche in marketingintensiven Bereichen), die langfristig die „Erfolgsgeschichte" des deutschen Maschinenbaus gefährdet. Brödner (1992) sieht Gefahren für die Wettbewerbsfähigkeit des deutschen Maschinenbaus durch mangelnden Willen zur Reform der Produktionsprozesse in Verbindung mit einer verfehlten Produktpolitk (geringe und unvollständige Umsetzung von Gruppenarbeitskonzepten, übertechnisierte Produkte). Kern/Sabel (1994) befürchten, daß das „Humankapital" in der Bundesrepublik durch die Form seiner Ausbildung nicht den modernen integrativen Produktionsprozessen gerecht wird (berufsbezogenes Denken statt Ablauforientierung). Hirsch-Kreinsen (1994) fürchtet um den Verlust des Erfolgsfaktors „kundenindividuelle Produktion" durch „Verwissenschaftlichung" der Produktionsprozesse (Entwertung des Erfahrungswissens durch das Vordringen der regelbasierten Informationstechnik). Darüber hinaus sind die aus der politischen Diskussion bekannten Argumente der „Standort Deutschland" - Debatte zu nennen (zu hohe Lohnkosten bzw. Lohnnebenkosten, zu kurze Arbeitszeiten, mangelnde Flexibilität aufgrund tariflicher Bestimmungen etc.). Diesen unterschiedlichen Krisenfaktoren soll hier ein weiterer hinzugefügt werden: Die mittelständische Struktur des Maschinenbaus.

Damit soll nicht gesagt sein, daß eine mittelständische Struktur eine Branche unter allen Umständen zu einer mangelnden Wettbewerbsfähigkeit führt. In Teilbereichen des Maschinenbaus zeichnen sich aber m.E. Entwicklungen ab, bei denen insbesondere mittelständische Unternehmen größenspezifische Wettbewerbsnachteile haben. Während lange Zeit in vielen Teilbereichen des Maschinenbaus eine Situation vorherrschte, in der mittelständische Betriebe größenbedingte Wettbewerbsvorteile aufwiesen, zeichnet sich nun ab, daß die technologische Entwicklung in der Mikroelektronik zu massiven Veränderungen in den Wettbewerbsbedingungen und den Wettbewerbsfeldern führt. Insofern wird hier der These gefolgt: „Die vorherrschende Technologie beeinflußt im entscheidenden Maße die Unternehmensgrößenverteilung" (Acs/-Audretsch 1992, S. 124). Lange Zeit konzentrierte sich der deutsche Maschinenbau auf eine Vielzahl unterschiedlicher Nischen, die gekennzeichnet waren durch den Bedarf an hochspezifischen, anspruchsvollen Produkten, die an einen kleinen Kundenkreis in der ganzen Welt geliefert wurden und eine enge Kooperation zwischen Produzenten und Abnehmern erfordeten. Weitere Kennzeichen solcher Teilbranchen sind relativ lange Innovationszyklen und die relativ geringe Bedeutung klassischer Marketinginstrumente. Als Musterbeispiel für eine solche Teilgruppe des Maschinenbaus bezeichnet Porter (1991) den Druckmaschinenbau.

Kalkowski/Manske (1993, S. 76ff) bescheinigen dem deutschen Maschinenbau eine ausgeprägte Tendenz zur Besetzung von Nischenmärkten und zur Vernachlässigung von Volumenmärkten.[172] Anders als dort, wird hier aber

---

172 Herrigel (1991) führt die Nischenorientierung des deutschen Maschinenbaus auf eine im 19. Jahrhundert einsetzende Arbeitsteilung zwischen britischen, amerikanischen und deutschen Maschinenbauunternehmen zurück. Ursachen für die Entwicklung der deutschen Besonderheiten waren die hohe Verfügbarkeit von qualifizierten Fachkräften und die sich zu diesem Zeitpunkt entwickelnden Kooperationsformen zwischen Produzenten und Abnehmern in Deutschland.

nicht die These vertreten, daß die Nischenorientierung Resultat einer einseitig technologisch orientierten Unternehmensführung ist. Die Besetzung von Nischen ist ein Weg zur Reduktion von Komplexität und war über lange Zeit hinweg eine international sehr erfolgreiche Strategie.

9.2. Vor- und Nachteile einer Nischenstrategie

Nischen lassen sich als relativ abgegrenzte kleinere Marktsegmente mit einer überschaubaren Anzahl von Marktteilnehmern kennzeichnen. Die Existenz von ca. 17.000 unterschiedlichen Produktarten im deutschen Maschinenbau (Seltz/Hildebrandt 1989, S. 27) übersteigt die Zahl der Betriebe des Maschinenbaus von ca. 5.500 bei weitem. Die Spannweite reicht dabei von einfachen Produkten, die aus einem Teil bestehen, bis hin zu hochkomplexen Produktionsanlagen mit mehreren 100.000 Teilen. Die Heterogenität dieser Produktstruktur deutet an, daß es den einheitlichen Markt für Maschinenbauerzeugnisse nicht gibt, sondern daß er sich in seiner Gesamtheit aus einer Vielzahl unterschiedlich großer Nischen zusammensetzt. Eine Nischenorientierung, wie sie Kalkowski/Manske (1993) für den deutschen Maschinenbau konstatieren, erscheint vor diesem Hintergrund nur natürlich.

In einer transaktionskostentheoretischen Betrachtung lassen sich deutsche Maschinenbaubetriebe[173] durch eine hohe Faktorspezifität, geringe Wiederholhäufigkeit und bei komplexen Produkten durch eine hohe inhaltliche Unbestimmtheit kennzeichnen. Wie in Kapitel 5 dargestellt, erlaubt eine hohe Faktorspezifität ein hohes Maß an opportunistischem Verhalten, das durch die inhaltliche Unbestimmtheit noch verstärkt wird. Tendenziell führt hohe Faktorspezifität zur Integration in Form einer Organisation. "Wahrung der Identität an der Schnittstelle in Verbindung mit weitgehender Anpassungsfähigkeit sowohl bei Preisen wie bei Mengen ist somit charakteristisch für ausgeprägt hochspezifische Transaktionen. Der Markttausch weicht einem bilateralen Tauschvertrag, der seinerseits mit zunehmender Faktorspezifität durch den vereinheitlichten Vertrag (interne Organisation) ersetzt wird." (Williamson 1990, S. 88). Allerdings sind bei der internen Organisation die Kosten für die Etablierung eines spezifischen Beherrschungs- und Kontrollsystems zu beachten. Je geringer die Häufigkeit der Transaktion, desto höher sind die anteiligen Beherrschungs- und Überwachungskosten (Williamson 1990, S. 102ff.).

Für Maschinenbaubetriebe, die in Nischen agieren, bedeutet dies, daß Marktmechanismen weitgehend ausgeschaltet werden. Wenn ihre Produkte

---

173 So wie sie in der überwiegenden Mehrzahl der industriesoziologischen Studien als inhabergeführte Klein- und Mittelbetriebe mit komplexen, kundenindividuellen Produkten beschrieben werden.

häufig vom gleichen Abnehmer benötigt werden, besteht auf seiten der Abnehmer die Neigung, diese in ihre interne Organisation durch Aufkauf der Unternehmen, Neugründung einer Unternehmung oder durch Errichtung von Abteilungen einzugliedern. Bei nur gelegentlichen Transaktionen, die die hohen Kosten eines speziellen Beherrschungs- und Überwachungsapparats nicht rechtfertigen, besteht die Neigung, sich durch bilaterale Verträge gegen die Risiken opportunistischen Verhaltens zu schützen. Maschinenbaubetriebe in Nischen können ihre selbständige Existenz nur sichern, indem sie gelegentlich für wechselnde Abnehmer tätig sind. Steigt der Bedarf an ihren Gütern bei einzelnen Abnehmern, ist es wahrscheinlich, daß diese mittel- bis langfristig ihren Bedarf intern decken. Beispiele, daß solche Strategien von Abnehmern von Maschinenbaubetrieben tatsächlich genutzt werden, finden sich in der Automobilindustrie, der chemischen Industrie, der Luftfahrtindustrie etc. So verwundert es nicht, daß in der Mitgliedsliste des VDMA (Verband Deutscher Maschinen- und Anlagenbau e.V.) fast alle deutschen Großunternehmen vertreten sind.[174]

Durch die Internalisierung von Maschinenbaufunktionen in andere Unternehmen sinkt der Bedarf an Maschinenbauerzeugnissen, die von (reinen) Maschinenbaubetrieben hergestellt werden. Für (reine) Maschinenbaubetriebe bleiben Erzeugnisse, die nur gelegentlich von ihren Abnehmern benötigt werden, und/oder Produkte, die eine geringere Faktorspezifität aufweisen, also

---

174 Vgl. z.B. VDMA 1992. Auch im japanischen Maschinenbau sind bekannte Großkonzerne wie z.B. Toyoda, Hitachi, Fuji vertreten. Allerdings scheinen japanische Konzerne in stärkerem Maße als deutsche Konzerne ihre Maschinenbauaktivitäten zu selbständigen Firmen zusammengefaßt zu haben, die nicht nur für den eigenen Bedarf produzieren. Die Orientierung auf den Weltmarkt findet erst in den 70er Jahren statt. Vgl. dazu Nomura (1991), Moldaschl (1993). Exemplarisch zeigt sich dies auf dem Spezialgebiet des Baus von Robotern und Handhabungsgeräten. Einer der größten deutschen Hersteller dieser Produkte ist die VW AG, das ausschließlich Roboter und Handhabungsgeräte für den Eigenbedarf herstellt, während es in Japan eine breite Palette von Herstellern gibt. Porter (1991, S. 255) unterscheidet vier Gruppen japanischer Roboterhersteller, die sich national und international einen harten Wettbewerb liefern. „In der ersten waren die Hersteller elektrischer Haushaltsgeräte (u.a. Hitachi, Toshiba, Nihon Electric, Mitsubishi Electric, Yasakawa und Fuji Electric). Die zweite Gruppe umfaßte den Maschinenbau (u.a. mit FANUC, Toyota Machine Works, Komatsu und Toshiba Seiki). In der dritten Gruppe fanden sich Hersteller von Investitionsgütern für den Transport (u.a. Kawasaki Heavy Industries, Mitsubishi Heavy Industries, Ishikawajima-Harima Heavy Industries und Mitsui Engineering and Shipbuilding). In der vierten Gruppe waren Stahlproduzenten versammelt (u.a. Kobe Steel und Daido Steel)." Dies wirft aus transaktionskostentheoretischer Sicht die interessante Frage auf, warum bei identischer Faktorspezifität der Produkte deutsche und japanische Großunternehmen unterschiedliche Strategien bei der Internalisierung bzw. Externalisierung verwenden. Dies könnte darauf hindeuten, daß japanische Unternehmen über zusätzliche Mechanismen verfügen, die opportunistisches Verhalten von Lieferanten begrenzen können.

Produkte, die selten mit dem Begriff Maschinenbau assoziiert werden, wie z.B. Stahlschränke, Waagen, Ventile, Rasenmäher etc.

Bei Produkten mit hoher Faktorspezifität sind Maschinenbaubetriebe auf kleine Serien bei wechselnden Abnehmern beschränkt. Kleine Serien steigern die Komplexität der Austauschbeziehungen mit der Umwelt und der internen Abläufen. Dies hat zur Konsequenz, daß die Zahl der internen Interaktionen ansteigt, und dies unter Rahmenbedingungen, die Wachstum sehr risikoreich erscheinen lassen. Um die Zahl der internen Interaktionen zu vermindern, sind mehrere Optionen möglich, die auch in unterschiedlichen Kombinationen genutzt werden. Eine Möglichkeit ist die Beschränkung der Außenbeziehungen, eine andere besteht in der Formalisierung der Organisationsstruktur. Formalisierung der Organisationsstruktur bedeutet zwar die Etablierung von Rollen und Funktionen und damit von arbeitsteiligen Strukturen, besagt aber noch relativ wenig über das Ausmaß der Arbeitsteilung. Formalisierung ist weiterhin mit der Übertragung von Dispositionsrechten und der Professionalisierung der Unternehmensführung verbunden. Wie gezeigt, ist dies insbesondere aus der Sicht von Inhabern mit einem Kontrollverlust und mit ungewissen Aussichten hinsichtlich einer Steigerung des Korporationsertrags verbunden.

Arbeitsteilung ermöglicht über Spezialisierung die Realisierung von Produktivitätsvorteilen. Eine starke Arbeitsteilung führt aber zu einer organisatorisch bedingten Steigerung der Zahl der Interaktionen und verbraucht bei der Etablierung zunächst nur Ressourcen. Ob der Ressourcenverbrauch zur Etablierung dieser Strukturen höhere Ressourceneinsparungen ermöglicht, hängt von den Wachstumsbedingungen ab. Diese sind aber gerade für Unternehmen, die sich bisher auf die Befriedigung individueller Nachfrage eingestellt haben, schwer kalkulierbar.

Wie schon angesprochen, bedeutet Individualität der Nachfrage nicht notwendigerweise Individualität der Produktionsabläufe. Durch Modularisierung können individuelle Produkte weitgehend standardisiert hergestellt werden.[175] Der Prozeß der Modularisierung eines Produktprogramms ist zunächst wiederum ein Prozeß, von dem nur sicher ist, daß er Ressourcen verbraucht. Unsicher ist dagegen, ob der Ressourcenverbrauch langfristig zu höheren Ressourceneinsparungen führt. Dies wiederum hängt u.a. von den Wachstumschancen ab. Der Einstieg in den Prozeß der Modularisierung impliziert auch die Bereitschaft, die bisherigen Außenbeziehungen zu verändern. Modularisierte Produkte können zwar durch Modifikationen kostengünstig an die Vorstellungen des Abnehmers angepaßt werden. Eine vollständige Umset-

---

175 Vorschläge, wie eine solche Modularisierung zu erreichen ist, machen z.B. Wildemann (1989), Warnecke (1992).

zung aller gewünschten Spezifikationen des Abnehmers läßt sich damit aber i.d.R. nicht mehr realisieren. Der interaktive Prozeß der Produktentwicklung im Bereich der Einzel- und Kleinserien wird eingeschränkt. Die Lockerung der intensiven Zusammenarbeit zwischen Anbietern und Abnehmern erhöht potentiell den Konkurrenzdruck in zwei Richtungen. Wenn auf der Prioritätenliste des Abnehmers die vollständige und exakte Erfüllung sämtlicher Spezifikationen tatsächlich sehr hoch angesiedelt ist, entsteht eine Konkurrenz mit Betrieben, die eine solche individuelle Herstellung weiterhin durchführen. Wenn andere Prioritäten auf seiten der Abnehmer bestehen, beginnt ein Wettbewerb mit Konkurrenten, die standardisierte Produkte bzw. teilstandardisierte Produkte bereits anbieten.

Insgesamt ergibt sich daraus eine Situation, die durch ein hohes Maß an Komplexität unter extremer Ungewißheit gekennzeichnet ist. Nach March/Simon ist der subjektiv rationale Weg, um mit solchen Situationen umzugehen, die Ignorierung der Komplexität und die sukzessive Beschäftigung mit jeweils aktuellen Teilaspekten nach bewährten Verfahren. Erst wenn die tradierten Muster offensichtlich versagen, wird der Such- und Bewertungsprozeß erweitert und nach neuen Alternativen Ausschau gehalten. Für den Bewertungs- und Suchprozeß ist der Professionalisierungsgrad der Unternehmensführung entscheidend, denn mit ihm wechseln die Bewertungskriterien. In der Sprache der Mikropolitiker ausgedrückt: Im Spiel der unterschiedlichen Interessen innerhalb eines Betriebes ändern sich die Spielregeln, und die Änderung der Spielregeln hat Konsequenzen für das Spielergebnis.

Eine bewußte Nischenpolitik hat aber, wie populationsökologische Studien[176] zeigen, auf Dauer nachteilige Wirkungen. Nischen mit einem geringen Volumen begrenzen die Wachstumsmöglichkeiten. Begrenzte Wachstumsmöglichkeiten führen zwar einerseits zur Vermeidung bzw. Minderung von Wachstumskrisen, damit entfällt aber auch der Anreiz zu strukturellen Änderungen der Aufbau- und Ablauforganisation. Andererseits heißt begrenztes Wachstum aber auch eine begrenzte Fähigkeit zur Ressourcenakkumulation und - noch wichtiger - zu einer Begrenzung des 'organizational slack'. Wie in Kapitel 6 gezeigt, schafft Wachstum über den Prozeß der Strukturierung die Voraussetzung zur Entstehung von 'organizational slack'. Diese überschüssigen Ressourcen, die in Prosperitätszeiten nicht zur Steigerung des Korporationsertrages genutzt werden, sind ein wichtiger Puffer in Stagnations- oder Krisenzeiten. 'Organizational slack' stellt eine Reserve dar, die in Krisenzeiten genutzt werden kann. Die höhere Überlebensfähigkeit größerer Organisationen ist nicht nur einfach eine Folge der höheren Ressourcenakkumulation,

---

176 Z.B. Hannan/Freeman (1989), Barnett/Amburgey (1990), Freeman/Hannan (1983).

sondern eine Folge der Fähigkeit, Reserven in kritischen Situationen mobilisieren zu können.

Hannan/Freeman (1989) führen aus, daß in Nischen die Möglichkeit zum Aufbau eines 'organizational slack' begrenzt ist, da Nischen langfristig eine geringere Profitabilität aufweisen. Unternehmen, die ausschließlich in Nischen agieren, sind deshalb bei strukturellen Veränderungen der Nachfrage besonders bedroht. Krisensituationen erfordern zu ihrer Bewältigung Ressourcen. Wenn keine überschüssigen Ressourcen bzw. nicht ausreichend überschüssige Ressourcen vorhanden sind, müssen zur Bewältigung der Krise Ressourcen verbraucht werden, die normalerweise einen Beitrag zum Korporationsertrag leisten. Angesichts von Krisen versagen die bisherigen betrieblichen Lösungsmuster. Neue Lösungsmuster zu suchen, zu finden, zu bewerten und umzusetzen, verlangt einen höheren Ressourceneinsatz für diese Aufgaben. Dieser erhöhte Ressourceneinsatz wird zu einem Zeitpunkt benötigt, in dem eine Beschränkung des Ressourcenverbrauchs notwendig erscheint, um die Auszehrung der akkumulierten Ressourcen zu stoppen oder wenigstens zu vermindern. Eine Beschränkung des Ressourcenverbrauchs, wie sie in Zeiten einfacher konjunktureller Nachfragerückgänge als temporäre Maßnahme sinnvoll erscheint, ist aber keine Lösung bei strukturellen Veränderungen. Diese erfordern neue betriebliche Lösungen - z.B. in bezug auf die Produktpalette, auf die Organisation der Beziehungen zu Abnehmern und die interne Gestaltung der Aufbau- und Ablauforganisation. Diese neuen betrieblichen Lösungen verbrauchen unabhängig davon, ob sie langfristig erfolgreich sind, zunächst Ressourcen. Der erhöhte Ressourcenbedarf führt unter diesen Bedingungen zur Verringerung der bisher akkumulierten Ressourcen bis hin zum völligen Verbrauch und damit zur Auflösung des Unternehmens. Reserven in Form eines 'organizational slack' erleichtern die Bewältigung struktureller Veränderungen.

Ein weiterer Nachteil einer Nischenpolitik bei strukturellen Veränderungen besteht in der Verminderung der Außenbeziehungen. Verminderte Aussenbeziehungen reduzieren die organisatorisch zu bewältigende Komplexität. In Prosperitätszeiten ist diese Verminderung eine vorteilhafte Strategie, weil sie den Ressourceneinsatz begrenzt und so den Korporationsertrag tendenziell steigert. Durch die geringe Zahl der Außenbeziehungen bleibt auch die Konkurrenzsituation überschaubar. Im Regelfall sind es Konkurrenten, die sich ebenfalls auf diese Nische spezialisiert haben und deren Vorgehensweise Ähnlichkeiten mit der eigenen aufweist. Die verminderte Fähigkeit zur Aufnahme neuer Außenbeziehungen wirkt sich dagegen in Krisenzeiten negativ aus. Ein Rückgang des Auftragsvolumens bisheriger Kunden kann - ohne organisatorische Veränderungen - nicht durch verstärkte Anstrengungen zur Gewinnung neuer Kunden kompensiert werden.

Strukturelle Veränderungen können im wesentlichen auf zwei Situationen zurückgeführt werden: 1. Das Abnahmevolumen der Nische sinkt dauerhaft, wie dies beispielsweise im Bergwerksmaschinenbau der Fall ist, oder 2. Konkurrenten aus Volumenmärkten drängen in die bisherigen Nischen, wie dies zur Zeit im Werkzeugmaschinenbau der Fall ist. Diese Tendenz wird gefördert, wenn durch technologische Entwicklungen die Grenzziehungen zwischen verschiedenen Nischen bzw. zwischen Volumenmärkten und Nischen undeutlicher werden.

Das dauerhafte Absinken des Abnahmevolumens führt zu einer Intensivierung der Wettbewerbssituation der Konkurrenten, wobei sicher ist, daß eine größere Zahl von Unternehmen, die bisher in diesen Nischen aktiv war, aus dem Wettbewerb ausscheiden muß. Für die Mehrzahl der Unternehmen bestehen nur die Optionen Auflösung oder die Nische zu verlassen und andere Märkte zu suchen. Andere Märkte heißt aber, daß die bisherige Form des Managements der Außenbeziehungen obsolet wird und der Eintritt in neue Konkurrenzsituationen gegen bereits etablierte Konkurrenten. Wie Coleman (1990) und Hannan/Freeman (1989) zeigen, haben Unternehmen, die neu auf etablierte Märkte dringen, erschwerte Wettbewerbsbedingungen. Sie müssen bei ihren neuen Abnehmern Vertrauen erwerben. Dies ist nur in einem längerfristigen Prozeß möglich, in dem zunächst Preiszugeständnisse zu machen sind. D.h. einem erhöhten Ressourcenverbrauch steht zunächst ein geringerer Ressourcenertrag gegenüber.

Wenn Konkurrenten aus Volumenmärkten in bisherige Nischen drängen, so stehen sie prinzipiell vor den gleichen Aufgaben. Allerdings haben sie in der Regel schon mehrere Wachstumskrisen bewältigt und so interne Strukturen geschaffen, um ein höheres Maß an Komplexität der Außenbeziehungen organisatorisch bewältigen zu können, ihre internen Abläufe standardisiert und waren besser in der Lage, Reserven anzuhäufen. Preiszugeständnisse, um Beziehungen zu etablieren und langfristig den Status eines vertrauenswürdigen Anbieters zu erwerben, fallen ihnen leichter, da ihre Produktivität höher ist. Nach Kalkowski/Manske (1993, S. 76f.) verfolgen japanische Maschinenbauunternehmen eine solche Strategie. Sie konzentrieren sich auf Märkte, bei denen weltweit eine große Zahl gleicher bzw. ähnlicher Maschinen abgesetzt werden kann. Ihre Produktionsorganisation setzt auf Modularisierung, um bei weitgehend standardisierten Abläufen Varianten herstellen zu können und die 'economics of scale' zu realisieren. Um in neue Märkte einzudringen, wird eine aggressive Niedrigpreispolitik betrieben.[177] Wie die aktuelle Krise

---

177 Moldaschl (1993, S. 38) beschreibt die Strategie so: "Die japanischen Hersteller nutzen den über Preis und Service geschaffenen Marktzugang zum Vorstoß in höherwertige Marktsegmente".

des deutschen Maschinenbaus und die vergleichsweise günstige Situation japanischer Maschinenbauer zeigen, ist diese Strategie zur Zeit erfolgreich.
In einer transaktionskostentheoretischen Betrachtung ist der Wegfall von Nischengrenzen als Reduktion der Faktorspezifität und der Unsicherheit auf seiten der Abnehmer aufzufassen. Ehemals hochspezifische Transaktionen werden durch die technologische Entwicklung zu Transaktionen mit mittlerer bis geringer Faktorspezifität und mit mittlerer Unsicherheit. Damit ergibt sich beim Wegfall von Nischengrenzen durch technologische Veränderungen eine Konstellation von mittlerer bis niedriger Faktorspezifität und gelegentlichen Wiederholungen sowie mittlerer Unsicherheit. Bei niedriger Faktorspezifität ist unabhängig von der Häufigkeit der Transaktion immer der Markt das kostengünstigste institutionelle Arrangement. Die Häufigkeit der Transaktionen bei mittlerer Faktorspezifität ist für die kostengünstigste Art der Abwicklung entscheidend. Bei mittlerer Faktorspezifität und nur gelegentlichen Transaktionen ist der neoklassische Vertrag die kostengünstigste Alternative. Finden Transaktionen mittlerer Faktorspezifität jedoch häufiger statt, dann sind Hybridformen der Kooperation die kostengünstigste Variante.

In der vorgestellten Konzeption hängen die Vor- und Nachteile einer Nischenpolitik, vermittelt über den Faktor Größe, von den jeweiligen Randbedingungen ab. Die Vorteile einer Nischenpolitik in Prosperitätszeiten schlagen in Nachteile um, wenn es anstelle konjunktureller Veränderungen zu strukturellen Marktveränderungen kommt. Nischenpolitik und die spezifischen Formen der Arbeitsorganisation im deutschen Maschinenbau sind Versuche, mit einem begrenzten Ressourceneinsatz Risiken zu vermeiden. Die Strategie der Risikovermeidung führt bei einer strukturellen Veränderung der Randbedingungen in eine Krise, für deren Bewältigung personelle und finanzielle Ressourcen nicht in ausreichendem Maße vorhanden sind bzw. die Zusammensetzung der Ressourcen nicht geeignet ist, das Problem zu lösen. Nischenpolitik verringert Wachstumschancen. Diese Tendenz wird verstärkt durch Wechselwirkungen zwischen Produktkomplexität und Seriengröße bzw. fehlenden Aggregationsmöglichkeiten kleiner Serien. Die Wachstumschancen in der Nische werden begrenzt durch das Volumen des Absatzmarktes und durch die Faktorspezifität der Produkte.

9.3. Die Auflösung von Nischen im Maschinenbau

Bereits in den 70er Jahren gab es mit dem Einsatz von Mikroelektronik in (Werkzeug-)Maschinen eine technologische Innovation, die traditionelle Stärken deutscher Maschinenbaubetriebe in der Herstellung hochwertiger manueller Maschinen in ihrem Kern bedrohte. Allerdings waren deutsche

Maschinenbauer relativ schnell in der Lage, diese Technologie zu adaptieren. In der ersten Phase der Implementation mikroelektronischer Bauteile ging es primär um die Einführung rechnergestützter Steuerungssysteme. Wie Hirsch-Kreinsen (1994) aufzeigt, kam der Anstoß zur Entwicklung rechnergesteuerter Bearbeitungsmaschinen aus den hohen Präzisionsanforderungen der amerikanischen Luftfahrtindustrie bzw. des amerikanischen Militärs, die mit manuellen Bearbeitungsmaschinen (mit dem z.T. nicht ausreichend qualifizierten Personal in den USA) nicht kontinuierlich genug erfüllt wurden. Im Vordergrund standen Präzisionsforderungen, wobei das Qualifikationsprofil der amerikanischen Belegschaften und die traditionelle (tayloristische) Arbeitsorganisation zu Steuerungen führten, bei denen die Programmierung nicht direkt an der Maschine vorgenommen werden konnte. Dies verstärkte die Tendenzen zur Trennung von Bearbeitung und Programmierung. Flexibilitätsgesichtspunkte spielten zunächst nur eine sehr untergeordnete Rolle. Die so entstandenen amerikanischen numerischen Steuerungen waren dementsprechend besonders geeignet für die Herstellung von Präzisionsteilen in größeren Serien.

Entsprechend der überwiegenden Ausrichtung auf Spezialmärkte mit kleinen Serien und kundenspezifischen Anpassungsleistungen deutscher Maschinenbaubetriebe stellte die technische Innovation der rechnergestützten Steuerungen für den Großteil der deutschen Maschinenbaubetriebe keine besonders große Herausforderung dar. Dies änderte sich mit der Entwicklung der rechnergestützten numerischen Steuerungen. Auf der einen Seite kamen rechnergestützte Steuerungen aufgrund ihrer wesentlich höheren Flexibilität den Bedürfnissen deutscher Produzenten erheblich näher, auf der anderen Seite setzte mit der Entwicklung der rechnergesteuerten Steuerungen die intensive Konkurrenz vor allem mit japanischen Herstellern ein. Angesichts der deutschen Rahmenbedingungen der Produktion im Maschinenbau (hoher Anteil von Facharbeitern, i.d.R. kleinere Serien für Spezialmärkte) bedeutete die massiv gestiegene Flexibilität rechnergesteuerter Maschinen eine Chance zu einer kundenindividuellen Produktion von und mit rechnergestützten Bearbeitungsmaschinen. Dazu war allerdings die Aufhebung der Trennung zwischen Bearbeitung und Programmierung notwendig, d.h. die Schaffung von Programmiermöglichkeiten an den Bearbeitungsmaschinen. Die gestiegene Flexibilität der rechnergesteuerten Programmierung wurde von deutschen Herstellern dazu genutzt, ihre traditionellen Produkte mit moderner Steuerungselektronik auszustatten. Konsequenzen für die Form der Marktbearbeitung wurden nicht gezogen.

Die japanische Maschinenbauindustrie sah hingegen in der Einführung der rechnergestützten Steuerungen eine Chance, einen neuen Kundenkreis zu erschließen. Genauer gesagt, japanische Konzerne mit Erfahrungen im Elektronikbereich und einer Maschinenbausparte, sahen die Möglichkeit, ihre Erfahrungen im Elektronikbereich nutzbringend in ihren Maschinbausparten anzuwenden. „Gegenüber reinen Maschinenbauunternehmen hatten die japanischen Elektronikfirmen beim Einbau hochwertiger Elektronik und Steuerungen in ihre Maschinen deutliche Vorteile" Porter (1991, S. 256). Ihre Strategie zur Nutzung der gestiegenen Flexibilität rechnergestützter Maschinen bestand nicht darin, immer spezifischere Maschinen für einen kleinen Kundenkreis zu entwickeln, sondern möglichst viele Anwendungsgebiete und Märkte für die gleiche Maschine bzw. für die gleiche Steuerung zu erschließen. Daraus folgte eine Konzentration auf Standardmaschinen, die sich in größeren Stückzahlen absetzen ließen. Der Erfolg dieser Strategie zeigte sich in den wachsenden Anteilen am Weltmarkt insbesondere in den 70er Jahren und ging überwiegend zu Lasten der amerikanischen Maschinenbauindustrie und zu einem geringeren Teil zu Lasten des deutschen Maschinenbaus.[178] Mitte der 80er Jahre hatte sich eine Art Arbeitsteilung zwischen der japanischen und der deutschen Maschinenbauindustrie etabliert. Auf dem Markt für Standardmaschinen dominierten japanische Hersteller, während deutsche Hersteller ihre Position auf den Märkten für spezifische Anwendungen halten konnten.[179]

Etwa mit Beginn der 90er Jahre wurden die japanischen Hersteller auf dem Markt der Standardmaschinen mit einer neuen Konkurrenz durch Hersteller aus den sogenannten südostasiatischen Schwellenländern konfrontiert, die ähnlich wie die japanischen Hersteller in den 70er Jahren Erfahrungen aus der Mikroelektronik in Maschinenbauerzeugnisse verwerteten[180]. Die Fortschritte in der Mikroelektronik und der Preisverfall bei elektronischen Bau-

---

178 Vgl dazu Hirsch-Kreinsen (1994, S. 219).
179 Traxler/Unger (1990) führen die erfolgreiche Bewältigung der Krise des deutschen Werkzeugmaschinenbaus in den 70er Jahren auf die Externalisierung von Marktrisiken zurück. Durch Kooperation von staatlichen Institutionen, Verbänden und Unternehmen wurde das ökonomische Risiko von Investionen zur Integration mikroelektronischer Elemente in Werkzeugmaschinen für das einzelne Unternehmen begrenzt. Im amerikanischen Werkzeugmaschinenbau hingegen mußten die Risiken internalisiert werden. Dies führte zu einer zögerlichen Adaption der neuen Technologie in amerikanischen Unternehmen, die schließlich zum Verlust der führenden Weltmarktposition im Bereich der Standardmaschinen führte. Die einzelbetriebliche Nutzenorientierung führte hier zu komparativen Nachteilen. Die steuerungspolitischen Rahmenbedingungen führten „in einem Fall zur Konzentration dieser Risiken im Unternehmen und begünstigten dadurch eine kurzfristig erfolgreiche, langfristig aber fatale Strategie der Risikominimierung, während sie im anderen Fall eine Streuung der Risiken über mehrere Akteure bewirkten, die die Realisierung von prinzipiell riskanteren, weil an langfristigen Zielen orientierten Innovationspolitiken merklich erleichterte." (Traxler/Unger 1990, S. 211f, Hervorhebungen im Orginal)
180 Vgl dazu VDI-Nachtrichten (1994, Nr. 19)

elementen ermöglichen es, immer mehr Funktionen in eine Maschine zu integrieren. Dies führt dazu, daß die Grenzen zwischen einzelnen Maschinentypen und zwischen Standardmaschinen und Spezialmaschinen in weiten Bereichen verwischen. Damit entfallen teilweise die Abgrenzungen zwischen Marktsegmenten, und an die Stelle der „Arbeitsteilung" zwischen deutschen und japanischen Produzenten tritt eine intensivere Konkurrenz.

Durch die technologische Entwicklung bei den Maschinenbauerzeugnissen haben sich die größenbedingten Vor- und Nachteile von Maschinenbaubetrieben verschoben. In vielen Teilbereichen des Maschinenbaus haben sich die Marktbedingungen so verändert, daß größere Einheiten komparative Vorteile aufweisen. Einer der Gründe für die Verschiebung hin zu größeren Einheiten ist, daß mit der Integration von Mikroelektronik die Entwicklungskosten steigen. Der Einsatz mikroelekronischer Bauteile in Maschinenbauerzeugnisse führt dazu, daß für die Entwicklung neuer Maschinengenerationen zusätzliche Kennntnisse benötigt werden. Neben den klassischen ingenieurwissenschaftlichen Maschinenbaukenntnissen ist elektro- und informationstechnisches „know-how" gefragt. Dabei reicht i.d.R. Anwendungswissen nicht aus. Für die Neuentwicklung von Maschinen sind fundierte Grundlagenkenntnisse notwendig. Für die Produzenten bedeutet dies, daß mehr und verschiedenartige Ressourcen benötigt werden. Die Entwicklung neuer Maschinengenerationen wird aufwendiger und damit kostspieliger. Bei steigenden Entwicklungskosten sind größere Betriebe im Vorteil, weil diese leichter die höheren Kosten aufbringen können.

Die zunehmende innerbetriebliche Heterogenität der innerbetrieblichen Wissensbestände hat darüber hinaus auch Konsequenzen für die Gestaltung innerbetrieblicher Abläufe und langfristig für die Marktstrategien. Wie Hirsch-Kreinsen (1994) darlegt, erweist sich die notwendige Kooperation zwischen traditionellen (deutschen) „Maschinenbauern" und Elektro- bzw. Informationstechnikern als schwierig. Die Anwendung von Informationstechnik basiert auf der genausten Spezifikation von abstrakten Regeln, die in eine logische Abfolge gebracht werden. Das die deutschen Maschinenbauer kennzeichnende hohe Erfahrungswissen über besondere Anforderungen und Wünsche spezifischer Abnehmer ist aus informationstechnischer Sicht nur von Relevanz, wenn sich dieses Erfahrungswissen in abstrakten und widerspruchsfreien Regeln formulieren läßt. Es bestehen latente Widersprüche zwischen der informationstechnischen Forderung nach Generalisierung und der auf den konkreten Einzelfall bezogenen Sichtweise klassischer Maschinenbauer. Mit dem Vordringen der Informationstechnik und insbesondere von Informatikern in deutsche Maschinenbaubetriebe befürchtet Hirsch-Kreinsen (1994) langfristig den Verlust der individuellen Orientierung deutscher Maschinenbauer und damit einer ihrer klassischen Stärken. Durch die Mikroelektronik wird die Tendenz zur „Verwissenschaftlichung" der Maschinenbauerzeugnisse gestärkt und die Bedeutung des in jahrelanger Erfahrung gewonnenen individuellen Wissens geschmälert.

Der Bedeutungsverlust individuellen Wissens hat für die Konkurrenzbedingungen von Maschinenbaubetrieben ähnliche Konsequenzen wie die Strukturierung von Handlungsabläufen in einer Organisation. An die Stelle stark personenbezogener Interaktionen zwischen Produzenten und Abnehmern treten stärker formalisierte Austauschprozesse. Einerseits fällt unter diesen Bedingungen Abnehmern von Maschinenbauerzeugnissen der Wechsel von Produzenten leichter. Der Schutz vor Konkurrenz durch einen persönlichen Erfahrungsvorsprung erodiert und der Wettbewerb wird intensiver. Auf der anderen Seite wird es auch für Produzenten leichter, neue Abnehmer zu gewinnen. In Maschinen integriertes verallgemeinerbares Wissen kann nicht nur von den bisherigen Kunden genutzt werden, sondern auch von Kunden mit ähnlichen, aber nicht identischen Anforderungen. Da bisherige Mechanismen zur Begrenzung des Wettbewerbs in ihrer Wirksamkeit nachlassen, deutet dies auf eine Verschärfung der Konkurrenz bei größer werdenden Märkten hin. Größere Märkte bedeuteten für erfolgreiche Produkte auch höhere Serien und damit Wachstumschancen für kleinere Betriebe.[181] Vor diesem Hintergrund wird es verständlich, daß von den zehn größten Werkzeugmaschinenbauern der Welt acht japanische Unternehmen sind.[182]

---

181 Im Prinzip steht der Werkzeugmaschinenbau heute vor einer ähnlichen Situation wie die Hersteller von Textverarbeitungssystemen etwa Ende der 70er Jahre. Textverarbeitungssysteme stellten eine individuell auf Kundenwünsche ausgerichtete Konfiguration aus Hard- und Software dar. Der intensive Kontakt mit Anwendern führte zu einer Reihe von Spezialsystemen für unterschiedliche Anwendungen, die allerdings aufgrund ihrer Individualität kostspielig waren. Die damals aufkommenden Personal-Computer und Textverarbeitungsprogramme stellten zunächst keine ernsthafte Konkurrenz für Textverarbeitungssysteme dar, weil ihre generelle Leistungsfähigkeit noch gering war und für spezifische Einsatzzwecke wichtige Funktionen fehlten. Mit zunehmender Leistungsfähigkeit der Personal-Computer konnten auch in der Standardsoftware für Textverarbeitung immer mehr Funktionen für spezifische Anwendungen integriert werden. Es entstand eine Konkurrenz, die einen ähnlichen Leistungsumfang wie Textverarbeitungssysteme aufwies, die zwar nicht speziell für einen besonderen Kundenkreis angepaßt waren, aber zu einem deutlich geringeren Preis erhältlich waren. Heute haben spezifische Textverarbeitungssysteme keine große Marktbedeutung mehr. Natürlich läßt sich die Situation bei Textverarbeitungssystemen und Werkzeugmaschinen nicht genau miteinander vergleichen. Ihre massenhafte Verbreitung hat die Kombination von PC und Textverarbeitung in neu erschlossenen Marktbereichen gefunden. Ähnliches ist bei Werkzeugmaschinen nicht zu erwarten. Dementsprechend wird sich auch der Verdrängungswettbewerb nicht so rasant und so vollständig vollziehen. Trotzdem drängen sich m.E. Parallelen auf. Der Weg in die Spezialisierung ist so lange erfolgreich, bis Konkurrenten aus größeren Märkten von der Funktionalität her ähnliche Lösungen zu günstigeren Preisen anbieten.

182 Moldaschl (1994, S. 266).

Während auf der einen Seite nach Piore/Sabel (1984) die Märkte für standardisierte Massenprodukte kleiner werden, scheinen insbesondere für den Wekzeugmaschinenbau die Märkte für teilstandardisierte Produkte größer zu werden. Dies heißt nicht, daß im Werkzeugmaschinenbau eine Tendenz zur Massenproduktion gegeben ist[183]. Vielmehr werden auch im Werkzeugmaschinenbau die Marktsegmente kleiner, in denen Unikat- bzw. Einzelproduktion eine erfolgreiche Geschäftsstrategie darstellt.

Die veränderten Wettbewerbsbedingungen verringern die Erfolgschancen der traditionellen Formen der Marktbearbeitung und der traditionellen Organisation des Produktionsprozesses. Eine Folge intensiverer Konkurrenz ist ein verstärkter Preiswettbewerb. Wenn von Konkurrenten hochwertige Maschinen erheblich günstiger angeboten werden, die zwar nicht alle, aber viele Kundenwünsche berücksichtigen, sind neue Vermarktungs- und Produktionsstrategien notwendig. Bei steigenden Entwicklungskosten spielt natürlich die Frage der Seriengröße eine entscheidende Rolle für den Stückpreis.[184]

Die Veränderungen der größenspezifischen Vor- und Nachteile betrifft insbesondere Betriebe mittlerer Größenordnung. Wie das Beispiel Japan zeigt, bedeutet internationale Wettbewerbsfähigkeit größerer Einheiten nicht unbedingt den Bedeutungsverlust von Kleinbetrieben. Die Größenstruktur der japanischen Maschinenbaubetriebe ist deutlich polarisierter als in der Bundesrepublik Deutschland. Die international bekannten japanischen Wettbewerber sind im Durchschnitt wesentlich größer als die bekannten deutschen Hersteller. „Bereits fünf japanische Maschinenbauer haben die Milliarden-Hürde (Anmerk. Umsatz in DM) übersprungen. Der mittelständisch geprägte deutsche Werkzeugmaschinenbau erscheint da als David gegen Goliath" (Brödner/Schultetus 1992, S. 12). Trotzdem ist die durchschnittliche Betriebsgröße japanischer Maschinenbauer geringer als in der Bundesrepublik. Die Erklärung für dieses Phänomen liegt in der hohen Zahl von Kleinbetrieben[185]. Moldaschl (1994, S. 266) beschreibt diesen Sachverhalt, zieht aber daraus den Schluß „Generell kann von einem „Größenvorteil" nicht die Rede sein: Der Maschinenbau ist in Japan - wie in Deutschland - mittelständisch strukturiert".

---

183 Brödner/Schultetus (1992, S. 13) bezeichnen die japanische Strategie zwar als flexible Massenproduktion, doch erscheint dies angesichts der produzierten Stückzahlen standardisierter Maschinen z.Z. noch etwas übertrieben.

184 Moldaschl (1994, S. 267) führt aus, daß der am Umsatz gemessene prozentuale Forschungs- und Entwicklungsaufwand deutscher Maschinenbauer höher ist als der von japanischen Maschinenbauunternehmen. „Andererseits können sie (Anmerk. die japanischen Maschinenbauer) ihren Aufwand auf einen größeren Umsatz - sprich mehr Maschinen - verteilen. Ihr absoluter Aufwand ist meist höher."

185 Vgl. Schultetus (1992, S. 21).

Nach der hier vertretenen Argumentation sind der Erfolg von Großunternehmen und eine hohe Zahl von Kleinbetrieben sich gegenseitig ergänzende Facetten des gleichen Bildes. Großbetriebe und Kleinbetriebe sind in der Regel keine direkten Konkurrenten, sondern ergänzen sich. Nach transaktionskostentheoretischen Überlegungen sind vor allen Dingen solche Funktionen in eine Firma zu integrieren, die eine hohe Spezifität aufweisen. „Mit zunehmender Standardisierung einer Leistung sind losere, marktorientierte Einbindungsformen bis hin zum klassischen Fremdbezug überlegen" (Picot 1991, S. 348). Die Modularisierung der Produkte und die höhere Seriengröße führen dazu, daß der Anteil standardisierbarer Leistungen steigt. Dementsprechend können solche Leistungen auch wesentlich häufiger durch externe Lieferanten bezogen werden. Größere Serien in Verbindung mit einer speziellen Produktpolitik können also zugleich Wachstumschancen für größere Unternehmen bieten und die Existenzbedingungen von Kleinbetrieben verbessern.

9.4. Modernisierungsdilemma: Einzelbetriebliche Sicht und Brancheneffekte

Aus der einzelbetrieblichen Sicht lassen sich drei Reaktionsmöglichkeiten auf die veränderten Marktbedingungen und die technologische Entwicklung skizzieren:

1. Das Ignorieren der veränderten Bedingungen.
2. Das Ausweichen in neue Nischen.
3. Die Schaffung neuer Organisationsstrukturen.

1.) Die erste Strategie vertraut auf das in der Vergangenheit bewährte Erfolgsrezept, daß sich langfristig technologisch anspruchsvolle Lösungen ungeachtet ihres Preises durchsetzen werden. Diese Strategie kann für einzelne Unternehmen aufgehen, doch insgesamt ist zu erwarten, daß der deutsche Maschinenbau langsam aber stetig an Wettbewerbsfähigkeit verliert. Die Möglichkeit, daß es einzelnen Unternehmen gelingen kann, sich mit der bisherigen Strategie erfolgreich auf dem Markt zu behaupten, während absehbar ist, daß dies für den Großteil der Betriebe nicht zutrifft, schafft ein Dilemma. Denn aus der einzelbetrieblichen Sicht ist es unter diesen Bedingungen rational, die bisherigen Strukturen so lange beizubehalten, bis die Auflösung des Betriebes droht. Wie ausgeführt, stellen tiefgreifende Veränderungen der Organisationsstruktur, des Produktprogramms und der Marktbearbeitung für den einzelnen Betrieb ein hohes Risiko dar. Während sicher ist, daß solche Veränderungen zunächst Kosten verursachen, ist jedoch die Strukturveränderung keine Garantie für den Erfolg. Je intensiver der Wettbewerb wird, desto grösser wird auch die Gefahr des Scheiterns. Damit ergibt sich die paradoxe Situation, daß aus einzelbetrieblicher Sicht, tiefgreifende Veränderungen der Organisations- und Produktstruktur dann besonders risikoreich sind, wenn sie bei einer Betrachtung der Branche bzw. der Teilbranche besonders notwendig erscheinen.

2.) Das Ausweichen vor dem Konkurrenzdruck in neue Nischen ist eine Alternative, die für eine kleine Gruppe von Unternehmen erfolgreich sein kann, aber für die Branche insgesamt keine Perspektive bietet. Ob das Ausweichen in eine neue Nische aus einzelbetrieblicher Sicht eine sinnvolle Strategie darstellt, läßt sich allgemein nicht beurteilen, weil die Erfolgschancen dieser Strategie im wesentlichen von zwei Faktoren bestimmt werden: Der Zahl der Wettbewerber und dem persönlichen Kontakt zwischen Produzenten und Abnehmern. Die Zahl der Wettbewerber entscheidet darüber, ob es in der Nische zu einem Verdrängungswettbewerb kommt oder ob sich nach einer Phase intensiverer Konkurrenz eine neue Marktaufteilung zwischen den Wettbewerbern einspielt. Der persönliche Kontakt zwischen Produzenten und Abnehmern ist ein wichtiger Faktor für den Aufbau einer Vertrauensbeziehung, wie er für hochspezifische Produkte des (Werkzeug-) Maschinenbaus notwendig ist. Der Aufbau einer solchen Vertrauensbeziehung fällt natürlich leichter, wenn der Produzent darstellen kann, daß er bisher bereits Produkte hergestellt hat, die große Ähnlichkeit mit den neuen Produkten aufweisen.[186]

Vorteil dieser Strategie aus einzelbetrieblicher Sicht ist, daß - wie bei dem Ignorieren der technologischen Entwicklung und daran anschließenden Veränderungen der Marktsituation - die risikoreiche und kostenträchtige Entscheidung über neue Organisationsstrukturen zunächst vermieden werden kann. Aus einzelbetrieblicher Sicht kann zudem als Vorteil angesehen werden, daß der direkte Wettbewerb vorwiegend mit Unternehmen stattfindet, die eine ähnliche Größenstruktur aufweisen, d.h. größenbedingte Wettbewerbsnachteile können vermieden werden.

---

186 Ein Beispiel für solche Strategie bieten einige Produzenten des Bergwerksmaschinenbaus. Dort wurden die Erfahrungen im Bergbau für die Entwicklung von Maschinen zum Tunnelbau genutzt. Zugleich zeigt dieses Beispiel aber auch die Grenzen des Ausweichens in andere Nischen auf. Der Markt für Tunnelmaschinen ist nicht groß genug, um für die Mehrheit der Bergwerksmaschinenbauer eine realistische Perspektive zu bieten. Eine massenhafte Umorientierung von Bergwerkmaschinenbauern beseitigt deren strukturelles Problem - seit Jahren kontinuierlicher Rückgang der Nachfrage - nicht, sondern schafft neue Probleme (Verdrängungswettbewerb) in einem anderen Marktsegment. Allgemein zur Situation des Bewerksmaschinenbaus vgl. Nordhause-Janz 1991.

Andererseits ist die Gewinnung neuer Kunden in bereits besetzten Nischen schwierig, da die Interaktion zwischen Produzenten und Abnehmern stark personalisiert ist. Neue Wettbewerber sind i.d.R. darauf angewiesen, ihre fehlende Vertrauensposition durch Preiszugeständnisse zu kompensieren. Wenn mehrere Mitbewerber in eine bereits besetzte Nische ausweichen, führt dies zu einem verschärften (Preis-) Wettbewerb, der mittelfristig zum Ausscheiden eines Teils der Konkurrenten führt. Wenn die Zahl der Wettbewerber gering bleibt, kann sich nach einer Phase intensiverer Konkurrenz eine neue „Arbeitsteilung" ergeben. Auch bei dieser Strategie zeigt sich ein Unterschied zwischen der einzelbetrieblichen Sichtweise und der Aggregatbetrachtung. Unter günstigen Voraussetzungen (geringe Zahl von Mitbewerbern, bestehende oder leicht herstellbare persönliche Kontakte zu den Abnehmern, ähnliche Probleme wie bisherige Kunden) kann das Ausweichen in eine andere Nische für eine begrenzte Zahl von Produzenten eine sinnvolle Strategie sein, in der ein mittleres Risiko eine mittlere Nutzenerwartung gegenüber steht. Bei der Betrachtung der Branche insgesamt führt die massenhafte Anwendung dieser Option jedoch bestenfalls zu einer Verlagerung von Strukturproblemen.

3.) Die Schaffung neuer Organisationsstrukturen ist eine Strategie, die zwar aus Branchensicht sinnvoll erscheint, die aber aus einzelbetrieblicher Sicht mit hohen Kosten und einem großen Risiko verbunden ist. Neue Organisationsstrukturen sind die Voraussetzungen, um Wachstumschancen wahrzunehmen bzw. um Wachstum organisatorisch bewältigen zu können. Wachstum z.B. durch Firmenübernahme, Fusion oder Kooperation, führt allerdings nicht zwangsläufig zum Erfolg. Der Erfolg japanischer Maschinenbauer beruht auf der Kombination einer spezifischen Produkt- und Vermarktungspolitik und der Organisation des Produktionsprozesses, die die Ursache für die Größenvorteile sind. Wachstum ohne Veränderung auf diesen Gebieten verbessert die Wettbewerbsfähigkeit nicht, sondern schwächt sie. Eine Veränderung der Produktpolitik hin zu modularisierten Standardmaschinen kann zu einem schnellen Verlust der bisherigen Kunden führen, ohne daß sichergestellt ist, daß neue Kunden gewonnen werden können. Die Erschließung neuer Märkte ist - wie bereits ausgeführt - mit Preiszugeständnissen verbunden. Eine Änderung der Produktpolitik mit dem Ziel der Erschließung neuer Kunden erfordert deshalb auch eine effizientere Produktion als die der Mitbewerber. Für ein erfolgreiches Bestehen auf dem internationalen Markt der Standardmaschinen ist daher eine deutliche Senkung der Produktionskosten notwendig.

Schwierig erscheint der Versuch, über die Produktion höherwertiger Maschinen höhere Preise durchzusetzten. Zum einen ist die Produktion höherwertiger Maschinen zumindest mit höheren Entwicklungskosten verbunden;

zum zweiten fallen die Entwicklungskosten teilweise in einem Bereich an, der bisher keine traditionelle Stärke deutscher Maschinenbauer ist: der Mikroelektronik. Zum dritten ist die Erschließung der höherwertigen Marksegmente auch ein Ziel zumindest eines Teils der großen japanischen Maschinenbauer.[187] Auch hier ist ein stärkerer Preiswettbewerb zu erwarten.

Die Veränderung der Aufbau- und Ablauforganisation stößt unter den als typisch geltenden Bedingungen des inhabergeführten Klein- oder Mittelbetriebes auf massive Probleme. Die Systematisierung von Abläufen begrenzt die direkten Eingriffsmöglichkeiten in Produktionsprozesse durch die Leitungsebene. Die Aufgabe dieser Möglichkeiten ist nur dann zu erwarten, wenn damit an anderer Stelle ein Nutzen verbunden ist. Je ungewisser wird, ob der Nutzen eintritt, desto unwahrscheinlicher wird der Verzicht auf diese Eingriffsmöglichkeiten. Wie in Kapitel 8 ausgeführt, besteht der Nutzen neuer arbeitsorganisatorischer Modelle in einer Verringerung der Koordinations- und Kontrollkosten und nicht in direkter Rationalisierung der einzelnen Bearbeitungschritte innerhalb des Produktionsprozesses. Eine Kostensenkung, die sich auch im Korporationsertrag niederschlägt, ist deshalb eher bei Betrieben zu erwarten, die einen hohen Koordinations- und Steuerungsaufwand haben. Dies trifft in der Regel eher für größere Betriebe zu. Für größere Betriebe können die neuen arbeitsorganisatorischen Modelle auch unter ungünstigen wirtschaftlichen Rahmenbedingungen interessant sein, weil dort ein direkter Rationalisierungseffekt auftreten kann. Kleinbetriebe können i.d.R. über Wachstumsbegrenzung und personalisierte Steuerungs- und Kontrollstrukturen ihre Koordinationskosten begrenzen. Ein direkter Rationalisierungsgewinn ist durch die Implementation einer neuen arbeitsorganisatorischen Struktur - unabhängig von der aktuellen Marktentwicklung - nicht zu erwarten. Bei mittelgroßen Betrieben hängt die Attraktivität der neuen Formen stark von der Einschätzung der Wachstumschancen ab. Eine nachlassende Nachfrage führt auch zu einer Verringerung des Koordinations- und Kontrollbedarfs. In Zeiten konjunktureller oder struktureller Krisen werden daher die bisherigen innerbetrieblichen Koordinations- und Kontrollmechanismen entlastet. Die Wahrscheinlichkeit, daß ein Problembewußtsein entsteht, sinkt. Nur bei Betrieben, bei denen trotz eines allgemeinen Nachfragerückgangs Wachstum stattfindet, steigt auch die Belastung der innerbetrieblichen Steuerung und Kontrolle und damit die Chance, daß Koordination und Kontrolle als betrieblich relevante Themen definiert werden. Eine nachlassende Nachfrage hat für mittelgroße Betriebe i.d.R. zwei Effekte: Zum einen sinkt der Anreiz, sich mit neuen arbeitsorganisatorischen Modellen auseinanderzuset-

---

187 Vgl. dazu Moldaschl 1993.

zen, zum anderen verstärkt sich die Ungewißheit, ob sich der Nutzen dieser Modelle realisieren läßt. Insgesamt zeichnet sich so ein Szenario ab, in dem die traditionelle mittelbetriebliche Struktur des Maschinenbaus von einem Wettbewerbsvorteil zu einem Wettbewerbsnachteil wird. Aufgrund der einzelbetrieblichen Rationalität ist nicht zu erwarten, daß notwendige Strukturanpassungen in größerem Umfang in den Betrieben stattfinden. Es scheint sich eine Situation anzubahnen, in der die Anpassung an veränderte Markt- und Wettbewerbsbedingungen zu einem großen Teil über das Ausscheiden vom Markt, weiteres Wachstum bisher schon sehr erfolgreicher Betriebe und im begrenzten Umfang durch Neugründungen stattfindet. Wachstum, Neugründungen und das Ausscheiden von Betrieben wird jedoch nicht gleichmäßig im Raum erfolgen, sondern sich in einigen Regionen konzentrieren, wobei zu erwarten ist, daß in der Bundesrepublik Deutschland eine größere Zahl von Mittelbetrieben ausscheiden wird.

9.5. Industriepolitische Optionen

Ob Industriepolitik ökonomisch sinnvoll oder schädlich ist, soll an dieser Stelle nicht diskutiert werden. Sturm (1992, S. 24) gibt an, daß die Frage nach der Notwendigkeit von Industriepolitik falsch gestellt ist, da „sie eine Alternative impliziert, die es de facto nicht gibt." Er weist darauf hin, daß in allen westlichen Industriestaaten Industriepolitik betrieben wird, wenn auch mit sehr unterschiedlichen Instrumenten, und der Umfang erheblich variiert. Die ungleiche räumliche Verteilung von Wettbewerbsgewinnern und -verlierern ist die Motivation für industriepolitische Maßnahmen. Porter (1991) versucht aufzeigen, daß die räumliche Konzentration von erfolgreichen Betrieben einer Branche i.d.R. Ergebnis eines sich selbstverstärkenden Prozesses ist, der die internationale Wettbewerbsfähigkeit fördert. Räumliche Konzentration ermöglicht einen intensiven Erfahrungsaustausch, erlaubt die Schaffung von Institutionen, die der Branche insgesamt nützen (z.B. in der Forschung oder der Ausbildung) und kann die Entwicklung eines branchenspezifischen regionalen oder nationalen Labels fördern[188]. Nach seiner Darstellung ist allerdings

---

188 Z.B. „Werkzeugmaschinen made in Germany". Dies ist ein Beispiel für das von Hanan/Freeman (1989) als Legitimation und von Coleman (1990) als Vertrauenswürdigkeit benannte Phänomen. Wiederholte positive Erfahrungen mit Anbietern, die aus einer Region bzw. aus einem Land stammen, können zu Übertragung des Vertrauens auf neue Anbieter führen. Damit haben neue Anbieter aus diesen Regionen oder Ländern einen erheblichen Startvorteil gegenüber neuen Anbietern aus anderen Ländern. Wird dieses Vertrauen aber nachhaltig erschüttert, haben Anbieter aus diesen Regionen oder Ländern erhebliche Nachteile.

auch der wirtschaftliche Abschwung ein sich selbst verstärkender Prozeß. In der ersten Phase eines Abschwungs kommt es i. d. R. nur zu einem relativen Bedeutungsverlust, während das Absatzvolumen absolut gesehen stagniert oder noch leichte Zuwächse aufweist. Erst in der zweiten Phasen sinkt auch das absolute Absatzvolumen. Die Gründe für den wirtschaftlichen Niedergang (z.b. Wandel der Produktionstechnologie, Konkurrenz durch neue Produkte, Bedeutungsverlust traditioneller Märkte etc.) sind aber schon in der ersten Phase vorhanden. Je später Gegenmaßnahmen getroffen werden, desto schwieriger wird es, einen Abschwungprozeß aufzuhalten.

Wenn es zu strukturellem Wandel der Marktbedingungen kommt, werden die Gewinner der Marktveränderungen in anderen Regionen ansässig sein als die Verlierer. Während die Ökonomie den räumlichen Aspekt vernachlässigen kann, ist die regionale oder nationale Politik gefordert, Maßnahmen zu ergreifen. Bletschacher/Klodt (1992) machen die unterschiedlichen Ausrichtungen zwischen Wettbewerbs- und Industriepolitik deutlich. Dannach ist Wettbewerbspolitik prozeßorientiert und Industriepolitik ergebnisorientiert. Wettbewerbspolitik zielt darauf, marktwirtschaftliche Prozesse funktionsfähig zu erhalten. Dazu werden Regeln definiert und die Einhaltung der Regeln durch die Marktteilnehmer kontrolliert. Industriepolitik hingegen zielt darauf, ein bestimmtes Marktergebnis zu erreichen. „Die Kluft zwischen diesen beiden Grundkonzeptionen läßt sich nicht dadurch überbrücken, daß das Wettbewerbsrecht um industriepolitische Klauseln ergänzt wird. Dies wäre gerade so, als wolle man einem Schiedsrichter den Auftrag geben, auf nichts als die Einhaltung der Spielregeln zu achten - es sei denn, die falsche Mannschaft gewinnt" Bletschacher/Klodt (1992, S. 164).

In Teilbereichen des Maschinenbaus scheint sich nun eine Situation anzudeuten, in der die „falsche" Mannschaft gewinnt. Wenn erreicht werden soll, daß ein substantieller Teil des Werkzeugmaschinenbaus in der Bundesrepublik Deutschland auch in Zukunft erhalten wird, dann sind industriepolitische Maßnahmen erforderlich, und zwar mit der Zielrichtung Erhaltung. Dies steht zwar im Gegensatz zur generellen Leitlinie der aktuellen Industriepolitik, die im letzten Jahrzehnt eine Schwenkung von einer Erhaltungspolitik zu einer Diversifizierungs- und Umstellungspolitik vollzogen hat. Dies geschah aus der Erkenntnis heraus, daß der Versuch, „absterbende Branchen" (z.B. Steinkohlebergbau) über einen längeren Zeitraum zu erhalten, ein sehr kostspieliges Unterfangen ist, letztendlich nur sehr begrenzt Erfolge verzeichen konnte.[189] In der hier vertretenen Interpretation ist die Krise des deutschen Werkzeugmaschinenbaus aber keine Krise einer absterbenden Branche, sondern vorwiegend ein Problem der Wettbewerbsnachteile, die sich u. a. aus dem -

---

189 Vgl. dazu z.B. von Einem (1991)

im internationalen Vergleich - hohen Anteil mittelgroßer Einheiten ergeben. Erhaltungspolitik sollte allerdings nicht als Aufforderung zur Subventionierung der bisherigen Betriebstrukturen verstanden werden, sondern als der Versuch, Teile der Branche durch Veränderung der Betriebsstrukturen besser an die internationalen Wettbewerbsbedingungen anzupassen. Wie Traxler-/Unger (1990) argumentieren, waren es industriepolitische Maßnahmen, die in den 70er Jahren die Bewältigung der „ersten" technologischen Krise im deutschen Werkzeugmaschinenbau deutlich erleichtert hatten. Strategisch zielte die Kooperation von staatlichen Einrichtungen, Verbänden und einzelnen Unternehmen darauf, das Riskio für Investitionen in den Bereich Mikroelektronik für einzelne Unternehmen zu begrenzen, um so den Unternehmen die neue Technologie leichter zu gänglich zu machen. Bei den sich z.Z. abzeichnenden Veränderungen handelt es sich nicht primär um eine technologische Lücke, sondern durch technologische Veränderungen stellt sich die Frage nach der Effizienz traditioneller Organisationsmuster in deutschen Maschinebaubetrieben und damit nach der internationalen Wettbewerbsfähigkeit neu. Deshalb sollte der strategische Ansatzpunkt in der derzeitigen Situation die Reduktion von Risiken bei organisatorischen Innovationen sein. Nach Grande/Häusler (1994, S. 352ff) sind Investitionen in technologische Innovationen mit drei zusätzlichen Risiken behaftet: 1. Die Kosten lassen sich im voraus nur sehr ungenau schätzen.2. Der Zeitbedarf ist schwer kalkulierbar. 3. Das Ergebnis läßt sich nicht genau vorherbestimmen. Diese Risiken sind m.E. nicht auf technologische Innovationen beschränkt, sondern gelten auch für organisatorische Innovationen.

Zwei der klassischen industriepolitischen Optionen scheinen im Falle des (Werkzeug-)Maschinenbaus wenig sinnvoll: Protektionismus und Subventionen. Angesichts der starken Exportorientierungen sind protektionistische Maßnahmen nicht geeignet, um die sich abzeichnende strukturelle Krise in Teilbereichen des Maschinenbaus zu bewältigen. Zudem würden protektionistische Maßnahmen nicht zu einer Verringerung der Risiken führen, die mit der organisatorischen Anpassung an veränderte Wettbewerbsfelder und Wettbewerbsbedingungen verbunden sind. Subventionen, d.h. direkte oder indirekte Zahlungen, sind ebenfalls wenig geeignet, um die nachlassende internationale Wettbewerbsfähigkeit zu verbessern. Subventionen vermindern i.d.R. nicht die Risiken von Anpassungsprozessen, sondern schaffen Anreize um Anpassungsprozesse zu vermeiden. Da nach der hier vertretenen Argumentation die Wettbewerbsnachteile durch technologischen Wandel entstehen, und so traditonelle Stärken der Marktausrichtung und der Produktpolitik erodieren, wird die internationale Wettbewerbsfähigkeit durch Subventionen langfristig nicht gefördert werden. Bei dem beschriebenen Problemfeldern handelt es sich auch nicht primär um eine technologische Lücke, die durch staatliche

Forschungs- und Transferprogramme geschlossen werden kann. Es ist die Kombination von Produktstandardisierung, Fortschritten der Mikroelektronik, neuen Modellen der Arbeitsorganisation und der Vermarktungsaktivitäten, die die internationale Wettbewerbsfähigkeit insbesondere von mittelgroßen deutschen Maschinenbaubetrieben negativ verändern. Die durch den technologischen Wandel und die arbeitsorganisatorischen Innovationen entstandene Möglichkeit, mit größeren Einheiten international erfolgreich zu sein, steht prinzipiell auch deutschen Unternehmen offen, und einige der bekanntesten deutschen Werkzeugmaschinenhersteller scheinen diese Chance nutzen zu wollen.[190] Benötigt werden Maßnahmen für Betriebe mittlerer Größenordnung, damit sie ihre Wettbewerbsposition wieder festigen können, denn bei Betrieben dieser Größenordnung ist nicht damit zu rechnen, daß notwendige Anpassungsmaßnahmen aus eigenem Antrieb erfolgen werden.

Die Strukturveränderungen sowohl auf der Produktseite als auch bei den neuen arbeitsorganisatorischen Modellen führen zu Vorteilen größerer Einheiten. Dementsprechend sollten industriepolitische Maßnahmen entwickelt werden, die die Schaffung größerer Einheiten oder funktionaler Äquivalente fördern. Da ein zentrales Problem bei mittelständischen Betrieben in der fehlenden Bereitschaft besteht, die organisatorischen und ökonomischen Risiken betrieblichen Wachstums einzugehen, sind Modelle zu entwickeln, die aus betrieblicher Sicht diese Risiken begrenzen. Dazu gehört die Entwicklung von Kooperationsmodellen, die zwischen den Extremen Produktionsverbünde und Produktionsnetzwerke liegen. Wie in Kapitel 8 diskutiert, sind Produktionsverbünde nach dem lean production Konzept für den Maschinenbau wenig geeignet, da sie auf eine flexible Massenproduktion ausgerichtet sind, Chancen und Risiken zwischen den beteiligten Betrieben ungleich verteilt sind und eine Machtkonzentration am Ende der Wertschöpfungskette entsteht. Bei Produktionsnetzwerken - im Sinne einer umfassenden Kooperation gleichberechtiger Partner mit wechselnden Kooperationsteilnehmern und Kooperationsfeldern - müssen zusätzliche Mechanismen, existieren um opportunistisches Verhalten zu begrenzen, z. B. in Form von verwandtschaftlichen Beziehungen. Produktionsnetzwerke beruhen auf Vertrauen zwischen den Akteuren[191]. Um eine vertrauenswürdige Umgebung zu schaffen, sind nach Coleman (1990)[192] folgende Voraussetzungen notwendig: dauerhafte und häufige Interaktionen, indirekte Sanktionsmöglichkeiten, Substitionsmöglichkeiten von Leistungen einzelner Kooperationspartner und ein Schließungsmechanismus.

---

190 Es scheint kein Zufall zu sein, daß es gerade unter den Branchenführern in der Bundesrepublik in letzter Zeit zu Zusammenschlüssen gekommen ist.

191 Vgl. Powell (1990)

192 Vgl dazu auch Kapitel 6.

Der Schließungsmechanismus dient dazu, die gegenseitige Abhängigkeit zu fördern, um so ein Sanktionspotential zu schaffen, dem ein Akteur nicht ausweichen kann. Kooperationen, die vielen Partnern offenstehen und aus denen jederzeit ein Rückzug möglich ist, sind dauerhaft nicht existenzfähig, wenn nicht über andere Maßnahmen z.B. in Form von Verträgen ein Sanktionspotential geschaffen wird, dem einzelne Akteure nicht auweichen können.[193]

Kooperationsmodelle für mittelständische Maschinenbauer benötigen m.E. einen rechtlich verbindlichen Rahmen, in dem Leistungen und Gegenleistungen der Kooperationspartner spezifiziert werden. Dauerhafte Kooperation lassen sich als ein Spezialfall des allgemeinen Modells des Ressourcenpools theoretisch fassen. Der wesentliche Unterschied zu den bisherigen Anwedungen des allgemeinen Modells besteht darin, daß es sich im Falle der Kooperation von Maschinenbaubetrieben um kollektive Akteure handelt. Wie das Modell des Ressourcenpools nahelegt, erfordert dauerhafte Kooperation eine Koordinierungsinstanz, die die Autonomie der einzelnen beteiligten Akteuere einschränkt, denn die Vorteile einer Kooperation beruhen auf der Koordination. Im Falle der Kooperation von Maschinenbaubetrieben sind personale Formen der Koordination nicht anwendbar, weil die Voraussetzung für personale Koordination die Übertragung sämtlicher Verfügungsrechte auf eine Person ist, die einen Teil ihrer Kompetenzen wiederum auf andere Personen übertragen kann. Praktisch würde dies auf die Schaffung einer (personalisierten) Zentralinstanz hinauslaufen, die inhaltlich weitgehend unbestimmte Eingriffe in die Kompetenzen der Kooperationspartner vornehmen kann. Eine solche Form der Koordination ist eher dazu geeignet, die Kooperationsbereitschaft zu senken und nicht sie zu fördern.

Eine weitere Schlußfolgerung aus dem Modell des Resourcenpools für eine dauerhafte Kooperation von Maschinenbaubetrieben ist, daß Kooperationsvorteile nur dann entstehen können, wenn unterschiedliche Ressourcen eingebracht werden, d.h. wenn sich die Kooperationspartner gegenseitig ergänzen. Bei der Zusammenlegung gleicher Ressourcen sind Kooperationsvorteile nicht zu erwarten. Wie die Studie von Belzer (1993) zeigt, bestehen zudem praktische Probleme bei der Kooperation von Betrieben mit ähnlicher Produkt- und Marktstruktur, da hier Betriebe zusammenarbeiten sollen, die sich auf dem Markt als Wettbewerber gegenüberstehen. Damit wird eine Ausgangslage geschaffen, die vom gegenseitigen Mißtrauen der potentiellen Kooperationspartner untereinandergeprägt ist. Jede Maßnahme wird daraufhin untersucht, ob einzelne Betriebe besondere Wettsvorteile gegenüber den Kooperationspartnern realisieren könnten. Dies führt dazu, daß die Koopera-

---

193 Implizit wird hier natürlich wie bei Märkten, die Existenz eines verbindlichen Rechssystems vorausgesetzt.

tionsbereitschaft allgemein relativ gering ist und sich die Kooperation auf eher marginale Bereiche beschränkt.

Eine Kooperation, die einerseits den Partnern eine weitgehende Autonomie beläßt, andererseits aber Vorteile durch Koordination schafft, setzt eindeutige Definitionen der Kooperationsfelder, der zu poolenden Ressourcen, der Verfügungsrechte über diese Ressourcen, der Verteilung der Kooperationsvorteile und des Koordinierungsmechanismus voraus.

Ansatzpunkte für eine Kooperationsförderung, die diesen Kriterien Rechnung trägt, finden sich in der japanischen Mittelstandsförderung, die vorwiegend räumlich ausgerichtet ist. Mittleren und kleineren Unternehmen in einer Region wird eine Vielzahl unterschiedlicher Hilfen durch den Staat, durch Verbände und durch private Institutionen angeboten. Die Leistungen erstrecken sich auf fast alle Bereiche unternehmerischer Tätigkeit, angefangen von der Bereitstellung von Risikokaptial, über Weiterbildungsmaßnahmen in organisatorischen, technischen und ökonomischen Belangen, Kontaktbörsen, Hilfen bei der Vertragsgestaltung bis hin zu Fördermaßnahmen bei der Vergabe öffentlicher Aufträge und einer speziellen Konkursprävention.[194]

Der Schwerpunkt der japanischen Mittelstandsförderung liegt darin, eine möglichst breite Palette von Kleinunternehmen zu unterhalten, da diese die Basis für den wirtschaftlichen Erfolg der großen Konzerne auf den Auslandsmärkten bilden. Dementsprechend ist ein Großteil der Maßnahmen darauf gerichtet, die Risiken von Kleinbetrieben bei der Kooperation mit Großbetrieben zu vermindern, beispielsweise durch die Einrichtung spezieller Clearingstellen, die „unfaire" Vertragspraktiken von Großunternehmen gegenüber Kleinbetrieben untersuchen.

Natürlich läßt sich das japanische Modell der Mittelstandsförderung nicht einfach auf die Bundesrepublik Deutschland übertragen. Trotzdem enthält es einige Elemente, die für eine Förderung des deutschen Maschinenbaus intressant erscheinen. Die regionale Organisation schafft ein Netz branchenübergreifender Kontakte, die den Einstieg in neue Märkte erleichtern. Die betriebswirtschaftliche Beratung einzelner Unternehmen geschieht in einer Kombination von öffentlichen und verbandlichen Stellen mit privaten Finanzierungsinstitutionen. Die Kombination der verschiedenen Beratungsinstanzen und ihre enge Abstimmung untereinander ermöglicht eine umfassende und individuelle betriebliche Unterstützung, bis hin zu Sondermaßnahmen zur Sanierung von Betrieben, deren wirtschaftliche Existenz gefährdet ist. Für Probleme in der Zusammenarbeit verschiedener Partner stehen verbandliche und öffentliche Clearingstellen zur Verfügung.

---

194 Für eine ausführliche Darstellung der japanischen Mittelstandsförderung vgl. z.B. Ernst/ Laumer 1989.

Mit diesen Elementen wäre es möglich, eine aktive Industriepolitik zu entwickeln, die die Wettbewerbsfähigkeit von kleineren Unternehmen fördert und dazu beiträgt, eine breite Basis von Klein- und Mittelbetrieben zu erhalten.

Literatur

Abdel-Khalik, Rashed A.: Hierarchies and Size. A Problem of Identification, in: Organization Studies, 9 (1988),S. 237-251
Acs, Zoltan J. und Audretsch David B.: Innovation durch kleine Unternehmen, Berlin: Edition Sigma 1992
Aichholzer, Georg, Flecker, Jörg und Schienstock, Gerd: Ungewißheit und Politik in betrieblichen Rationalisierungsprozessen, in: Georg Aichholzer und Gerd Schienstock (Hrsg.): Arbeitsbeziehungen im technischen Wandel, Berlin: Edition Sigma 1989, S. 43-70
Aiken, Michael und Hage, Jerold: The Organic Organisation and Innovation, in: Sociology, 5 (1971), S. 63-81
Albach, Horst, Bock, Kurt und Warnke, Thomas: Kritische Wachstumsschwellen in der Unternehmensentwicklung, Stuttgart: Poeschel 1985
Alchian, Armen A. und Demsetz, Harold: Production, Information Costs, and Economic Organization, in: American Economic Review, 62 (1972), S. 777-795
Aldrich, Howard E.: Organizations and Environment, Englewood Cliffs (NJ.): Prentice Hall 1979
- ders.: Incommensurable Paradigms? Vital Signs from Three Perspectives, in: Michael Reed und Michael Hughes (Hrsg.): Rethinking Organization, London u.a.: Sage 1992, S. 17-45
Aldrich, Howard und Marsden, Peter V.: Environments and Organizations, in: Neil J. Smelser (Hrsg.): Handbook of Sociology, London u.a.: Sage 1988, S. 361-392
Aldrich, Howard E., Staber, Udo, Zimmer, Catherine und Beggs, John J.: Minimalism and Organizational Mortality: Patterns of Disbanding Among U.S. Trade Organizations, 1900-1983, in: Jitendra V. Singh (Hrsg.): Organizational Evolution, Newbury Park u.a.: Sage 1990, S. 21-52
Altmann, Norbert und Sauer, Dieter (Hrsg.): Systemische Rationalisierung und Zulieferindustrie. Sozialwissenschaftliche Aspekte zwischenbetrieblicher Arbeitsteilung, Frankfurt a.M./ New York: Campus 1989
Aoki, Masahiko: Information, Incentives, and Bargaining in the Japanese Economy, Cambridge u.a.: Cambridge University Press 1988
Arrow, Kenneth J.: Rationality of Self and Others in an Economic System, in: Robin M. Hogarth und Melvin W. Reder (Hrsg.): Rational Choice. The Contrast between Economics and Psychology, Chicago: University of Chicago Press 1987, S. 201-216
Auch, Manfred: Fertigungsstrukturierung auf der Basis von Teilefamilien, Berlin u.a.: Springer 1989
AWF (Ausschuß für wirtschaftliche Fertigung) (Hrsg.): Integrierte Fertigung von Teilefamilien, Köln: TÜV Rheinland 1990
Barnett, William P. und Amburgey, Terry L.: Do Larger Organizations Generate Stronger Competition? in: Jitendra V. Singh (Hrsg.): Organizational Evolution, Newbury Park u.a.: Sage 1990, S. 78-102
Baum, Joel A.C. und House, Robert J.: On the Maturation and Aging of Organizational Populations, in: Jitendra V. Singh (Hrsg.): Organizational Evolution, Newbury Park u.a.: Sage 1990, S. 129-145

Baurmann, Michael und Leist, Anton (Hrsg.): Analyse und Kritik: James S. Colemans Foundations of Social Theory (1), 14 (1992)
Bechtle, Günter : Betriebliche Rationalisierungsstrategien als Herausforderung von Verhandlungssystemen im Kontext industrieller Beziehungen, in: Georg Aichholzer und Gerd Schienstock (Hrsg.): Arbeitsbeziehungen im technischen Wandel, Berlin: Edition Sigma 1989, S. 275-284
Bechtle, Günter und Lutz, Burkart: Die Unbestimmtheit post-tayloristischer Rationalisierungsstrategie und die ungewisse Zukunft industrieller Arbeit, in: Klaus Düll und Burkart Lutz (Hrsg.): Technikentwicklung und Arbeitsteilung im internationalen Vergleich, Frankfurt a.M./ New York: Campus 1989, S. 9-91
Beck, Ulrich: Risikogesellschaft. Auf dem Weg in eine andere Moderne, Frankfurt a.M.: Suhrkamp 1989
Behr, Marhild von, Heidenreich, Martin, Schmidt, Gerd und Graf von Schwerin, Hans-Alexander: Neue Technologien in der Industrieverwaltung. Optionen veränderten Arbeitskräfteeinsatzes, Opladen: Westdeutscher Verlag 1991, Bd. 18
Belzer, Volker: Unternehmenskooperationen. Erfolgsstrategien und Risiken im industriellen Strukturwandel, München/ Mering: Rainer Hampp 1992
Benninghaus, Hans: Substantielle Komplexität der Arbeit als zentrale Dimension der Jobstruktur, in: Zeitschrift für Soziologie, 16 (1987), S. 334-352
Benz-Overhage, Karin: Neue Technologien und alternative Arbeitsgestaltung, Frankfurt a.M./ New York: Campus 1982
Benz-Overhage, Karin, Brumlop, Eva, v. Freyberg, Thomas und Papadimitriou, Zissis: Computergestützte Produktion. Fallstudien in ausgewählten Industriebetrieben, Frankfurt a.M./ New York: Campus 1983
Berger, Ulrike und Bernhard-Mehlich, Isolde: Die verhaltenswissenschaftliche Entscheidungstheorie, in: Alfred Kieser (Hrsg.): Organisationstheorien, Stuttgart u.a.: Kohlhammer 1993, S. 127-160
Bergmann, Joachim: Bemerkungen zum Begriff der "betrieblichen Sozialordnung", in: Eckart Hildebrandt (Hrsg.): Betriebliche Sozialverfassung unter Veränderungsdruck, Berlin: Edition Sigma 1991, S. 49-55
Bergmann, Joachim, Hirsch-Kreinsen, Hartmut, Springer, Roland und Wolf, Harald: Rationalisierung, Technisierung und Kontrolle des Arbeitsprozesses, Frankfurt a.M./ New York: Campus 1986
Bieber, Daniel: Systemische Rationalisierung und Produktionsnetzwerke, in: Thomas Malsch und Ulrich Mill (Hrsg.): ArBYTE. Modernisierung der Industriesoziologie?, Berlin: Edition Sigma 1992, S. 271-294
Birke, Martin und Schwarz, Michael: Neue Techniken. Neue Arbeitspolitik. Neuansätze betrieblicher Interessenvertretung bei der Gestaltung von Arbeit und Technik, Frankfurt a.M./ New York: Campus 1989
Blau, Peter M.: A Formal Theory of Organization, in: American Sociological Review, 35 (1970), S. 210-235
- ders.: On the Nature of Organizations, Englewood Cliffs (NJ.): Wiley & Sons 1974
Blau, Peter M., Falbe, Cecilia M., McKinley, William und Tracy, Phelps K.: Technology and Organization in Manufacturing, in: Administrative Science Quarterly, 21 (1976), S. 20-40
Blau, Peter M. und Schoenherr, Richard A.: The Structure of Organizations, New York: Basic Books 1971
Blau, Peter M. und Scott, W. Richard: Formal Organizations, San Francisco: Chandler 1962
Bletschacher, Georg und Klodt, Henning: Strategische Handels- und Industriepolitik. Theoretische Grundlagen. Branchenanalysen und wettbewerbspolitische Implikationen, Tübingen: Mohr 1992

Bosetzky, Horst: Mikropolitik. Machiavellismus und Machtkumulation, in: Willi Küpper und Günther Ortmann (Hrsg.): Mikropolitik. Rationalität, Macht und Spiele in Organisationen, Opladen: Westdeutscher Verlag 1988, S. 27-38

Bradach, Jeffrey L. und Eccles, Robert G.: Price, Authority and Trust: From Ideal Types to Plural Form, in: Annual Review of Sociology, 15 (1989), S. 97-118

Brandt, Gerhard: Arbeit, Technik und gesellschaftliche Entwicklung. Transformationsprozesse des modernen Kapitalismus, Frankfurt a.M.: Suhrkamp 1990

Brandt, Gerhard, Jacobi, Otto und Müller-Jentsch, Walther: Anpassung an die Krise. Gewerkschaften in den siebziger Jahren, Frankfurt a.M./ New York: Campus 1982

Brandt, Gerhard, Kündig, Bernard, Papadimitriou, Zissis und Thomae, Jutta: Computer und Arbeitsprozeß, Frankfurt a.M./ New York: Campus 1978

Braverman, Harry: Die Arbeit im modernen Produktionsprozeß, (Original: 1971) Frankfurt a.M./ New York: Campus 1977

Brödner, Peter: Fabrik 2000, Alternative Entwicklungspfade in die Zukunft der Fabrik, Berlin: Edition Sigma 1985

Brödner, Peter und Schultetus, Wolfgang: Erfolgsfaktoren des japanischen Werkzeugmaschinenbaus, Eschborn: RKW 1992

Brunsson, Nils: The Irrational Organization, Irrationality as a Basis for Organizational Action and Change, Chichester u.a.: Wiley 1985

Burell, Gibson und Morgan, Gareth: Sociological Paradigms and Organizational Analysis. Elements of the Sociology of Corporate Life, Aldershot: Gower 1987

Burgelmann, Robert A.: Strategy-Making and Organizational Ecology. A Conceptual Integration, in: Jitendra V. Singh (Hrsg.): Organizational Evolution, Newbury Park u.a.: Sage 1990, S. 164-181

Carrol, Glenn R. und Hannan, Michael T.: Density Dependence in the Evolution of Populations of Newspaper Organizations, in: American Sociological Review, 54 (1989), S. 524-541

- dies.: Density Delay in the Evolution of Organizational Populations: A Model and Five Empirical Tests, in: Jitendra V. Singh (Hrsg.): Organizational Evolution, Newbury Park u.a.: Sage 1990, S. 103-128

Chandler, Alfred D.: Strategy and Structure. Chapters in the History of the Industrial Enterprise, Cambridge (Mass.)/ London: M.I.T. Press 1962

- ders.: The Visible Hand. The Managerial Revolution in American Business, Cambridge (Mass.): Belknap Print of Harvard University 1977

Child, John: Organizational Structure, Environment and Performance. The Role of Strategic Choice, in: Sociology, 6 (1972), S. 1-22

- ders.: Organization. A Guide to Problems and Practice, London: Harper + Row 1984

Child, John und Kieser, Alfred: Development of Organizations over Time, in: Paul Nystrom und William Starbuck (Hrsg.): Handbook of Organizational Design, London: Cambridge University Press 1981, Bd.1, S. 28-64

Child, John und Mansfield, Roger: Technology, Size, and Organizational Structure, in: Sociology, 6 (1972), S. 371-393

Clegg, Steward R.: Radical Revisions. Power, Discipline and Organizations, in: Organization Studies, 10 (1989), S. 97-115

- ders.: Modern Organizations, London u.a.: Sage 1990

Coase, Ronald H.: The Nature of the Firm, in: Economica, 4 (1937), S. 386-405

Cohen, Michael D., March, James D. und Olson, Johan P.: Ein Papierkorb-Modell für organisatorisches Wahlverhalten, in: James D. March (Hrsg.): Entscheidung und Organisation, Wiesbaden: Gabler 1990, S. 329-372

Coleman, James S.: Macht und Gesellschaftsstruktur, Tübingen: Mohr 1979

- ders.: Systems of Trust. A Rough Theoretical Framework, in: Angewandte Sozialforschung, 10 (1982), S. 277-299
- ders.: Foundations of Social Theory, Cambridge (Mass.)/ London: Belknap Press of Harvard University 1990a
- ders.: Forms of Rights and Forms of Power, in: Bernd Marin (Hrsg.): Generalized Political Exchange, Frankfurt a.M./ Boulder (Col.): Campus/ Westview 1990b, S. 119-149
- ders.: The Vision of Foundations of Social Theories, in: Analyse und Kritik, 14 (1992), S. 117-128
- ders.: The Rational Reconstruction of Society, in: American Sociological Review, 58 (1993), S. 1-15

Coleman, James S. und Fararo, Thomas S. (Hrsg.): Rational Choice Theory, Newbury Park u.a.: Sage 1992

Crozier, Michel und Friedberg, Erhard: Macht und Organisation. Die Zwänge kollektiven Handelns, Königstein/ Ts.: Athenäeum 1979

Cullen, John B., Anderson, Kenneth S. und Baker, Douglas D.: Blau`s Theory of Structural Differentiation Revisited. A Theory of Structural Change or Scale? in: Academy of Management Journal, 29 (1986), S. 203-229

Cyert, Richard M. und March, James G.: A Behavioral Theory of the Firm, Englewood Cliffs (NJ.): Prentice Hall 1963

Daft, Richard L.: Bureaucratic versus Nonbureaucratic Structure and the Process of Innovation and Change, in: Research in the Sociology of Organization, 1 (1982), S. 129-166

Dahlke, Volker: Das Produktionsmodell als Ansatz zur Informationsintegration, in: Holger Bergmann u.a. (Hrsg.): Ansätze zur Informationsintegration in Teilautonomen Flexiblen Fertigungsstrukturen, Arbeitspapier SFB 187, Bochum 1993, S. 13-29

Deiß, Manfred, Döhl, Volker und Sauer, Dieter: Technikherstellung und Technikanwendung im Werkzeugmaschinenbau. Automatisierte Werkstückhandhabung und ihre Folgen für die Arbeit, Frankfurt a.M./ New York: Campus 1990

Dess, Gregory G. und Beard, Donald W.: Dimensions of Organizational Task Environment, in: Administrative Science Quarterly, 29 (1984), S. 52-73

Dewar, Robert und Hage, Jerald: Size, Technology, Complexity, and Structural Differentiation. Toward a Theoretical Synthesis, in: Administrative Science Quarterly, 23 (1978), S. 111-136

Dietrich, Michael: Transaction Cost Economics and Beyond. Towards a New Economics of the Firm, London: Routhledge 1994

Domeyer, Volker und Funder, Maria: Kooperation als Strategie. Eine empirische Studie zu Gründungsprozessen, Organisationsformen, Bestandsbedingungen und Kleinbetrieben, Opladen: Westdeutscher Verlag 1991, Bd. 19

Donaldson, Lex: In Defence of Organisation Theory. A Reply to the Critics, Cambridge: Cambridge University Press 1985

Dörr, Gerlinde: Die Lücken der Arbeitsorganisation. Neue Kontroll- und Kooperationsformen durch computergestützte Reorganisation im Maschinenbau, Berlin: Edition Sigma 1991

Dörr, Gerlinde und Naschold, Frieder: Umbrüche im Werkzeugmaschinenbau. Eine arbeitspolitische Betrachtung, in: Franz Lehner und Josef Schmid (Hrsg.): Technik, Arbeit, Betrieb, Gesellschaft, Opladen: Leske + Budrich 1992, Bd. 1, S. 173-190

Ebers, Mark: Probleme organisationstheoretischer Technikforschung, DBW 84-3-2, Mannheim 1984

Ebers, Mark und Gotsch, Wilfried: Institutionenökonomische Ansätze der Organisation, in: Alfred Kieser (Hrsg.): Organisationstheorien, Stuttgart: Kohlhammer 1993, S. 193-242

Eccles, Robert G.: The Transfer Pricing Problem. A Theory for Practice, Lexington (Mass.)/ Toronto: Lexington Books 1985

Edwards, Richard: Herrschaft im modernen Produktionsprozeß, Frankfurt a.M./ New York: Campus 1981

von Einem, Eberhard: Industriepolitik: Anmerkungen zu einem kontroversen Begriff, in: Ulrich Jürgens und Wolfgang Krumbein (Hrsg.): Industriepolitische Strategien. Bundesländer im Vergleich, Berlin: Edition Sigma 1991, S. 11-33

Ernst, Angelika und Laumer, Helmut: Struktur und Dynamik der mittelständischen Wirtschaft in Japan, Hamburg: Deutsches Übersee Institut 1989

Esser, Hartmut: "Habits", "Frames" and "Rational Choice". Die Reichweite von Theorien der rationalen Wahl, in: Zeitschrift für Soziologie, 19 (1990), S. 231-247

- ders.: Verfällt die "soziologische Methode"? in: Wolfgang Zapf (Hrsg.): Die Modernisierung moderner Gesellschaften, Frankfurt a.M./ New York.: Campus 1991, S. 743-769

- ders.: "Foundations of Social Theory" oder "Foundations of Sociology"? in: Analyse und Kritik, 14 (1992), S. 129-142

- ders.: Soziologie. Allgemeine Grundlagen, Frankfurt a.M./ New York: Campus 1993

Flecker, Jörg und Schienstock, Gerd (Hrsg.): Flexibilisierung, Deregulierung und Globalisierung, München/ Mering: Rainer Hampp 1991

Flimm, Carl und Saurwein, Rainer G.: Aufbau und Struktur des NIFA-Panels, in: Josef Schmid und Ulrich Widmaier (Hrsg.): Flexible Arbeitssysteme im Maschinenbau, Opladen: Leske + Budrich 1992, Bd. 3, S. 15-34

Fourie, Frederick C.v.N.: In the Beginning There Were Markets? in: Christos Pitelis (Hrsg.): Transaction Costs, Markets and Hierarchies, Oxford: Blackwell 1993, S. 41-65

Freeman, John: Ecological Analysis of Semiconductor Firm Mortality, in: Jitendra V. Singh (Hrsg.): Organizational Evolution, Newbury Park u.a.: Sage, S. 53-78

Freeman, John, Caroll, Glenn R. und Hannan, Michael T.: The Liability of Newness. Age Dependence in Organizational Death Rates, in: American Sociological Review, 48 (1983), S. 692-710

Freeman, John und Hannan, Michael T.: Niche Width and the Dynamics of Organizational Populations, in: American Journal of Sociology, 88 (1983), S. 1116-1145

Freriks, Rainer: Die Struktur kontingenztheoretischer Ansätze, in: Franz Lehner und Josef Schmid (Hrsg.): Technik, Arbeit, Betrieb, Gesellschaft, Opladen: Leske + Budrich 1992, Bd. 1, S. 47-69

Freriks, Rainer und Schmid, Josef: Strategische Optionen und situative Adäquatheit industrieller Produktionsmodernisierung. Konzeptionelle und theoretische Perspektiven, in: Josef Schmid und Ulrich Widmaier (Hrsg.): Flexible Arbeitssysteme im Maschinenbau, Opladen: Leske + Budrich 1992, Bd. 3, S. 219-238

Freriks, Rainer und Widmaier, Ulrich: Strukturierte Vielfalt. Determinanten von Arbeitsorganisation, in: Josef Schmid und Ulrich Widmaier (Hrsg.): Flexible Arbeitssysteme im Maschinenbau, Opladen: Leske + Budrich 1992, Bd. 3, S. 141-158

Friedman, Andrew: Managementstrategien und Technologie. Auf dem Weg zu einer komplexen Theorie des Arbeitsprozesses, in: Eckart Hildebrandt und Rüdiger Seltz (Hrsg.): Managementstrategien und Kontrolle, Berlin: Edition Sigma 1987, S. 99-131

Fritsch, Michael: Groß und klein in der Wirtschaft. Was man darüber weiß und was man darüber wissen sollte, in: Michael Fritsch und Christopher Hull (Hrsg.): Arbeitsplatzdynamik und Regionalentwicklung, Berlin: Edition Sigma 1987, S. 175-196

Furubotn, Eirik G. und Richter, Rudolf (Hrsg.): The New Institutional Economics. A Collection of Articles from the Journal of Institutional and Theoretical Economics, Tübingen: Mohr 1991

Gerwin, Donald: Relationships Between Structure And Technology, in: Paul Nystrom und William H. Starbuck (Hrsg.): Handbook of Organizational Design, London: Oxford University Press 1981, Bd. 2, S. 3-38

Giddens, Anthony: Die Konstitution der Gesellschaft. Grundzüge einer Theorie der Strukturierung, Frankfurt a.M./ New York: Campus 1992
Grande, Edgar und Häusler, Jürgen: Industrieforschung und Forschungspolitik. Staatliche Steuerungspotentiale in der Informationstechnik, Frankfurt a.M./ New York: Campus 1994
Granovetter, Mark S.: The Strength of Weak Ties, in: American Journal of Sociology, 78 (1973), S. 1360-1380
- ders.: Economic Action and Social Structure. The Problem of Embeddedness, in: American Journal of Sociology, 90 (1985), S. 481-510
Greenwood, Royston und Hinings, Christoph R.: Organizational Design Types, Tracks and the Dynamics of Strategic Change, in: Organization Studies, 9 (1988), S. 293-316
Gunz, Hugh: Organizational Logics of Managerial Careers, in: Organization Studies, 9 (1988), S. 529-554
Hall, Richard H.: Die dimensionale Natur bürokratischer Strukturen, in: Renate Mayntz (Hrsg.): Bürokratische Organisation, Köln/ Berlin: Kiepenheuer & Witsch 1971, S. 69-81
Hall, Richard, Haas, J. Eugene und Johnson, Norman J.: Organizational Size, Complexity, and Formalization, in: American Sociological Review, 32 (1967), S. 903-912
Hannan, Michael T.: Rationality and Robustness in Multilevel Systems, in: James S. Coleman und Thomas J. Fararo (Hrsg.): Rational Choice Theory, Newbury Park u.a.: Sage 1992, S. 120-136
Hannan, Michael T. und Freeman, John: The Population Ecology of Organizations, in: American Journal of Sociology, 82 (1977), S. 929-964
- dies.: Structural Inertia and Organizational Change, in: American Sociological Review, 49 (1984), S. 149-164
- dies.: Organizational Ecology, Cambridge (Mass.): Harvard University Press 1989
Hannan, Michael T., Ranger-Moore, James und Banaszak-Holl, Jane: Competition and Evolution of Organizational Size Distributions, in: Jitendra V. Singh (Hrsg.): Organizational Evolution, Newbury Park u.a.: Sage 1990, S. 246-269
Hannan, Michael T. und Ranger-Moore, James: The Ecology of Organizational Size Distributors. A Microsimulation Approach, in: Journal of Mathematical Sociology, 15 (1990), S. 65-89
Harrison, J. Richard und March, James G.: Entscheidungsfindung und Überraschungen nach der Entscheidung, in: James G. March (Hrsg.): Entscheidung und Organisation, Wiesbaden: Gabler 1990, S. 255-280
Hauptmanns, Peter: Zur Diffusion rechnergestützter Technologie im deutschen Maschinenbau, in: Stefan von Bandemer u.a. (Hrsg.): Anthropozentrische Produktionssysteme, Opladen: Leske + Budrich 1993, S. 105-124
Hauptmanns, Peter, Saurwein, Rainer G. und Dye, Louise: Die Diffusion rechnergestützter Technik im deutschen Maschinenbau, in: Josef Schmid und Ulrich Widmaier (Hrsg.): Flexible Arbeitssysteme im Maschinenbau, Opladen: Leske + Budrich 1992, Bd. 3, S. 57-74
Haveman, Heather A.: Organizational Size and Change. Diversification in the Savings and Loan Industry after Deregulation, in: Administrative Science Quarterly, 38 (1993), S. 20-50
Heidenreich, Martin und Schmidt, Gert (Hrsg.): International vergleichende Organisationsforschung, Opladen: Westdeutscher Verlag 1991
Henning, Klaus, Süthoff, Maike und Mai, Manfred (Hrsg.): Mensch und Automatisierung. Eine Bestandsaufnahme, Opladen: Westdeutscher Verlag 1990, Bd. 6
Herrigel, Gary: Industrial Order in the Machine Tool Industry. A Comparison of the United States and Germany, in: Eckart Hildebrandt (Hrsg.): Betriebliche Sozialverfassung unter Veränderungsdruck, Berlin: Edition Sigma 1991, S. 232-275
Heumann, Diethelm: Ansatzpunkte der Informationsintegration für Teilautonome Flexible Fertigungsstrukturen aus der Sicht der Fabrikplanung, in: Holger Bergmann u.a.: Ansätze zur In-

formationsintegration in Teilautonomen Flexiblen Fertigungsstrukturen, Arbeitspapier SFB 187, Bochum 1993, S. 30-40

Heumann, Diethelm und Heuvens, Bernd: Voraussetzungen und Randbedingungen des Einsatzes und der Planung teilautonomer Fertigungsinseln, Arbeitspapier SFB 187, Bochum 1992

Hickson, David J., Hinings, Christopher R., Lee, Charles A., Schneck, Rodney E. und Pennings, Johannes M.: A Strategic Contingencies Theory of Intraorganizational Power, in: Administrative Science Quarterly, 16 (1971), S. 216-229

Hickson, David J. und McMillan, Charles J. (Hrsg.): Organization and Nation. The Aston Programme IV, Farnborough: Gower 1981

Hickson, David J., Pugh, Derek S. und Pheysey, Diana C.: Operations Technology and Organization Structure. An Empirical Reappraisal, in: Administrative Science Quarterly, 14 (1969), S. 378-397

Hilbert, Josef und Sperling, Hans Joachim: Die kleine Fabrik. Beschäftigung, Technik und Arbeitsbeziehungen, München/ Mering: Rainer Hampp 1990, Bd. 2

Hildebrandt, Eckart (Hrsg.): Betriebliche Sozialverfassung unter Veränderungsdruck. Konzepte, Varianten, Entwicklungstendenzen, Berlin: Edition Sigma 1991a

- ders.: Die betriebliche Sozialverfassung als Voraussetzung und Resultat systemischer Rationalisierung, in: ders.: Betriebliche Sozialverfassung unter Veränderungsdruck, Berlin: Edition Sigma 1991b, S. 98-113

Hildebrandt, Eckart und Seltz, Rüdiger (Hrsg.): Managementstrategien und Kontrolle. Eine Einführung in die Labour Process Debate, Berlin: Edition Sigma 1987

- dies.: Wandel betrieblicher Sozialbeziehungen durch systemische Kontrolle? Berlin: Edition Sigma 1989

Hinings, Christopher R., Hickson, David J., Pennings, Johannes M. und Schneck, Rodney E.: Structural Conditions of Intraorganizational Power, in: Administrative Science Quarterly, 19 (1974), S. 22-44

Hirsch-Kreinsen, Hartmut: Organisation mit EDV. Bedingungen und arbeitsorganisatorische Folgen des Einsatzes von Systemen der Fertigungssteuerung in Maschinenbaubetrieben, Frankfurt a.M.: Fischer 1984

Hirsch-Kreinsen, Hartmut, Schultz-Wild, Rainer, Köhler, Christoph und Behr, Marhild von: Einführung in die rechnerintegrierte Produktion. Alternative Entwicklungspfade in der industriellen Produktion, Frankfurt a.M./ New York: Campus 1990

Hirsch-Kreinsen, Hartmut und Wolf, Harald: Neue Produktionstechniken und Arbeitsorganisation, Interessen und Strategien betrieblicher Akteure, in: Soziale Welt, 38 (1987), S. 181-196

Hofbauer, Wolfgang: Organisationskultur und Unternehmensstrategie. Strategie und Informationsmanagement, München/ Mering: Rainer Hampp 1991, Bd. 3

Hollingworth, Rogers J.: Die Logik der Koordination des verarbeitenden Gewerbes in Amerika, in: Kölner Zeitschrift für Soziologie und Sozialpsychologie, 43 (1991), S. 18-43

Jensen, Michael C. und Meckling, William H.: Theory of the Firm: Managerial Behavior, Agency Costs and Ownership Structure, in: Journal of Financial Economics (3) 1976, S. 305-360

Jürgens, Ulrich und Naschold, Frieder (Hrsg.): Arbeitspolitik. Materialien zum Zusammenhang von politischer Macht, Kontrolle und betrieblicher Organisation der Arbeit, Leviathan Sonderheft 5, Opladen: Westdeutscher Verlag 1983

Jürgens, Ulrich, Malsch, Thomas und Dohse, Knut: Moderne Zeiten in der Automobilfabrik. Strategien der Produktionsmodernisierung im Länder- und Konzernvergleich, Berlin u.a.: Springer 1989

Kalkowski, Peter und Manske, Fred: Innovation im Maschinenbau. Ein Beitrag zur Technikgeneseforschung, in: SOFI-Mitteilungen, Göttingen, 20 (1993), S. 62-85

Kern, Horst und Sabel, Charles F.: Verblaßte Tugenden. Zur Krise des deutschen Produktionsmodells, in: Niels Beckenbach und Werner van Treeck (Hrsg.): Umbrüche gesellschaftlicher Arbeit, Soziale Welt Sonderband 9, Göttingen: Otto Schwartz & Co. 1994, S: 605-623

Kern, Horst und Schumann, Michael: Industriearbeit und Arbeiterbewußtsein, Frankfurt a.M: Europäische Verlagsanstalt 1970

- dies.: Das Ende der Arbeitsteilung? Rationalisierung in der industriellen Produktion, München: Beck 1984

Khandwalla, Pradip N.: The Design of Organizations, New York: Harcourt Brace Jovanovich 1977

Kieser, Alfred: Organizational, Institutional, and Societal Evolution. Medieval Craft Guilds and the Genesis of Formal Organizations, in: Administrative Science Quarterly, 34 (1989), S. 540-564

- ders.: Lebenszyklen von Organisationen, in: Eduard Gaugler u.a. (Hrsg.): Handwörterbuch des Personalwesens, Stuttgart: Poeschel 1992, 2. Aufl., S. 1222-1239
- ders. (Hrsg.): Organisationstheorien, Stuttgart u.a.: Kohlhammer 1993a
- ders.: Anleitung zum kritischen Umgang mit Organisationstheorien, in: ders. (Hrsg.): Organisationstheorien, Stuttgart u.a.: Kohlhammer 1993b, S. 1-35
- ders.: Max Webers Analyse der Bürokratie, in: ders. (Hrsg.): Organisationstheorien, Stuttgart u.a.: Kohlhammer 1993c, S. 37-62
- ders.: Managementlehre und Taylorismus, in: ders. (Hrsg.): Organisationstheorien, Stuttgart u.a.: Kohlhammer 1993d, S 63-94
- ders.: Der Situative Ansatz, in: ders. (Hrsg.): Organisationstheorien, Stuttgart u.a.: Kohlhammer 1993e, S. 161-191
- ders.: Evolutionstheoretische Ansätze, in: ders. (Hrsg.): Organisationstheorien, Stuttgart u.a.: Kohlhammer 1993f, S. 243-276

Kieser, Alfred und Kubicek, Herbert: Organisation, Berlin: De Gruyter 1992, 3. Aufl.

Kimberly, John R.: Organizational Size and the Structuralist Perspective, in: Administrative Science Quarterly, 21 (1976), S. 571-597

Kißler, Leo (Hrsg.): Computer und Beteiligung. Beiträge aus der empirischen Partizipationsforschung, Opladen: Westdeutscher Verlag 1988

Köhler, Christoph und Hirsch-Kreinsen, Hartmut: Divergierende Rationalisierungsstrategien im Maschinenbau, in: Ludger Pries u.a. (Hrsg.): Trends betrieblicher Produktionsmodernisierung, Opladen: Westdeutscher Verlag 1989, S. 72-83

Kotthoff, Hermann und Reindl, Josef: Die soziale Welt der Kleinbetriebe. Wirtschaften, Arbeiten und Leben in mittelständischen Industriebetrieben, Göttingen: Otto Schwartz & Co. 1990

- dies.: Sozialordnung und Interessenvertretung in Klein- und Mittelbetrieben, in: Eckart Hildebrandt (Hrsg.): Betriebliche Sozialverfassung unter Veränderungsdruck, Berlin: Edition Sigma 1991, S. 114-129

Kubicek, Herbert und Welter, Günter: Messung der Organisationsstruktur, Stuttgart: Enke 1985

Küpper, Willi und Ortmann, Günther (Hrsg.): Mikropolitik, Rationalität, Macht und Spiele in Organisationen, Opladen: Westdeutscher Verlag 1988

Lawrence, Paul R. und Lorsch, Jay William: Organization and Environment. Managing Differentiation and Integration, Cambridge (Mass.): Harvard University Press 1967

Lazerson, Mark H.: Organizational Growth of Small Firms. An Outcome of Markets and Hierarchies, in: American Sociological Review, 53 (1988), S. 330-342

Lehner, Franz und Schmid, Josef (Hrsg.): Technik, Arbeit, Betrieb, Gesellschaft, Opladen: Leske + Budrich 1992, Bd. 1

Leicht, Rene und Stockmann, Reinhard: Die Kleinen ganz groß? Der Wandel der Betriebsgrößenstruktur im Branchenvergleich, in: Soziale Welt, 44 (1993), S. 243-274

Levinthal, Daniel A.: Organizational Adaptation, Environmental Selection, and Random Walks, in: Jitendra V. Singh (Hrsg.): Organizational Evolution, Newbury Park u.a.: Sage 1990, S. 201-223

Littek, Wolfgang und Heisig, Ulrich: Rationalisierung von Arbeit als Aushandlungsprozeß. Beteiligung bei Rationalisierungsverläufen im Angestelltenbereich, in: Soziale Welt, 37 (1986), S. 237-262

Litter, Craig R.: Theorie des Managements und Kontrolle, in: Eckart Hildebrandt und Rüdiger Seltz (Hrsg.): Managementstrategien und Kontrolle, Berlin: Edition Sigma 1987, S. 27-73

Luhmann, Niklas: Funktionen und Folgen formaler Organisation, Berlin: Duncker + Humblot 1964

Lumsden, Charles J. und Singh, Jitendra V.: The Dynamics of Organizational Ecology. A Conceptual Integration, in: Jitendra V. Singh (Hrsg.): Organizational Evolution, Newbury Park u.a.: Sage 1990, S. 145-163

Lutz, Burkart und Veltz, Pierre: Maschinenbauer versus Informatiker. Gesellschaftliche Einflüsse auf die fertigungstechnische Entwicklung in Deutschland und Frankreich, in: Klaus Düll und Burkart Lutz (Hrsg.): Technikentwicklung und Arbeitsteilung im internationalen Vergleich, Frankfurt a.M./ New York: Campus 1989, S. 215-285

MacNeil, Ian: Relational Contract: What We Do and Do Not Know,. in: Wisconsin Law Review, 3 (1985), S. 483-525

Malsch, Thomas und Mill, Ulrich (Hrsg.): ArBYTE. Modernisierung der Industriesoziologie? Berlin: Edition Sigma 1992

Malsch, Thomas und Seltz, Rüdiger (Hrsg.): Die neuen Produktionskonzepte auf dem Prüfstand. Beiträge zur Entwicklung der Industriearbeit, Berlin: Edition Sigma 1987

Mansfield, Roger: Bureaucracy and Centralization. An Examination of Organizational Structure, in: Administrative Science Quarterly, 18 (1973), S. 77-88

Manske, Fred: Totalplanung oder Rahmenplanung. Wohin geht die Fertigungssteuerung? in: Technische Rundschau, 43 (1986), S. 26-29

- ders.: Computerunterstützte Fertigungssteuerung im Kleinbetrieb, Fortschrittsberichte VDI, Reihe 2, Nr. 135, Düsseldorf 1987

- ders.: Kontrolle, Rationalisierung und Arbeit. Kontinuität durch Wandel. Die Ersetzbarkeit des Taylorismus durch moderne Kontrolltechniken, Berlin: Edition Sigma 1991

Manske, Fred und Wobbe, Werner unter Mitarbeit von Mickler, Ottfried: Computerunterstützte Fertigung im Maschinenbau, Fortschritt-Berichte VDI, Reihe 2, Nr.136, Düsseldorf: 1987

Manz, Thomas: Schöne neue Kleinbetriebswelt? Perspektiven kleiner und mittlerer Betriebe im industriellen Wandel, Berlin: Edition Sigma 1993

March, James G. (Hrsg.): Handbook of Organizations, Chicago: Rand McNally 1965

- ders. (Hrsg.): Entscheidung und Organisation, Wiesbaden: Gabler 1990a

- ders.: Die Unternehmung als politische Koalition, in: ders. (Hrsg.): Entscheidung und Organisation, Wiesbaden: Gabler 1990b, S. 115-130

- ders.: Die Macht der Macht, in: ders. (Hrsg.): Entscheidung und Organisation, Wiesbaden: Gabler 1990c, S. 131-168

- ders.: Anmerkungen zu organisatorischer Veränderung, in: ders. (Hrsg.): Entscheidung und Organisation, Wiesbaden: Gabler 1990d, S. 187-208

- ders.: Beschränkte Rationalität, Ungewißheit und die Technik der Auswahl, in: ders. (Hrsg.): Entscheidung und Organisation, Wiesbaden: Gabler 1990e, S. 297-328

March, James G. und Simon, Herbert A.: Organizations, New York: Wiley 1958

Mayntz, Renate (Hrsg.): Bürokratische Organisation, Köln/ Berlin: Kiepenheuer & Witsch 1971

- dies.: Max Webers Idealtypus der Bürokratie und die Organisationssoziologie, in: dies. (Hrsg.): Bürokratische Organisation, Köln/ Berlin: Kiepenheuer & Witsch 1971, S. 27-35

Mayntz, Renate und Ziegler, Rolf: Organisation, in: Rene König (Hrsg.): Handbuch der empirischen Sozialforschung, Stuttgart: Enke 1977, 2. Aufl., Bd. 9, S. 1-141
Meyer, John W.: Institutionalization and the Rationality of Formal Organization Structure, in: John W. Meyer und W. Richard Scott: Organizational Environments, Ritual and Rationality, Beverly Hills u.a.: Sage 1983
Meyer, Marshall W.: Size and Structure of Organizations, in: American Sociological Review, 37 (1972), S. 434-440
- ders.: Notes of a Skeptic. From Organizational Ecology to Organizational Evolution, in: Jitendra V. Singh (Hrsg.): Organizational Evolution, Newbury Park u.a.: Sage 1990, S. 298-314
Meyer, Marshall W. und Zucker, Lynne G.: Permanently Failing Organizations, Newbury Park u.a.: Sage 1989
Mill, Ulrich und Weißbach, Hans Jürgen: Vernetzungswirtschaft, in: Thomas Malsch und Ulrich Mill (Hrsg.): ArBYTE. Modernisierung der Industriesoziologie? Berlin: Edition Sigma 1992, S. 315-342
Miller McPherson, J.: Evolution in Communities of Voluntary Organizations, in: Jitendra V. Singh (Hrsg.): Organizational Evolution, Newbury Park u.a.: Sage 1990, S. 224-245
Miller, Danny und Friesen, Peter: Organizations. A Quantum View, Englewood Cliffs (NJ.): Prentice Hall 1984
Mills, David E. und Schumann, Laurence: Industry Structure with Fluctuating Demand, in: American Economic Review, 75 (1985), S. 758-767
Minssen, Heiner: Kontrolle und Konsens. Anmerkungen zu einem vernachlässigten Thema der Industriesoziologie, in: Soziale Welt, 41 (1990), S. 365-382
- ders. (Hrsg.): Rationalisierung in der betrieblichen Arena. Akteure zwischen inneren und äußeren Anforderungen, Berlin: Edition Sigma 1991
Mintzberg, Henry: The Structuring of Organizations, Englewood Cliffs (NJ.): Prentice Hall 1979
Moldaschl, Manfred: Lean Production im Maschinenbau? Für einen eigenen Weg, in: Mitteilungen 5 des Sonderforschungsbereiches 333, Entwicklungsperspektiven von Arbeit, München: 1993, S. 29-61
- ders.: Lean Production im Maschinenbau? Argumente für einen eigenständigen Weg, in: ders. und Rainer Schultz-Wild (Hrsg.): Arbeitsorientierte Rationalisierung, Frankfurt a.M./ New York: Campus 1994, S. 249-293
Monopolkommission: Hauptgutachten 1988/89 (Wettbewerbspolitik vor neuen Herausforderungen), Baden-Baden: Nomos 1990
Monse, Kurt: Zwischenbetriebliche Vernetzung in institutioneller Perspektive, in: Thomas Malsch und Ulrich Mill (Hrsg.): ArBYTE. Modernisierung der Industriesoziologie? Berlin: Edition Sigma 1992, S. 295-314
Montanari, John R.: Strategic Choice. A Theoretical Analysis, in: Journal of Management Studies, 16 (1979), S. 202-221
Monte, Del Alfredo (Hrsg.): Recent Developments in the Theory of Industrial Organization, Houndsmill u.a.: Macmillan 1992
Morgan, Gareth: Images of Organizations, Newbury Park u.a.: Sage 1986
Nelson, Richard R. und Winter, Sidney G.: An Evolutionary Theory of Organizational Change, Cambridge: Harvard University Press 1982
Niebur, Joachim: Produktinnovation in Klein- und Mittelbetrieben des Maschinenbaus in Großbritannien und der Bundesrepublik Deutschland, in: Martin Heidenreich und Gerd Schmidt (Hrsg.): International vergleichende Organisationsforschung, Opladen: Westdeutscher Verlag 1991, S. 211-221
Nomura, Masami: Social Conditions for CIM in Japan. A Case Study of a Machine Tool Company, in: Eckart Hildebrandt (Hrsg.): Betriebliche Sozialverfassung unter Veränderungsdruck, Berlin: Edition Sigma, S. 276-304

Nordhause-Janz, Jürgen: Der Bergwerksmaschinenbau im Netz des Steinkohlenbergbaus, in: Josef Hilbert u.a. (Hrsg.): Neue Kooperationsformen in der Wirtschaft. Können Konkurrenten Partner werden?, Opladen: Leske + Budrich 1991, S. 109-126

North, Douglass: Theorie des institutionellen Wandels. Eine neue Sicht der Wirtschaftsgeschichte, Tübingen: Mohr 1988

Olsen, Mancur: Die Logik des kollektiven Handelns, Tübingen: Mohr 1968

Ortmann, Günther und Windeler, Arnold (Hrsg.): Umkämpftes Terrain. Managementperspektiven und Betriebsratspolitik bei der Einführung von Computer-Systemen, Opladen: Westdeutscher Verlag 1989, Bd. 15

Ortmann, Günther, Windeler, Arnold, Becker, Albrecht und Schulz, Hans-Joachim: Computer und Macht in Organisationen. Mikropolitische Analysen, Opladen: Westdeutscher Verlag 1990, Bd. 1

Ortmann, Günther: Mikropolitik und systemische Kontrolle, in: Jörg Bergstermann und Ruth Brandherm-Bömker (Hrsg.): Systemische Rationalisierung als sozialer Prozeß, Bonn: Dietz 1990, S. 99-120

Ostendorf, Barbara und Schmid, Josef: Macht (geringere) Organisationsgröße einen Unterschied? Gründe, Dimensionen und Effekte kleinbetrieblicher Strukturen, in: Josef Schmid und Ulrich Widmaier (Hrsg.): Flexible Arbeitssysteme im Maschinenbau, Opladen: Leske + Budrich 1992, Bd. 3, S. 111-128

Ostendorf, Barbara und Seitz, Beate: Alte und neue Formen der Arbeitsorganisation und Qualifikation. Ein Überblick, in: Josef Schmid und Ulrich Widmaier (Hrsg.): Flexible Arbeitssysteme im Maschinenbau, Opladen: Leske + Budrich 1992, Bd. 3, S. 75-90

Ouchi, William G.: Markets, Bureaucracies and Clans, in: Administrative Science Quarterly, 25 (1980), S. 129-141

Pennings, Johannes M.: Structural Contingency Theory. A Multivariate Test, in: Organization Studies, 8 (1987), S. 223-240

Pennings, Johannes M. und Woiceshyn, Jaana: A Typology of Organizational Control and its Metaphors, in: Research in the Sociology of Organizations, 5 (1987), S. 73-104

Pennings, Johannes M.: Structural Correlates of the Environment, in: Hans B. Thorelli (Hrsg.): Strategy + Structure = Performance, Bloomington/ London: Indiana University Press 1977, S. 260-276

Perrow, Charles: A Framework for the Comparative Analysis of Organizations, in: American Sociological Review, 32 (1967), S. 194-208

- ders.: Organizational Analysis: A Sociological View, London: Tavistock 1970

Peters, Tom: Rethinking Scale, in: California Management Review, 35 (1992), S. 7-29

Pfeffer, Jeffrey: Organizations and Organization Theory, Boston u.a.: Pitman 1982

Pfeffer, Jeffrey und Salancik, Gerald R.: The External Control of Organizations, New York u.a.: Harper + Row 1978

Picot, Arnold: Ein neuer Ansatz zur Gestaltung der Leistungstiefe, in: Schmalenbach´s Zeitschrift für betriebswirtschaftliche Forschung, 43 (1991), S. 336-357

Piore, Michael und Sabel, Charles F.: The Second Industrial Devide. Possibilities for Prosperity, New York: Basic Books 1984

Pondy, Louis R.: Effects of Size, Complexity, and Ownership on Administrative Intensity, in: Administrative Science Quarterly ,14 (1969), S. 47-60

Porter, Michael E.: Nationale Wettbewerbsvorteile. Erfolgreich konkurrieren auf dem Weltmarkt, München: Droemer Knaur 1991

Powell, Walter W.: Hybrid Organizational Arrangements. New Form or Transitional Development? in: California Management Review, 30 (1987), S. 67-87

- ders.: Neither Market nor Hierarchy. Network Forms of Organizations, in: Research in Organizational Behavior, 12 (1990), S. 295-336

Pries, Ludger, Schmidt, Rudi und Trinczek, Rainer: Entwicklungspfade von Industriearbeit. Chancen und Risiken betrieblicher Produktionsmodernisierung, Opladen: Westdeutscher Verlag 1990, Bd. 7.2

Pries, Ludger: Betrieblicher Wandel in der Risikogesellschaft, Opladen: Westdeutscher Verlag 1991

Pries, Ludger, Schmidt, Rudi und Trinczek, Rainer (Hrsg.): Trends betrieblicher Produktionsmodernisierung. Chancen und Risiken für die Industriearbeit, Opladen: Westdeutscher Verlag 1989, Bd. 7.1

Pugh, Derek S. und Hickson, David J.: Organizational Structure in its Context. The Aston Programme I, Farnborough, Hants.: Saxon House 1976

Pugh, Derek, Hickson, David J., Hinings, Christopher R. und Turner, C.: Dimensions of Organization Structure, in: Administrative Science Quarterly, 13 (1968), S. 65-105

- dies.: The Context of Organizational Structures, in: Administrative Science Quarterly, 14 (1969), S. 91-114

Pugh, Derek S. und Hinings, Christopher R. (Hrsg.): Organizational Structures, Extensions and Replications, The Aston Programme II, Farnborough, Hants.: Saxon House 1976

Pugh, Derek S. und Payne, Roy L. (Hrsg.): Organizational Behavior in Its Context, The Aston Programme III, Farnborough, Hants.: Saxon House 1977

Rammert, Werner: Das Innovationsdilemma, Opladen: Westdeutscher Verlag 1988

- ders.: Neue Technologien - neue Begriffe? in: Thomas Malsch und Ulrich Mill (Hrsg.): ArBYTE. Modernisierung der Industriesoziologie?, Berlin: Edition Sigma 1992, S. 29-52

Reed, Michael und Hughes, Michael (Hrsg.): Rethinking Organization. New Directories in Organization. Theory and Analysis, London u.a.: Sage 1992

Reeves, Tom Kynaston, Turner, Barry A. und Woodward, Joan: Technology and Organizational Behaviour, in: Joan Woodward (Hrsg.): Industrial Organization. Behaviour and Control, London: Oxford University Press 1970, S. 3-18

Reeves, Tom Kynaston und Woodward, Joan: The Study of Managerial Control, in: Joan Woodward (Hrsg.): Industrial Organization. Behaviour and Control, London: Oxford University Press 1970, S. 37-57

Reimann, Bernard C.: On the Dimensions of Bureaucratic Structure. An Empirical Reappraisal, in: Administrative Science Quarterly, 18 (1973), S. 462-476

Riordan, Michael und Williamson, Oliver E.: Asset Specificity and Economic Organization, in: International Journal of Industrial Organization, 3 (1985), S. 365-378

Romanelli, Elaine: Organization Birth and Population Variety. A Community Perspective on Origins, in: Research in Organizational Behavior, 11 (1989), S. 211-246

Sandelands, Lloyd und Drazin, Robert: On the Language of Organizational Theory, in: Organization Studies, 10 (1989), S. 457-478

Sandelands, Lloyd und Srivatson, V.: The Problem of Experience in the Study of Organizations, in: Organization Studies, 14 (1993), S. 1-22

Schienstock, Gerd: Struktur, Strategie oder sozialer Prozeß? Anmerkungen zu einer Theorie des Managements, WZB-Paper FS II 91-201, Berlin 1991

- ders.: Synthese oder Alternative? Theoretische Perspektiven von Industrie- und Organisationssoziologie, Arbeitsbericht Nr. 80 des Forschungsschwerpunktes "Zukunft der Arbeit", Universität Bielefeld, Bielefeld 1993

Schienstock, Gerd, Hofbauer, Johanna und Flecker, Jörg: Interessenkonflikte und Konsensmechanismen in der neueren Organisationssoziologie, in: Eckart Hildebrandt (Hrsg.): Betriebliche Sozialverfassung unter Veränderungsdruck, Berlin: Edition Sigma 1991, S. 55-84

Schilling, Ulrich: Betriebswirtschaftliche Strategien in der Wachstumskrise, (Diss.), Bonn 1979

Schmid, Josef, Dye, Louise, Freriks, Rainer, Hauptmanns, Peter, Ostendorf, Barbara, Saurwein, Rainer G. und Seitz, Beate: Grundfragen und aktuelle Themen der Industriesoziologie, in:

ARBEIT - Zeitschrift für Arbeitsforschung, Arbeitsgestaltung und Arbeitspolitik, 2 (1993), S. 279-304
Schmid, Josef und Lehner, Franz: Technik, Arbeit und Betrieb in Industriesoziologie und Organisationsforschung. Probleme und Perspektiven einer wechselseitigen Rezeption, in: Franz Lehner und Josef Schmid (Hrsg.): Technik, Arbeit, Betrieb, Gesellschaft, Opladen: Leske + Budrich 1992, Bd 1., S. 29-47
Schmid, Josef und Stolte-Fürst, Barbara (Hrsg.): Sonderforschungsbereich 187. Neue Informationstechnologien und flexible Fertigungssysteme. Entwicklung und Bewertung von CIM-Systemen auf der Basis teilautonomer flexibler Fertigungsstrukturen. Dokumentations- und Informationspapier XX-2/92, Bochum: Sonderforschungsbereich 1992
Schmid, Josef und Widmaier, Ulrich (Hrsg.): Flexible Arbeitssysteme im Maschinenbau. Ergebnisse aus dem Betriebspanel des Sonderforschungsbereichs 187, Opladen: Leske + Budrich 1992, Bd. 3
Schreyögg, Georg: Umwelt, Technologie und Organisationsstruktur. Eine Analyse des kontingenztheoretischen Ansatzes, Bern/ Stuttgart: Haupt 1978
- ders.: Unternehmensstrategie. Grundfragen einer Theorie strategischer Unternehmensführung, Berlin/ New York: De Gruyter 1984
Schultetus, Wolfgang: Erfolgreiche Produktionsstrukturen im japanischen Werkzeugmaschinenbau, in: Angewandte Arbeitswissenschaft, Nr. 133, 9 (1992), S. 17-36
Schultz-Wild, Rainer, Asendorf, Inge, Behr, Marhild von, Köhler, Christoph, Lutz, Burkart und Nuber, Christoph: Flexible Fertigung in der Industriearbeit. Die Einführung eines flexiblen Fertigungssystems in einem Maschinenbaubetrieb, Frankfurt a.M./ New York: Campus 1986
Schultz-Wild, Rainer, Nuber, Christoph, Rehberg, Frank und Schmierl, Klaus: An der Schwelle zu CIM. Strategie, Verbreitung, Auswirkung, Eschborn: RKW 1989
Schumann, Michael, Baethge-Kinsky, Volker, Neumann, Uwe und Springer, Roland: Breite Diffusion der neuen Produktionskonzepte. Zögerlicher Wandel der Arbeitsstrukturen, in: Soziale Welt, 41 (1990), S. 47-69
Schwalbach, Joachim und Winter, Stefan: Zur Theorie und Empirie des Unternehmenswachstums, in: Zeitschrift für betriebswirtschaftliche Forschung, 45 (1993), S. 149-156
Scott, William Richard: Organizational Structure, in: Annual Review of Sociology, 1 (1975), S. 1-20
- ders.: Introduction: From Technology to Environment, in: John W. Meyer und W. Richard Scott: Organizational Environments, Ritual and Rationality, Beverly Hills u.a.: Sage 1983, S. 13-17
- ders.: The Organization of Environments. Network, Cultural, and Historical Elements, in: John W. Meyer und Richard W. Scott: Organizational Environments, Ritual and Rationality, Beverly Hills u.a.: Sage 1983a, S. 155-175
- ders.: Grundlagen der Organisationsforschung, Frankfurt/ New York: Campus 1986
Seltz, Rüdiger: Reorganisation von Kontrolle im Industriebetrieb, in: Rüdiger Seltz u.a. (Hrsg.): Organisation als soziales System, Berlin: Edition Sigma 1986, S. 13-32
Seltz, Rüdiger und Hildebrandt, Eckart: Rationalisierungsstrategien im Maschinenbau. Systemische Kontrolle und betriebliche Sozialverfassung, in: Ludger Pries u.a. (Hrsg.): Trends betrieblicher Produktionsmodernisierung, Opladen: Westdeutscher Verlag 1989, S. 27-71
Semlinger, Klaus: Stellung und Probleme kleinbetrieblicher Zulieferer im Verhältnis zu großen Abnehmern, in: Norbert Altmann und Dieter Sauer (Hrsg.): Systemische Rationalisierung und Zulieferindustrie, Frankfurt a.M./ New York: Campus 1989, S. 89-118
Simon, Herbert Alexander: A Behavioral Model of Rational Choice, in: Quarterly Journal of Economics, 69 (1955), S. 99-118
- ders.: A Comparison of Organization Theories, in: Review of Economic Studies, 20 (1957), S. 40-48

- ders.: Theories of Decision-Making in Economics and Behavioral Science, in: American Economic Review, 49 (1959), S. 253-283
- ders.: New Developments in the Theory of the Firm, in: American Economic Review, 52 (1962), S. 1-15
- ders.: Administrative Behavior, A Study of Decision-Making Process in Administrative Organizations, New York (1945): The Free Press 1976, 3. Aufl.
- ders.: Rational Decision Making in Business Organizations, in: American Economic Review, 69 (1979), S. 493-513
- ders.: Rationality in Psychology and Economics, in: Robin M. Hogarth (Hrsg.): Rational Choice. The Contrast between Economics and Psychology, Chicago: University of Chicago Press 1989, S. 25-40
Sims, David, Finemann, Stephan und Gabriel, Yiannis: Organizing and Organizations. An Introduction, Newbury Park u.a.: Sage 1993
Singh, Jitendra V.: Technology, Size, and Organizational Structure. A Reexamination of the Okayama Study Data, in: Academy of Management Journal, 29 (1986), S. 800-812
- ders.: Future Directions in Organizational Evolution, in: ders.: Organizational Evolution, Newbury Park u. a. : Sage 1990 S. 315-319
Singh, Jitendra V., House, Robert J. und Tucker, David J,: Organizational Change and Organizational Mortality, in: Administrative Science Quarterly, 31 (1986), S. 587-611
Smircich, Linda: Concepts of Culture and Organizational Analysis, in: Administrative Science Quarterly, 28 (1983), S. 339-358
Smith, Ken G., Guthrie, James P. und Chen, Ming-Jer: Strategy, Size and Performance, in: Organization Studies, 10 (1989), S. 63-81
Slater, Robert O.: Organization Size and Differentiation, in: Research in the Sociology of Organizations, 4 (1985), S. 127-180
Sohn-Rethel, Alfred: Die ökonomische Struktur des Spätkapitalismus, Darmstadt: Luchterhand 1972
Staehle, Wolfgang H.: Macht und Kontingenzforschung, in Willi Küpper und Günther Ortmann (Hrsg.): Mikropolitik. Rationalität, Macht und Spiele in Organisationen, Opladen: Westdeutscher Verlag 1988, S. 155-164
- ders.: Management. Eine verhaltenswissenschaftliche Perspektive, München: Vahlen 1989
- ders.: Unternehmer und Manager, in: Walther Müller-Jentsch (Hrsg.): Konfliktpartnerschaft. Akteure und Institutionen der industriellen Beziehungen, München/ Mering: Rainer Hampp 1991, S. 105-121
Starbuck, William H. und Hedberg, Bo L.T.: Saving an Organization from a Stagnating Environment, in: Hans B. Thorelli (Hrsg.): Strategy + Structure = Performance, Bloomington/ London: Indiana University Press 1977, S. 249-258
Stinchcombe, Arthur L.: Social Structure and Organizations, in: James G. March (Hrsg.): Handbook of Organizations, Chicago: Rand McNally & Co. 1965, S. 142-193
Stolz, Heinz Jürgen und Türk, Klaus: Organisation als Verkörperung von Herrschaft. Sozialtheoretische und makrosoziologische Aspekte der Organisationssoziologie, in: Franz Lehner und Josef Schmid (Hrsg.): Technik, Arbeit, Betrieb, Gesellschaft, Opladen: Leske + Budrich 1992, Bd. 1, S. 125-171
Sturm, Roland: Die Industriepolitik der Bundesländer und die europäische Integration. Unternehmen und Verwaltungen im erweiterten Binnenmarkt, Baden-Baden: Nomos 1991
Syben, Gerd: Die Bauwirtschaft als Gegenstand industriesoziologischer Forschung, in: ders. (Hrsg.): Marmor, Stein und Computer. Beiträge zur Industriesoziologie des Bausektors, Berlin: Edition Sigma 1992, S. 7-21
Thompson, James D.: Organizations in Action, New York: McGraw-Hill 1967

Thompson, Paul: Die "Labour Process"-Debatte in Großbritannien und den USA, in: Eckart Hildebrandt und Rüdiger Seltz (Hrsg.): Managementstrategien und Kontrolle, Berlin: Edition Sigma 1987, S.13-25

Traxler, Franz: Strategie und Emergenz. Rationalisierung, Arbeitsbeziehungen und das Problem von Handlung und Struktur, in: Georg Aichholzer und Gerd Schienstock (Hrsg.): Arbeitsbeziehungen im technischen Wandel. Neue Konfliktlinien und Konsensstrukturen, Berlin: Edition Sigma 1989 , S. 19-42

Tucker, David J., Singh, Jitendra V. und Meinard, Agnes G.: Founding Characteristics, Imprinting and Organizational Change, in: Jitendra V. Singh (Hrsg.): Organizational Evolution, Newbury Park u.a.: Sage 1990, S. 182-200

Türk, Klaus: Neuere Entwicklungen in der Organisationsforschung, Stuttgart: Enke 1989

- ders.: Politische Ökonomie der Organisation, in: Alfred Kieser (Hrsg.): Organisationstheorien, Stuttgart: Kohlhammer 1993, S. 297-331

Turner, Barry A.: The Symbolic Understanding of Organizations, London u.a.: Sage 1992

Tushman, Michael L. und Rosenkopf, Lori: Organizational Determinants of Technological Change. Towards a Sociology of Technological Evolution, in: Research in Organizational Behavior, 14 (1992), S. 311-347

Tushman, Michael L. und Romanelli, Elaine: Organization Evolution. A Metamorphosis Model of Convergence and Reorientation, in: Research in Organizational Behavior, 7 (1985), S. 171-222

Udy jr., Stanley H.: Bürokratische und rationale Elemente in Max Webers Bürokratiekonzeption, in: Renate Mayntz (Hrsg.): Bürokratische Organisation, Köln/ Berlin: Kiepenheuer + Witsch 1971, S. 62-68

Van de Ven, Andrew H. und Drazin, Robert: The Concept of Fit in Contingency Theory, in: Research in Organizational Theory, 7 (1985), S. 333-365

Vanberg, Victor: Colemans Konzept des korporativen Akteurs. Grundlegung einer Theorie sozialer Verbände, in: James S. Coleman: Macht und Gesellschaftsstruktur (Nachwort), Tübingen: Mohr 1979

- ders.: Markt und Organisation: Individualistische Sozialtheorie und das Problem korporativen Handels, (Habil.-schrift), Tübingen: Mohr 1982

- ders.: Organisationsziele und individuelle Interessen, in: Soziale Welt, 34 (1983), S. 171-187

VDMA (Verband Deutscher Maschinenbau- und Anlagenbau e.V.) (Hrsg.): Der Deutsche Maschinen- und Anlagenbau. Unternehmens- und Brancheninformationen. Die Mitgliedfirmen des VDMA, 21 (1992), Darmstadt: Hoppenstedt 1992

Warnecke, Hans-Jürgen: Die fraktale Fabrik. Revolution der Unternehmenskultur, Berlin: Springer 1992, 2. Aufl.

Weber, Max: Wirtschaft und Gesellschaft, Tübingen (1922): Mohr 1972, 5. Aufl.

Weltz, Friedrich: Die doppelte Wirklichkeit der Unternehmen und ihre Konsequenzen für die Industriesoziologie, in: Soziale Welt, 39 (1988), S. 97-103

- ders.: Der Traum von der absoluten Ordnung und die doppelte Wirklichkeit der Unternehmen, in: Eckart Hildebrandt (Hrsg.): Betriebliche Sozialverfassung unter Veränderungsdruck, Berlin: Edition Sigma 1991, S. 85-97

Widmaier, Ulrich: Strukturelle Voraussetzungen dezentraler Fertigungseinheiten. Ergebnisse einer repräsentativen Erhebung. 1. Bochumer Fertigungsinsel-Symposium. Fachtagung "Dezentrale Fertigungsorganisation" am 20.05.1992, Bochum 1992

Widmaier, Ulrich und Schmid, Josef: Zum Management von Heterogenität. Arbeits- und tarifpolitische Schlußfolgerungen, in: Josef Schmid und Ulrich Widmaier (Hrsg.): Flexible Arbeitssysteme im Maschinenbau, Opladen: Leske + Budrich 1992, Bd. 3, S. 239-252

Wildemann, Horst: Die modulare Fabrik. Kundennahe Produktion durch Fertigungssegmentierung, München: gmft (Gesellschaft für Management und Technik) 1988

- ders.: Entwicklungstendenzen in der Fabrikorganisation, in: VDI-Zeitschrift, Bd. 133, 10 (1991), S. 40-43
Williamson, Oliver E.: Markets and Hierarchies. Analysis and Anti-Trust Implications, New York: Macmillan 1975
- ders.: The Economics of Organization. The Transaction Cost Approach, in: American Journal of Sociology, 87 (1981), S. 548-577
- ders.: Die ökonomischen Institutionen des Kapitalismus. Unternehmen, Märkte, Kooperationen, Tübingen: Mohr 1990
- ders.: Comparative Economic Organization: The Analysis of Discrete Structural Alternatives, in: Administrative Science Quarterly, 36 (1991), S. 269-296
Williamson, Oliver E. und Ouchi, William G.: The Markets and Hierarchies Program of Research. Origins, Implications, Prospects, in: William Joyce und Andrew Van de Ven (Hrsg.): Organizational Design, New York: Wiley 1981, S. 347-370
Winter, Sidney G.: Survival, Selection, and Inheritance in Evolutionary Theories of Organization, in: Jitendra V. Singh (Hrsg.): Organizational Evolution, Newbury Park u.a.: Sage 1990, S. 269-297
Wollnick, Michael: Einflußgrößen der Organisation, in: Erwin Grochla (Hrsg.): Handwörterbuch der Organisation, Stuttgart: Poeschel 1980, 2. Aufl., S. 592-613
Woodward, Joan: Industrial Organization. Theory and Practice, London/ New York: Oxford Universitiy Press 1965
- dies.: Technology, Management Control and Organizational Behavior, in: dies. (Hrsg.): Industrial Organization. Behavior and Control, London/ New York: Oxford University Press 1970, S. 234-243
Zhou, Xueguang: The Dynamics of Organizational Rules, in: American Journal of Sociology, 98 (1993), S. 1134-1166
Zündorf, Lutz, Heitbrede, Vera und Kneißle, Rolf-Jürgen: Betriebsübergreifende Problembewältigung in der mittelständischen Industrie. Empirische Studien über kleine und mittelgroße Unternehmen, Frankfurt a.M./ New York: Campus 1993

MIX
Papier aus verantwortungsvollen Quellen
Paper from responsible sources
FSC® C105338

If you have any concerns about our products,
you can contact us on
ProductSafety@springernature.com

In case Publisher is established outside the EU,
the EU authorized representative is:
**Springer Nature Customer Service Center GmbH
Europaplatz 3, 69115 Heidelberg, Germany**

Printed by Libri Plureos GmbH
in Hamburg, Germany